政治、伦理及其他

杨国荣 / 著

生活·讀書·新知 三联书店

Copyright © 2018 by SDX Joint Publishing Company.
All Rights Reserved.
本作品版权由生活·读书·新知三联书店所有。
未经许可，不得翻印。

图书在版编目(CIP)数据

政治、伦理及其他/杨国荣著. —北京：生活·读书·新知三联书店，2018.11
（杨国荣作品系列）
ISBN 978 - 7 - 108 - 05950 - 5

Ⅰ.①政… Ⅱ.①杨… Ⅲ.①政治伦理学 Ⅳ.①B82 - 051

中国版本图书馆 CIP 数据核字(2018)第 238021 号

责任编辑	杨柳青
封面设计	储　平
责任印制	黄雪明
出版发行	生活·讀書·新知 三联书店
	（北京市东城区美术馆东街 22 号）
邮　编	100010
印　刷	常熟市梅李印刷有限公司
版　次	2018 年 11 月第 1 版
	2018 年 11 月第 1 次印刷
开　本	635 mm×965 mm　1/16　印张 25.25
字　数	272 千字
定　价	69.00 元

目 录

引言 … 1

政治哲学论纲 … 13
你的权利,我的义务
　——权利与义务问题上的视域转换与视域交融 … 69
论道德行为 … 92
"学"与"成人" … 105

人文研究的进路 … 127
中国文化的认知取向 … 142
认识论中的盖梯尔问题 … 186

智慧、意见与哲学的个性化
　——元哲学层面的若干问题 … 193
如何做哲学 … 203
世界哲学视域中的智慧说 … 222
哲学对话的意义 … 269

儒学的本然形态、历史分化与未来走向
　　——以"仁"与"礼"为中心的思考　　282
儒家价值观的历史内涵　　301
天人之辩的人道之维　　314
历史中的理想及其多重向度　　332
关学的哲学意蕴
　　——基于张载思想的考察　　342

附录：　　353
行动、实践与实践哲学　　353
伦理与哲学
　　——与李泽厚的学术交谈　　375

引　言

本书收入了我近年发表的部分论文。从内容看，这些论文大致分属政治哲学、伦理学、哲学理论（包括何为哲学、如何做哲学）、认识论，以及儒家哲学等论域。它们既涉及哲学的不同方面，也记录了我对相关问题的若干思考。

一

2013年，在《人类行动与实践智慧》一书完成后，我曾拟从政治哲学及伦理学方面，对实践哲学做进一步的考察。尽管因多重缘由，原定的研究计划有所改变，但在以上领域仍留下了若干思考的印记，《政治哲学论纲》及伦理学领域的相关论文便可视为这方面的一些研究结果。作为当代哲学中的显学，政治哲学诚然得到了较多的关注，但其中的一些基本问题仍需加以辨析。以一定历史时期人类社会生活为实质的内容，政治表现为一种涉及多重维度的社会系统，其中包括观念层面的价值原则或政治理念、体制层面的政治制度和机构、政治生活的主体，以及多样的政治实践活动。通过政治实践（治国），以形成一定的政治秩序（国治），同时，又进一步赋予这种秩序以新的价值内容，使之更合乎人性发展的要求。这两个方面既有不同侧重，又相互关联，由此具体地展现了政治对于人类生活的历史必要性：如果说，前者为人类社会的存在和延续提供了担保，那么，后者则构成了人类走向理想存在形态的前提。

从政治哲学的角度考察政治领域，便不能忽视正当性问题。政治领域中的正当性可以广义地理解为"对"（rightness）与"善"（goodness）的统一，并相应地既有形式层面的意义，也有实质层面的规定。在形式的层面，政治正当主要体现于合乎一定的政治理念或价值原则，并相应地表现为"对"或"正确"（rightness）；在实质的层面，政治正当则在于实现人的存在价值，后者具体表现为不断超越自然的形态，走向人性化的存在和自由之境，这一意义上的正当，以广义的"善"（goodness）为其内涵。考察政治的正当性，既应肯定形式层面的意义，也需关注其实质层面的内涵。从实质的层面看，政治的正当性同时体现了政治的目的：在终极的意义上，政治本身即以实质层面的善为指向；其目的在于不断将人引向人性化的存在形态，在不同历史条件下实现人的自由，这些方面同时具体地体现了人的存在价值。

政治正当性，首先关乎政治的价值目的或价值方向，相对于此，政治的合法性则更多地涉及政治系统的程序之维。与之相联系，尽管正当性与合法性并非彼此悬隔，但不能把政治的正当性还原为合法性。事实上，形式层面的合乎程序，并不意味着在实质—目的层面也具有正当性。在政治领域，合法性问题既关乎政治权力的延续、传承，也关乎政治权力的中断和重建。从传统社会的君主世袭，到近代的民主选举，政治权力的更迭更多地与权力本身的延续、传承相关；在传统社会中的改朝换代以及近代的革命中，政治权力的形成则首先关涉政权的重建。政治权力更替的不同形式，也使相关权力的合法性根据呈现不同形态。

政治不仅面临"为何治"（政治系统的存在目的），而且无法回避"如何治"（政治实践展开的方式和手段），后者同时涉及有效性的问题。一方面，合法与有效本身不是目的，两者依归于价值意义上的正当性；另一方面，合法、有效又从形式（程序）与实质（具体手段）的方面，担保了正当目的之实现。要而言之，在目的层面，政治系统的运行以正当性为其指向；在程序之维，政治系统受到合法性的制约；在手段运用上，政治系统则涉及有效性；正当性、合法性、有效性的相互关联和互动，赋予政治系统以现实的品格。

作为人的存在的相关方面，政治与伦理难以截然相分。与存在形态上政治生活与伦理生活的以上联系相应，政治哲学与伦理学也具有内在关联。这种关联不仅在于政治实践的主体受到其人格和德性的影响，而且体现在道德对政治正当性的制约。政治的正当性和道德的正当性本身无法相分，无论在形式的层面，抑或实质之维，政治的正当性与道德的正当性都存在相关性。政治生活既在形式的层面受到价值原则的引导，也在实质的层面追求以合理需要的满足、走向自由之境等为内容的善，在这一过程中，道德的影响也渗入其内。

就伦理学或道德哲学本身而言，本书收入的相关论文首先涉及权利与义务及其相互关系。权利与义务都内含个体性与社会性二重规定。历史地看，彰显权利的个体性之维，往往会引向突出"我的权利"；注重义务的社会性维度，则每每导向强化"你的义务"。扬弃以上偏向，需以视域的转换和交融为前提。这里的转换意味着从抽象形态的"我的权利"转向现实关系中的"你的权利",从外在赋予(他律)意义上的"你的义务"转向自觉和自愿承担(自律)层面的"我的义务"。与之相关的视域融合,则表现为对权利二重规定与义务二重规定的双重确认。在权利与义务之间的以上关系中,权利的实现以社会的保障为前提,义务的承担则离不开个体的认同。权利与义务的以上互动,同时从一个方面为社会正义及健全的社会之序的建构提供了现实的前提。

道德本质上具有实践性,后者具体地展现于道德行为,而如何理解道德行为,则是一个需要进一步考察的问题。以"思""欲"和"悦"为规定,道德行为呈现自觉、自愿、自然的品格。在不同的实践情境中,以上三方面又有各自的侧重。从外在的形态看,在面临剧烈冲突的背景之下,道德行为中牺牲自我这一特点可能得到比较明显的呈现,然而在不以剧烈冲突为背景的行为(如关爱、慈善之举)中,道德行为则主要不是以牺牲自我为其行为的特征。道德行为的展开同时涉及对行为的评价问题,后者进一步关乎"对"和"错"、"善"和"恶"的关系。在对行为进行价值评价时,对(正确)错(错误)与善恶需要加以区分,两者的具体的判断标准也有所不同。从终极意义的指向看,道德行为同时关乎至善。尽管对至善可以有不同的理解,但至善的观念都以某种形式影响和范导着个体的道德行为。

道德不仅涉及如何做,而且也关乎如何成就,后者侧重于广义的成人过程。中国哲学在较早的时期,便将"学"与"成人"联系起来,狭义之"学"主要与知识的掌握和积累相联系,以"成人"为指向的广义之"学"则以知与行的统一为其内容,这一视域中的"学以成人"相应地意味着在知与行的展开过程中成就人自身。在学以成人的过程中,一方面,"学"有所

"本",人的自我成就离不开内在的根据和背景;另一方面,"本"又不断在工夫展开过程中得到丰富,并且以新的形态进一步引导工夫的展开。本体和工夫的以上互动,构成了学以成人的具体内容,其中既涉及本然、当然、实然的关系,也关乎本体与工夫、性与习的互动,这一过程所指向的则是德性和能力相统一的自由人格。

二

相对于政治哲学与伦理学的实践向度,认识论与方法论更直接地涉及对存在的理论把握,本书关于人文学科的研究进路、中国文化认知取向,以及认识论中的盖梯尔问题的论述,便属后一方面。人文研究在方法论上涉及多重方面。就理论与方法的关系而言,解释、理解世界的理论在运用于研究领域的过程中,便具体转化为研究世界的方法。从思想和实在的关系看,人文研究既需要基于现实,也不能忘却对现实的理解和解释,仅仅关注一端,便很难避免偏失。与思想与存在之辩相关的,是实证与思辨的关系;无论是人文学科,抑或社会科学,不管是对外部世界的考察,还是对思想现象的把握,实证和思辨都应予以关注。从更为内在的层面看,实证与思辨都涉及不同的考察视域,这种视域在方法论上以知性思维和辩证思维为其具体形态;在理解世界和理解社会文化的过程中,两者都有其意义。进一步看,在人文研究过程中,既需要注重逻辑形态和逻辑脉络的揭示,避免使整个思想衍化仅仅呈现为一种现象的杂陈,也应关注思想本身的复杂性、多样性,以避免思想的贫乏化、抽象化。最后,今天从事人文学术的研究,应当具有"学无中西"的眼光,这意味着超越中西之间的对峙,形成广义的世界文化视域。

历史地看，中国文化在其演进过程中逐渐形成了独特的认知取向。在理论的层面，认知取向既涉及能知，也关乎所知。就能知之维而言，中国文化在认知层面展现了以人观之的向度，这一向度使认知与评价难以分离：以人观之，认知过程便无法仅仅限定于狭义的事实认知，而总是同时指向价值的评价。从所知的方面看，中国文化的认知取向既表现为以道观之，又呈现为以类观之。前者（以道观之）关注于对象本身的关联性、整体性、过程性，从而内含了辩证思维的趋向；后者（以类观之）注重从类的层面把握对象，并以类同为推论的出发点，其中体现了形式逻辑层面的思维特点。能知层面的以人观之与所知层面的以道观之、以类观之，同时指向知行过程的有效性、正当性、适宜性，后者（有效性、正当性、适宜性）在中国文化的认知取向中具体表现为明其宜。在"明其宜"的认知取向中，以人观之所渗入的认知与评价的互融、以道观之所体现的辩证思维、以类观之所展现的形式逻辑层面的思维趋向，统一于旨在实现多样价值目标的知行过程中。

在当代西方哲学中，盖梯尔从知识是"经过辩护的真信念"这一前提出发，通过构想若干例子，对这一前提本身提出了质疑。然而，盖梯尔对知识的讨论方式，呈现明显的抽象性趋向：这不仅仅在于他基本上以随意性的假设（包括根据主观推论的需要附加各种外在、偶然的条件）为立论前提，而且更在于其推论既忽视了意向（信念）的具体性，也无视一定语境之下概念、语言符号的具体所指，更忽略了真命题需要建立在真实可靠的根据之上，而非基于主观的认定。从能知与所知的关系看，这种讨论方式在实质上限定于能知之域，而未能关注能知与所知的现实关联。事实上,以信念为知识的形态,在逻辑上容易导向主观的心理之域并由此略去能知与所知的关系:尽管"信念"之前被加上了"经过辩护""真"的前缀,但在以上的知识论视域中,这一类规定往往更多地限于逻辑层面的关系和形式,而未能在"信念"与"所知"之间建立起现实的联系。

三

从政治哲学、伦理学、认识论等转向元哲学的层面,便面临何为哲学、如何做哲学等问题。哲学在实质层面表现为对智慧的探求或对性与天道的追问,由此转向广义的智慧性思考,则作为意见的哲学观念也属哲学之域的存在。在此意义上,以智慧之思为内容的哲学可以涵盖作为意见的哲学。对哲学的理解,同时需要区分哲学的结论和哲学的定论。哲学的思考可以形成结论,但结论不等于定论;定论通常只能接受,不可怀疑和讨论,而哲学的结论则可以放在学术共同体中做批判性的思考。对哲学的不同回答,同时与不同的哲学进路、哲学家的个性差异联系在一起;从根本上说,哲学本身便表现为对智慧的个性化追求。

与何为哲学相关的是如何做哲学。"做哲学"的方式在历史过程中呈现多重形态。相应于智慧的追求,哲学之思首先展现为以人观之和以道观之的统一。以人观之意味着以进入人的知行之域为研究和追问的对象,并从人的现实存在境域和背景出发;以道观之则意味着跨越知识的界限,贯通存在的不同方面,把握世界的整体,并追问人和世界中本源性的问题。在形式的层面,哲学作为以理论思维方式来把握世界的过程,又表现为"运用概念"的思维活动。哲学的思想凝结在概念之中,新的哲学思想也通过新概念的提出而形成和展现。对于今天的哲学思考而言，还需要回到存在本身；所谓回到存在本身，意味着扬弃分析哲学之囿于语言与现象学之本于意识，回到语言和意识之后具体、现实的存在形态。在更广的意义上，哲学之思同时涉及史与思、知识和智慧的互动。

在当代中国，以智慧追寻为内容的"做哲学"依然得到延续。作为智慧探索的当代结晶，冯契的智慧说以近代"古今中西之争"为思想背景，既在一定意义上参与了"世界性的百家争鸣"，也作为当代中国哲学的创造性形态融入于世界哲学之中。通过基于现实基础的智慧追寻，冯契对当代哲学中对智慧的遗忘与智慧的抽象化做了双重扬弃。作为智慧学说的具体化，冯契的广义认识论展现为认识论、本体论、价值论的统一。以理性直觉、辩证综合、德性自证为实现转识成智的内在环节，冯契不仅回答了形上智慧如何可能的问题，而且展示了关于智慧如何落实于现实的具体思考。基于自由个性和社会性、理与欲、自然原则与人道原则的统一，冯契沟通了"何为人"与"何为理想之人"，并进一步展开了自由人格的学说。通过名实、心物问题上的论辩，冯契既上承了中国传统哲学中的言、意、道之辩，又参与了当代哲学关于语言、意识、存在关系的讨论，后者在更内在的层面展现了世界哲学的视域。

走向世界哲学意味着不同哲学传统之间的会通，哲学对话从一个方面体现了这一趋向。哲学的发展离不开多元的智慧，对话则有助于不同智慧传统之间的理解和交融。从以上方面看，哲学对话展现了二重意义：一方面，不同哲学传统的对话以跨越学科界限、回到智慧的原初形态为指向；另一方面，这种对话又构成了不同哲学传统会通的前提。

引 言

四

　　智慧之思既基于现实，也源于历史。就中国哲学而言，由哲学理论的当代建构回溯哲学的历史，儒学显然无法被忽视。与之相联系，本书收入了从不同方面讨论儒学的若干论文。就原初形态而言，儒学表现为"仁"与"礼"的统一。"仁"首先关乎普遍的价值原则，并与内在的精神世界相涉。在价值原则这一层面，"仁"以肯定人之为人的存在价值为基本内涵；内在的精神世界则往往取得人格、德性、境界等形态。相对于"仁"，"礼"更多地表现为现实的社会规范和现实的社会体制。就社会规范来说，"礼"可以视为引导社会生活及社会行为的基本准则；作为社会体制，"礼"则具体化为各种社会的组织形式，包括政治制度。从"仁"与"礼"本身的关系看，两者之间更多地呈现相关性和互渗性，这种相关和互渗同时构成了儒学的原初取向。作为历史的产物，儒学本身经历了历史衍化的过程，儒学的这种历史衍化，同时伴随着其历史的分化，后者主要体现于"仁"与"礼"的分野。从儒学的发展看，如何在更高的历史层面回到"仁"和"礼"统一的儒学原初形态，是今天所面临的问题。回归"仁"和"礼"的统一，并非简单的历史复归，它的前提之一是"仁"和"礼"本身的具体化。以"仁"与"礼"为视域，自由人格与现实规范、个体领域与公共领域、和谐与正义相互统一，并赋予"仁"和"礼"的统一以新的时代意义。对儒学的以上理解，同时体现了广义的理性精神。

　　在价值观上，儒家以"仁"为其核心，其中蕴含的观念对重新思考个体权利与存在价值的关系以及当代哲学关于善与权利关系的争论，也具有重要意义。在儒家那里，仁道的原则同时包含更为宽泛的内涵。孟子曾提出"亲亲""仁民""爱物"等观念，这里可以首先关注"仁民"和"爱物"。"仁民"主要涉及仁道原则与人的关系，它意味着把这一原则运用于处理和协调人与人之间的关系；"爱物"则是将这一仁道原则进一步加以扩展、引申，运用于处理人与物的关系。仁民、爱物的引申和扩展，进一步指向更广的价值领域，这种扩展和引申具体体现于《中庸》的两个重要观念，即"万物并育而不相害"与"道并行而不相悖"。就价值目标而言，儒家提出"为己之学"并要求"赞天地之化育"；"为己之学"涉及成己，"赞天地之化育"则关乎成物，成己与成物同时构成了儒家总的价值指向。

天人关系是中国哲学的重要论题。从价值观的视域看，天人之辩既涉及人自身的存在，也关乎人与对象之间的关系。在人的存在这一层面，儒家注重化天性为德性，与之相对的道家则以维护和回归天性为指向，两者既各有所见，也蕴含自身的问题。合理的取向表现为扬弃天性和德性之间的对峙和分离，这种扬弃的深层意义，在于一方面确认人之为人的本质，另一方面又避免社会规范的形式化、外在化。引申而言，在人与对象之间的关系上，今天面临三重超越或三重扬弃：首先是扬弃前现代的视域，其实质内涵在于超越天人之间原始的合一；其次是扬弃片面的现代性视域，其实质内涵在于超越天人之间的抽象分离；其三是超越后现代的视域，其实质表现为在天人互动充分发展的前提下，在更高的历史阶段重建天人之间的统一。以上超越同时表现为以历史主义的观念，理解和看待天人之间的关系，其价值的指向则是人道原则与自然原则的统一。

在更宽泛的价值趋向方面，儒家的思考与理想的追寻相联

引 言

系。理想一方面尚未成为现实,另一方面又包含人们所追求和向往的目标。就理想本身而言,其形态又涉及多重方面。早在先秦,儒家的奠基者孔子就提出了"志于道"的观念。"道"既关乎天道,也涉及人道。从天道的层面看,"道"呈现为存在的根据和法则;就人道的层面而言,"道"则涉及普遍的理想,包括文化理想、社会理想、道德理想等。"志于道"以后一意义的"道"为指向,其实质的意义表现为对广义理想的追求。历史中所追求的这种理想,在今天既得到了某种延续,又获得了新的内涵。

儒学在其历史衍化中同时形成了不同的学派,关学是其中之一。关学奠基于张载,其基本特点与张载的思想难以分开。在天道观上,张载提出太虚即气;从这一观念看,气只有如何存在(聚或散)的问题,而无是否存在(有或无、实或空)的问题,哲学的视野和提问的方式由此发生了变化:对存在方式(如何在)的关注,开始取代对存在本身的质疑(是否在)。在张载那里,天道观与人道观彼此相关;其在天道观上以对世界"如何在"的考察取代"是否在"的质疑,在人道观上则进一步引向对人如何在的关切。以肯定人伦秩序为前提,张载进一步提出"为天地立心,为生民立道,为去圣继绝学,为万世开太平"的观念,其中包含理想意识与使命意识的统一,并在更内在的层面上展现了人的精神境界。这种境界既展现了对普遍的价值追求,也体现了关学的内在精神。精神境界以人自身的成就或人的完善为指向。在如何成就人这一问题上,张载进一步提出了其人性理论及"变化气质"的观念,以此对孟子和荀子的人性理论做了双重扬弃,并对"成人"过程做出了新的阐发。

本书收入的两篇附录，以广义的实践哲学（包括伦理学）为讨论的对象，其内容既与元理论层面如何理解实践哲学相关，也涉及社会性道德与宗教性道德之分、伦理与道德的含义，权利与善、经验与先验、历史与理性、心理与本体的关系。这些论辩在不同的层面上，呼应了本书正文所讨论的问题。

政治哲学论纲①

作为一种社会系统,政治涉及多重方面。政治生活的展开过程,既涉及目的层面的正当性,也关乎程序层面的合法性与手段层面的有效性。以社会生活过程为具体的形态,政治与道德无法截然相分。概要而言,何为政治生活,政治形态何以必要,如何达到政治生活的理想形态,这些问题既是政治领域所无法回避的,也从不同方面规定了政治哲学的内涵。

一 何为政治

历史地看,政治在人类社会的演进中已经历了漫长的过程。在古希腊,政治(politics)被视为与公民相关的存在形态。中国古代诚然没有近代意义上"政治"这一概念,但近于 politics 的观念及存在形态早已出现。在先秦,与 politics 相涉的观念和现象往往以"政"表示,而政治领域的活动也常常取得"为政"的形式。

古希腊所理解的政治,主要与城邦中公民的活动相关,包括参加公民大会,讨论城邦事宜,等等。相形之下,先秦时期的"政",则更多地与"治民""正民"相联系:"政以治民,刑

---

① 本文原载《学术月刊》,2015 年第 1 期。

以正邪。"① "夫名以制义，义以出礼，礼以体政，政以正民，是以政成而民听。"② "治民"关乎对"民"的治理，"正民"则意味着通过对"民"的引导、塑造，使之在言行等方面都合乎一定的社会规范，从而成为相关政治共同体的合格成员。以公民参与的形式展开的政治活动，不仅体现了公民与城邦的关系，而且在更深层的意义上关乎人的存在方式，治民与正民则以更直接的形式展现了政治与人的关联。政治的这种早期观念和形态从一个方面表明：作为人类社会中的一种现象，政治与人类自身的存在无法分离。引申而言，不仅政治本身与人的存在难以相分，而且政治与非政治的区分与转换，也以人的存在及其活动为前提。以外部环境来说，作为本然的对象，由山脉等构成的环境本身主要表现为自然的状态，而非政治领域的存在，但一项涉及环境的实践计划（如开采矿山），则可能赋予环境问题以某种政治意义。

以人类自身的存在为指向，政治无疑与不同的社会领域相涉。就政治与经济的关系而言，政治既受到经济发展状况的制约，也对经济利益具有调节的作用；作为政治理念的分配正义，便关乎社会资源的协调，而经济利益的调节则构成了其中的题中之意。然而，作为社会生活的重要形态，政治本身又表现为包含多重方面的系统。首先是观念之维。在观念的层面，政治涉及价值原则、政治理念、政治理想等。在政治领域中，价值原则既具有建构性，也呈现范导性。一定时期的政治生活，往往是依据该时期主导的或被普遍接受的价值原则、政治理念建

---

① 《左传·隐公十一年》。
② 《左传·桓公二年》。

构起来的。以古希腊而言，赋予城邦以最高的利益和荣誉、尊重法律、和谐的共同生活等，构成了其基本的理念①；城邦本身的政治生活，则基于如上政治理念。在先秦的一定时期，依礼而行构成了政治领域的核心观念："礼，所以守其国，行其政令，无失其民者也。"② 这一原则和观念同时成为相关历史时期政治生活形成和确立的依据。同样，近代政治的演进总是渗入近代的价值观念，这种价值观念包括近代启蒙思想家所倡导的天赋人权以及自由、平等、民主等，在近代政治生活的多方面展开中，可以一再看到以上价值原则的范导作用。19世纪后期逐渐兴起的工人运动和社会主义运动，则以人的解放为理想，这种价值理想同时指引着与之相关的政治实践。在引导未来政治形态的同时，价值原则、政治理念和政治理想也构成了对现实政治形态批判的根据。相对于体现价值原则的一定政治理想，现实往往呈现某种不足，对这种现实的批判性考察是走向新的政治形态的前提，而现实的批判则既基于现实本身，又以一定的政治理想为出发点。

具体而言，作为观念形态的政治理想本身可以呈现不同的形态，其中历史过程中的政治理想与形上层面的政治理想是尤为值得注意的两种形态。欧克肖特曾区分信念论的政治与怀疑论的政治。关于信念论政治，欧克肖特做了如下概述："在信念论政治中，治理活动被认为是服务于人类的完美，完美本身被认为是人类处境的一种世俗状态，而完美的实现则被认为取决于人类自身的努力。"相对于此，怀疑论政治则趋向于政治与完

---

① 参见萨拜因：《政治学说史》，商务印书馆，1986年，第31—48页。
② 《左传·昭公五年》。

美之间的分离。① 这一理解中的信念政治,更多地涉及政治与理想的关系;在引申的意义上,所谓"完美"可视为形上层面的政治理想。这种政治理想既可能趋向于抽象化,也可以具有某种普遍的范导意义。与之相异的是历史过程中的政治理想,后者虽然不一定以完美为目标,但往往更贴近于现实的政治生活,并由此可以为政治实践提供更具体的引导。以传统社会而言,如果说"大同""止于至善""为万世开太平"所体现的政治理想蕴含某种形而上的内涵,那么"小康""一统"或"一天下"则更近于历史过程中的政治理想,两者从不同的层面呈现了对政治生活的导向意义。怀疑论的政治理论在否定完美的同时,似乎未能充分注意政治理想(尤其是形上层面的政治理想)在政治生活中的作用。

与观念层面的价值原则、政治理念、价值理想相联系的,是多样的政治体制。在体制的层面,政治的核心形态体现于国家。在政治出现于人类社会之后,其具体运行往往通过国家这一体制而实现,古希腊的城邦、东周的列国直到晚近的现代国家,都可以视为国家的不同形态。从城邦的治理到"政以治民""政以正民",其"治"其"正"都无法与广义的国家相分离。国家的具体形态可以不同,亚里士多德曾区分了国家的如下体制:贵族政体、君主政体、共和政体;三者又有各自的变体:君主制的变体为僭主制或暴君制,贵族制的变体为寡头制,共和制的变体则是平民制。② 这当然首先是一种理论上的分类,但其中也

---

① 欧克肖特:《信念论政治与怀疑论政治》,上海译文出版社,2009年,第46、68页。

② Aristotle, *Politics*, 1289a25 - 30, *The Basic Works of Aristotle*, Random House, 1941, p. 1206.

涉及历史中的某些形态。国家作为总的政治体制，同时包括行政、司法等多样的部门和机构，它们从不同的方面行使国家的职能。

作为人类社会演进过程中的现象，政治生活的展开、政治体制的运作始终无法与人相分。宽泛而言，当人成为国家的成员时，他同时也以某种形式参与了与国家相关的政治生活："国家成员这一概念就已经有了这样的含义：他们是国家的成员，是国家的一部分，国家把他们作为自己的一部分包括在本身中。他们既然是国家的一部分，那么他们的社会存在自然就是他们实际参加了国家。"① 当然，在政治生活的现实展开过程中，参与者的具体地位又并不相同。孟子已区分"治人"与"治于人"两种不同的政治活动方式："或劳心，或劳力；劳心者治人，劳力者治于人；治于人者食人，治人者食于人；天下之通义也。"② "治人"以拥有政治权力为前提，其"治"属行使政治权力的活动；"治于人"则意味着成为政治权力的作用对象，两者之别相应于统治与被统治、治理与被治理之分。在一定的政治格局中，"治人"者往往构成了政治活动的主导方面，但当既存政治格局受到挑战时，"治于人"者的政治作用则会发生某种变化。

政治领域中主体的不同作用，体现于多样的政治实践过程。城邦中的参与公民大会、讨论城邦相关事宜、调节和处理公民之间的关系，都属广义的政治实践。君主制中君臣的各尽其职，所谓君君、臣臣，也构成了一定历史时期中政治实践的内容。

---

① 马克思：《黑格尔法哲学批判》，《马克思恩格斯全集》第一卷，人民出版社，1956年，第392页。
② 《孟子·滕文公上》。

以君主而言，"道千乘之国，敬事而信，节用而爱人，使民以时"①。这里涉及千乘之君及其治国实践的具体内容，其中既包括对国事认真负责而重诚信这一类总体的治国态度，也兼涉对物（节用）与人（爱人）的不同处理方式，以及关注民力的征用与季节的关系。政治实践的形式可以多样，即使无为而治，也可以视为政治实践的特定形态；无为而治并非完全疏离于实践过程，而是表现为以顺从民意、不加干预为特点的治国实践。近代以来，政治实践在内容与形式上都发生了重要的变化。在实质的层面，政治实践的主体逐渐由君转向民，从政治领导人的选择到重大的政治决策，人民的政治参与程度超越了以往的历史时期；在形式的层面，与法制相关的程序性在政治实践过程中的作用愈来愈突出。作为政治领域的重要方面，政治实践无疑构成了不可忽视的环节。价值原则和政治理念的落实，以具体的政治实践为条件；政治理想的实现，也离不开相关的政治实践；政治体制的运行，同样基于政治实践：唯有在政治实践的展开过程中，政治体制才可能获得现实的生命力。进而言之，政治的主体也与政治实践息息相关，人本身因"行"（实践）而在，人之成为什么，与他"做"什么（从事什么样的实践活动）相涉；正是在参与具体的政治实践的过程中，人才成为亚里士多德所谓"政治的动物"或政治的主体。

可以看到，作为一定历史时期人类社会生活的重要构成，政治表现为一种涉及多重维度的社会系统，其中包括观念层面的价值原则或政治理念、体制层面的政治制度和机构、政治生活的主体，以及多样的政治实践活动。"夫名以制义，义以出

---

① 《论语·学而》。

礼，礼以体政，政以正民，是以政成而民听。"① 这一论述从一个方面体现了政治的以上内容："义"渗入了普遍的价值原则，"礼"包含体制之维，这种体制形式在"政"之中进一步具体化；"夫名以制义"意味着价值原则的明确化，"义以出礼，礼以体政"则是根据价值原则以形成相应的政治体制；由此建构相应的政治体制；"政以正民"既涉及政治生活的主体，也关乎政治活动及其作用。政治观念、政治体制、政治主体以及政治实践的交织，构成了政治的现实形态。

二 政治何以必要

在人类社会的演进中，何以需要政治系统？这首先可以从存在秩序如何可能这一角度加以考察。人的存在与秩序难以分离。就现实的形态而言，人不同于动物的特点在于具有社会性（所谓"能群"），社会性的核心则在于秩序性；合群或社会的建构，具体便表现为一定社会秩序的形成。在日常生活的层面，家庭成员之间的关系构成了一种基本的关联，而基于父慈子孝的原则所形成的家庭伦常则构成了伦理的秩序，这种秩序为日常生活的展开提供了伦理的担保。人的存在并不限于家庭之域，在更广意义上的社会交往和关联中，伦理之外的政治便突显出其意义。历史地看，伦理与政治在人的社会生活中本身难以截然分离，亚里士多德已指出，古希腊的城邦所追求的便是善②；在指向"善"这一点上，政治与伦理呈现出内在的相通性。中国先秦的"礼"同样体现了两者的相关性："道德仁义，非礼不

---

① 《左传·桓公二年》。
② Aristotle, *Politics*, 1252a, *The Basic Works of Aristotle*, p. 1127.

成,教训正俗,非礼不备。分争辨讼,非礼不决。君臣上下、父子兄弟,非礼不定。宦学事师,非礼不亲。班朝治军,莅官行法,非礼威严不行。祷祠祭祀,供给鬼神,非礼不诚不庄。是以君子恭敬撙节退让以明礼。"① 道德仁义、父子兄弟更多地关乎伦理,君臣上下、莅官行法则涉及政治领域,在此政治意义的关系和活动与伦理层面的关系和活动都受到礼的制约,在体现礼的普遍涵盖性的同时,也突出了政治与伦理的相关性。作为伦理原则,"礼"指向的是父子兄弟的人伦秩序;作为政治领域的原则,"礼"则引向君臣上下的政治秩序。所谓"非礼不成""非礼不定",既肯定了"礼"在形成伦理、政治秩序中的作用,也强调了伦理、政治秩序本身在人类存在过程中的意义。

  政治与秩序之间的关联,在中国文化中的"治"这一概念中得到更为具体的展现。"治"首先被用以表示"治国"的实践活动,所谓"君师者,治之本"②,"无法不可以为治"③,"凡治国之道,必先富民"④,等等,其中的"治"便指治理国家的政治实践。这种治理活动本身涉及多重方面,包括治理的主体(所谓"君师")、治理的依据(法)、治理的步骤(先富民)等。除了治理的实践活动外,"治"在政治领域同时表现为一种状态:"治国去之,乱国就之。"⑤ "所谓治国者,主道明也;所谓乱国者,臣术胜也。"⑥ "达治乱之要者,遏将来之患。"⑦ 这里

---

① 《礼记·曲礼上》。
② 《荀子·礼论》。
③ 《文子·上礼》。
④ 《管子·治国》。
⑤ 《庄子·人间世》。
⑥ 《管子·明法》。
⑦ 《抱朴子·用刑》。

的"治"主要表现为政治上的有序状态，与之相对的"乱"则以政治上的无序性为其特点，国家和社会的其他发展状况均以上述状态（治或乱）为其前提。不难看到，后一意义上的"治"以政治秩序为其具体内容。作为政治实践的"治"与作为政治形态的"治"，并非毫不相关：通过"治"（治国的政治实践），以达到"治"（形成一定的政治秩序，并使社会在此基础得到发展），构成了政治领域中相互联系的两个方面。两者的这种相关性，也从一个方面展现了政治与秩序的难以分离性。政治与秩序的这种相关性，同时规定了以政治系统为对象的政治哲学的宗旨，施特劳斯的如下看法便涉及这一点："政治哲学是一种尝试，旨在真正了解政治事务的本性以及正当的或好的政治秩序。"① 在此，把握政治秩序亦被视为政治哲学的内在旨趣。

秩序不仅构成了政治领域的现实目标，而且影响着社会成员的精神趋向，后者又进一步为政治实体的稳定提供了某种担保。黑格尔在谈到国家时，曾指出："需要秩序的基本感情是唯一维护国家的东西，而这种感情乃是每个人都有的。"② 这里所说的国家，可以视为政治领域的主要实体，而对秩序的需要则被视为维护国家这种政治实体的关键性因素。以情感为维护国家的唯一因素，多少有夸大观念作用的倾向，但此所谓"需要秩序的基本感情"，同时可以看作为一种价值层面的精神导向，这种导向所体现的是政治领域的目的性追求。就后一方面而言，"需要秩序的基本感情"与国家的关联，无疑在价值目标和价值导向上彰显了政治领域中秩序的意义。

---

① 施特劳斯：《什么是政治哲学》，华夏出版社，2011年，第3页。
② 黑格尔：《法哲学原理》，商务印书馆，1982年，第268页。

政治领域中的秩序，在逻辑上可以取得不同的形态。从中国历史的演进看，"礼"曾在社会生活中居于重要的地位。就政治领域而言，礼既体现了一定的政治秩序，又构成了这种秩序的担保。在合乎礼的形式下，政治秩序更多地呈现出等级结构的形态："上下有义，贵贱有分，长幼有等，贫富有度。凡此八者，礼之经也。"①"夫礼者，所以别尊卑，异贵贱。"②"上下之分，尊卑之义，理之当也，礼之本也。"③ 如此等等。这里所说上下、尊卑、贵贱不仅表现为一般意义上的社会分层，而且以政治层面的等级之别为其内容。礼的基本要求即是"分"（别异），这种"分"意味着将社会成员划为不同等级，与之相应的是不同的名位、名分，其间既呈现社会关联性，也具有政治上的从属性。通过以上等级结构，每一社会成员各自获得相应的社会定位，彼此之间形成确定的界限；当人人各安其位、相互不越界限时，政治秩序便随之形成。礼所体现的这种秩序，往往被类比于"天序"与"天秩"："生有先后，所以为天序；小大、高下相并而相形焉，是谓天秩。天之生物也有序，物之既形也有秩。知序然后经正，知秩然后礼行。"④ 天序与天秩，属自然之序；"经"与"礼"，则关乎社会之序。这里既蕴含着肯定天道（自然之序）与人道（社会之序）具有相通性的观念，也突出了礼的秩序之义。在一定的历史时期中，这种等级结构同时为人的生存提供了前提。马克思在谈到传统社会的特点时，曾指出："差别、分裂是个人生存的基础，这就是等级社会所具

---

① 《管子·五辅》。
② 《淮南子·齐俗训》。
③ 《周易程氏传》，《二程集》，中华书局，1981年，第749页。
④ 《正蒙·动物篇》，《张载集》，中华书局，1978年，第19页。

有的意义。"① 这里所说的差别、分裂，便可以视为等级区分的具体体现，而传统社会中人的生存则与之相关。

较之传统社会对秩序的理解，近代视域中的政治秩序被赋予了不同的内涵。与价值观念的转换相联系，贵贱、尊卑的社会关联逐渐淡出，选民之间的平等权利开始取代上下的等级结构。尽管实质层面的不平等依然存在，但至少在形式的层面，政治秩序的等级形态不再成为主导的方面。在近代以前，希腊的城邦尽管似乎也肯定公民之间的平等权利，但这种平等关系乃是以社会被划分为公民与非公民不同部分为其前提，这一视域中的奴隶便被排斥在公民之外，并难以获得相应的权利。以天赋人权、契约原则、选举制度等为观念前提和制度背景，近代社会趋向于以形式上的权利平等为政治秩序的主导原则。当黑格尔肯定"需要秩序的基本感情是唯一维护国家的东西"时，这里的国家便指近代的政治实体，而与之相关的秩序也以近代政治社会为依托。

政治秩序不仅存在不同的形态，而且对其形成过程，也有相异的理解。荀子在谈到礼的起源时，曾指出："礼起于何也？曰：人生而有欲，欲而不得，则不能无求。求而无度量分界，则不能不争。争则乱，乱则穷。先王恶其乱也，故制礼义以分之，以养人之欲，给人之求。使欲必不穷于物，物必不屈于欲。两者相持而长，是礼之所起也。"② 如前所述，礼在中国传统社会中被视为秩序的表征，礼的起源则相应地关联着秩序的形成。这里值得注意的不仅是从人的欲求与度量界限的关系上解释礼

---

① 马克思：《黑格尔法哲学批判》，《马克思恩格斯全集》第一卷，第346页。
② 《荀子·礼论》。

的起源，而且更在于对"制礼义以分之"的强调。将礼视为某一历史人物（先王）的"制"作，无疑既不恰当地突出了个人在历史上的作用，也把问题过于简单化；然而如果把"制"理解为人的自觉活动，则其中显然又蕴含如下思想，即礼以及与之相关的政治秩序的形成，是一个与人的自觉活动相关的过程。

除了以上的自觉之维外，政治秩序还涉及另一些方面，道家对后者予以了较多关注。与儒家注重礼义有所不同，道家对礼义主要持批评态度。当然，这并不意味着他们完全否定政治秩序，毋宁说，他们更多地突出了政治领域中与礼义之序相异的另一方面。老子在比较不同的政治形态时，曾指出："太上，下知有之。其次，亲而誉之。其次，畏之。其次，侮之。信不足焉，有不信焉。悠兮其贵言。功成事遂，百姓皆谓我自然。"[①]"下知有之"意味着统治者仅仅存在而已，并不对民众做过多干预，所谓"功成事遂，百姓皆谓我自然"，便表现为有序、协调的政治形态，这种形态同时被视为自然而形成。在老子看来，这是最理想的政治形态（"太上"）。对道家而言，具有理性内涵的礼义之治及广义的礼法之治，往往会导向社会之序的反面。正是在此意义上，庄子强调："礼法度数，刑名比详，治之末也。"[②] "礼"体现了儒家的治国原则和要求，"法"与"刑名"相联系，似乎更多地反映了法家的政治理念；在庄子看来，两者尽管表现形式不同，但无论是"礼治"，抑或"法治"，都意味着以理性的自觉方式从事社会政治活动，其结果则是将社会生活纳入理性的规范之中。与之相对，道家将"无为"视为

---

① 《老子·十七章》。
② 《庄子·天道》。

"治"（治理）的方式，所谓"帝王无为而天下功"①，并以绝圣弃智为达到"治"（秩序）的前提："绝圣弃知而天下大治。"②

在当代哲学中，波兰尼（M. Polanyi）曾提出自发秩序的概念（spontaneous order）；就社会领域而言，他所说的自发，首先与个体的自我决定及社会成员体间的相互协调相联系，后者与围绕某种中心而展开的社会限定或约束不同。简言之，对波兰尼来说，社会秩序基于社会成员的相互作用。哈耶克（F. A. Hayek）对自发秩序的概念做了进一步的发挥。以文化进化理论为基础，哈耶克区分了自发秩序与建构性秩序或计划秩序，自发秩序是指社会系统内部自身运行过程中所产生的秩序，它是行动的产物，而不是有意设计的结果；从认识论上说，上述观点是建立在理性的有限性这一确认之上的。道家对政治之序的看法，在某些方面与波兰尼及哈耶克的自发秩序思想有相通之处。

对理性限度的关注，当然并不仅仅具有负面的意义。一般而言，过分强化理性的作用，往往导致无视自然之道，以主观意向主宰世界。当理性被视为万能的力量时，自我的构造、主观的谋划常常会渗入人的不同历史活动之中，而存在自身的法则则每每被遗忘或悬置，由此往往导向无序（"乱"）。肯定秩序的自发之维，显然有助于提醒人们避免以上偏向。不过，仅仅强调秩序的自发性，无疑也有其自身的限度。从最宽泛的层面看，社会的演进，包括政治体制的衍化，总是受到一定价值原则、价值理想的制约，这种原则和理想同时对人的社会行为

---

① 《庄子·天道》。
② 《庄子·在宥》。

（包括政治实践）具有引导的意义。社会领域的价值原则、价值理想本身当然可以成为讨论、批评的对象，而不能被奉为独断的教条，但这种讨论、批评作为理性的活动，对人的政治实践同样具有规范作用。事实上，先秦的礼法之辩，便对那一历史时期的政治活动产生了深刻的影响，这种影响也从一个方面体现了政治秩序形成过程中的自觉之维。近代以来，政治秩序的形成和发展，同样受到民主、平等、正义等价值原则和价值理想的制约；正是这种观念的引导，使近代政治之序以不同于传统的形式发展，而这显然也无法完全归之于自发的演进。如前所述，政治本身表现为一种社会系统，其中既包括作为社会实在的国家以及实践活动及其主体，也内含以价值原则、政治理念为形式的观念之维；这种观念既制约着政治体制的建构，也影响着政治实践的展开和政治秩序的形成。政治观念与政治实体、政治实践、政治主体的关联和互动，使由此形成的政治秩序难以仅仅呈现自发的形态。

　　广而言之，在政治实践的展开过程中，理性的自觉引导与不同社会因素的自然调节并非截然对立。自然的调节（如以市场配置资源）固然有其作用，理性也确乎有其限度，基于主观意向的理性计划更是容易偏离现实，但理性的自觉思考和引导在政治实践中依然不可或缺。对过度强调理性计划的批评，不能导向绝对的无为，更不能走向无思无虑、绝圣弃智。在具体的政治实践过程中，往往同时面临不同形式的民意。民意本身每每有二重性：它既可以体现一定时期社会发展的要求，也可能带有某种与历史衍化方向相冲突的自发倾向，与之相联系的是顺乎民意与自觉引导的关系；对前一意义上的民意，无疑不应背离，但对后一意义上的民意，则显然不能简单迎合。然而在片面强化自发的情况下，常会导致放任政治领域中自发的民意，由此自发的秩序也可能引向自发的无序。从现实的层面看，这里似乎需要区分仅仅基于某种抽象理念所做的政治筹划与广义的理性引导，前者可能在历史演进中带来灾难，后者则至少在历史的导向上，赋予政治实践以自觉的品格。

通过政治实践（治国），以形成一定的政治秩序（国治），由此从一个方面为人类社会的存在和延续提供担保，这同时也展现了政治本身的存在理由。不过，秩序的建构并不是政治的全部内容。在儒家关于"治国、平天下"的观念中，已可以看到对政治的更广义的理解。宽泛而言，这里所说的"治国"，既涉及政治实践，也关乎政治形态；具体地说，表现为前面提到的由"治"（治国的政治实践）而"治"（政治秩序的形成）。"平天下"则不仅以政治领域的扩展为指向，而且涉及政治形态的转换；所谓"平"，已不限于政治秩序的建立，而是关乎更广的政治理念。在谈到"治天下"与"天下平"的关系时，《吕氏春秋》指出："昔先圣王之治天下也，必先公。公则天下平矣。平得于公。"①"公"既体现了广义的政治理想，也构成了政治实践的指导原则，这一原则的贯彻和落实则被理解为从"治天下"到"天下平"的前提。在儒家那里，"公"同时与大同的政治理想相联系。关于大同，《礼记》有如下论述："大道之行也，天下为公。选贤与能，讲信修睦。故人不独亲其亲，不独子其子，使老有所终，壮有所用，幼有所长，矜、寡、孤、独、废、疾者，皆有所养。男有分，女有归。货恶其弃于地也，不必藏于己；力恶其不出于身也，不必为己。是故谋闭而不兴，盗窃乱

---

① 《吕氏春秋·贵公》。

贼而不作，故外户而不闭。是谓大同。"① 悬置其关于大同社会的具体描述，这里更值得注意的是对"公"的强调。从政治哲学的层面看，"平天下"并非单纯地指形式上的天下安定，而是包含实质意义上的价值内容，后者具体地体现于对"天下为公"的肯定。事实上，"平天下""为万世开太平"与"天下为公"的大同理想，构成了彼此相通的价值目标。所谓"公"，则关乎以同等的方式对待天下之人。《礼记》关于"不独亲其亲，不独子其子"等描述，便渗入了如上观念。这一意义上的"公"与"私"相对：公是个"广大无私意"②。"广大无私"，意味着以超越个体的普遍视域为处理社会关系（包括政治关系）的原则。

引申而言，作为价值目标和价值原则的公或公正，在政治领域中可以被赋予不同形态，荀子和韩非曾对此做了考察。在思想倾向上，韩非属法家，但在政治理念方面，他同样不仅限于形式层面的政治秩序，而是在更普遍的意义上追求公正的理想。荀子首先将公正视为自上而下的治国原则："上公正，则下易直矣。"③ 从治国过程看，如果在上者（君主）做到公正，那么在下者（臣民）就会"易直"，从而容易约束。与之相辅相成的是韩非自下而上视域中的公正："群臣公正而无私，不隐贤，不进不肖。然则人主奚劳于选贤？"④ 群臣（在下的臣民）在推举人的时候如果能够做到公正无私，那么执政的君主就可以无为而治。这里所谈到的公正，涉及的首先是社会政治领域的实

---

① 《礼记·礼运》。
② 朱熹：《朱子语类》卷二十六，《朱子全书》第 14 册，上海古籍出版社、安徽教育出版社，2002 年，第 933 页。
③ 《荀子·正论》。
④ 《韩非子·难三》。

践原则和运行方式，其中所体现的观念已超乎单纯的秩序关切，而蕴含更高层面的政治理想。

从"治国"到"平天下"，政治在社会生活中的意义得到了不同的展现。较之"治"对秩序的侧重，"平天下"可以理解为具有更广价值指向的政治实践和与之相关的价值形态。具体地看，这种价值指向在不同的历史时期每每呈现不同的历史内容。天下为公意义上的"公"和前面提及的"公正"，分别体现了宽泛意义上的政治理想和特定的治国理念，两者从不同方面赋予"平天下"以一定历史时期的价值内容。近代以来，启蒙思想家所倡导的自由、平等、民主、正义逐渐构成了政治理想新的内涵，而马克思则基于更现实的社会变迁，将人的解放作为历史衍化的目标。从广义的视域看，这些观念以及与之相关的政治实践，可以同时视为"平天下"的不同历史内容，其具体趋向在于不仅通过政治秩序的建构保证人类的生存和延续，而且进一步赋予这种秩序以新的价值内容，使之更合乎人性发展的要求。在这一意义上，"治国"与"平天下"本身又有内在的联系："平天下"作为政治领域的价值目标，对"治国"过程具有引导的意义，就此而言，"治国"过程无疑渗入了"平天下"的价值理想；另一方面，"治国"既是"平天下"的前提，又包含了"平天下"的相关内容，就此而言，"平天下"又体现于"治国"过程。从政治所以存在的历史理由看，如果说通过"治国"而建立政治秩序是人类存在的现实条件，那么"平天下"所包含的价值内容则从不同方面体现了人类走向理想存在形态的前提。两者既有不同侧重，又相互关联，由此具体地展现了政治对于人类生活的历史必要性。

三　政治的正当性

从政治哲学的视域考察政治领域，正当性是一个无法回避的问题。政治领域中的正当性常常被对应于英文的 legitimacy，后者虽与法律相关，但并非仅仅限定于法律，按其本义，它同时关联更广的价值之域，其内涵也相应地涉及更普遍意义上的正当（rightness）。①

以上视域中的正当性问题，本身可以从不同的方面加以考察。在形式的层面，政治的正当性首先关乎一定的价值原则。施特劳斯已注意到政治哲学与价值的不可分离性，并认为："价值无涉（value-free）的政治科学是不可能的。"② 如前所述，政治作为一种社会系统，包含政治观念、政治体制、政治主体以及政治实践，政治观念又以价值原则为其核心的内容。这一层面的正当性，主要以是否合乎评判者所认同的价值原则为其准则：如果一定的政治体制、政治实践合乎相关的价值原则，则往往被赋予正当的性质。以先秦而言，王霸之辩是当时重要的政治论争，而在其背后，则蕴含着不同的价值原则。对于认同"王道"的思想家而言，与"王道"相悖（不合乎"王道"所体现的价值原则）的政治现实便缺乏正当性。同样，近代以来，自由、平等、民主、正义等逐渐成为普遍为人接受的价值原则，

---

① 就其内在含义而言，legitimacy 既关乎某种法律、政治制度是否合法，也涉及正确性。这里的"法"，同时与自然法等相通，从而已不同于狭义上的合法（legality）。rightness 则以更宽泛意义上的正确、正当为其含义。legitimacy 与 rightness 的结合（legitimacy-rightness），或可更为具体地展现政治正当性的意义。

② 施特劳斯：《什么是政治哲学》，第 14 页。"价值无涉"在狭义上关乎研究方式，在广义上则涉及对政治领域的理解。

这些原则同时构成了评价不同政治体制、政治活动的准则，政治领域的事与物唯有与之一致，才可能被接受为正当的政治形态。法西斯主义之所以被视为非正当的政治体制，就在于它完全背离了近代以来自由、民主、正义等价值原则。

以上视域中的正当，与伦理意义上的正当具有相关性。在伦理的领域，行为的正当或对（right）从形式的层面看也以相关行为合乎一定共同体所认同的价值原则或伦理规范为前提。以传统社会而言，仁以及礼义廉耻等既具有价值原则的意义，也被视为一般的行为规范；人的行为如果与这些规范一致，便将获得正当（对）的性质并得到肯定，反之则可能受到谴责。广而言之，肯定意义上的公平、正义和否定意义上的"不说谎""不偷盗"等，也常常被理解为行为的规范；它们既是行为选择的依据，也构成了判断行动性质（正当与否）的准则。根据是否合乎一定共同体所接受的价值原则和规范以确认某种存在形态正当与否，从形式的层面构成了价值判断的特点；政治上的正当与伦理上的正当作为价值领域的相关现象，其确认过程也呈现相通性。

作为评判政治正当性的准则，价值原则本身应如何理解？在这一问题上，存在着不同的看法。具有经验主义倾向的思想家往往将价值原则与苦乐联系起来。以中国传统思想中的墨家学派而言，其认同的基本价值观念为"兴利除害"的功利原则："仁之事者，必务求兴天下之利，除天下之害，将以为法乎天下，利人乎即为，不利人乎即止。"[①] 这种原则本身又基于趋乐避苦的感性欲求。以此为政治领域的评价准则，则凡是有助于

---

① 《墨子·非乐上》。

兴利除害的政治主张和政治举措，便将被赋予正当的性质，反之则难以被纳入正当之域。

在近代思想家那里，实践过程中的功利原则取得了更明确的形式。边沁便对功利原则做了明晰的概述："它根据看来势必增大或减少利益有关者之幸福的倾向，或者在相同的意义上，促进或妨碍此种幸福的倾向，来赞成或反对任何一项行动。"作为社会实践（包括政治实践）的准则，功利原则本身以何者为根据？在解决这一问题方面，边沁的看法同样未超出经验主义："自然把人类置于快乐和痛苦这两位宰制者的主宰之下。只有它们才告知我们应当做什么，并决定我们将要做什么。无论是非标准，抑或因果联系，都由其掌控。它们支配我们所有的行动、言说、思考：我们所能做的力图挣脱被主宰地位的每一种努力，都只是确证和肯定这一点。""功利原则承认这一被主宰地位，把它当作旨在依靠理性和法律之手支撑幸福构架的基础。"[①] 快乐和痛苦固然不完全限于感性之域，但如前所述，从原初的形态或本原上看，苦乐首先与感性经验相联系；与之相联系，将功利原则建于其上，也意味着在理解价值原则方面赋予感性经验以优先性。

与基于经验论的功利主义相异，罗尔斯首先将人视为理性的存在，并以正义为理性存在的主要关切之点。由此，罗尔斯提出了正义的两个基本原则：其一，"每一个人都拥有对于最广泛的整个同等基本自由体系的平等权利，这种自由体系和其他所有人享有的类似体系具有相容性"；其二，"社会和经济的不

---

① Jeremy Bentham, *An Introduction to the Principles of Morals and Legislation*, Hafner Publishing Co., 1948, p. 1.

平等应被这样安排，以使它们（1）既能使处于最不利地位的人最大限度地获利，又合乎正义的储存原则；（2）在机会公正平等的条件下，使职务和岗位向所有人开放"①。这种正义观念，往往被更简要地概括为正义的自由原则与差异原则。自由原则指出了正义与平等权利的联系，差异原则所强调的则是社会和经济的不平等只有在以下条件下才是合理的，即在该社会系统中处于最不利地位的人能获得可能限度中的最大利益，同时它又能够保证机会的均等。罗尔斯所提出的以上原则，既涉及伦理上的正当，也关乎政治领域的正当。当然，对正当性的具体理解，罗尔斯与功利主义又存在重要分歧。功利主义以最大多数人的最大利益为追求目标，在逻辑上蕴含着对少数人权利的忽视。这种价值取向与罗尔斯对平等的注重，显然有所不同。同时，相对于功利主义以人的感性意欲为出发点，罗尔斯以"无知之幕"的预设为正义原则的前提，似乎更多地表现出先验的倾向。

历史地看，对价值原则的先验理解，在另一些哲学家那里取得了更为直接的形式；从孟子那里，便不难注意到这一点。孟子以理、义为普遍的价值原则，这种原则之源，则被追溯到心之所同然："口之于味也，有同耆焉；耳之于声也，有同听焉；目之于色也，有同美焉；至于心，独无所同然乎？心之所同然者何也？谓理也，义也。圣人先得我心之所同然耳。故理义之悦我心，犹刍豢之悦我口。"② 所谓"心之所同然"，也就是

---

① 参见 John Rawls, *A Theory of Justice*, The Belknap Press of Harvard University Press, 1971, p. 302。

② 《孟子·告子上》。

一种普遍的理性趋向。对孟子而言，这种理性趋向一如恻隐之心，并非来自经验活动，而是为每一个体所先天具有。可以看到，相对于墨家之诉诸感性经验，孟子更多地从先天的理性观念出发理解价值原则，以上的分野同时蕴含经验与先验之辩。

广而言之，在价值观的转换过程中，价值原则本身往往被赋予先天的规定，在近代以来各种形式的天赋人权或天赋权利论中，便不难看到这一点。与之相联系的是所谓自然法：自然法的核心即天赋理性或天赋的理性观念。自由、平等、民主等每每或者被视为天赋的权利，或者被理解为基于自然法的普遍价值原则。在康德那里，人是目的这种根本的价值原则进一步被提升为绝对命令，这种原则与感性、经验、历史完全无涉，纯然表现为先天的形式。对先天性的如上强调，其意义不仅在于突出伦理规范的绝对性，而且也旨在为政治领域（包括权利与法之域）中价值原则的权威性提供根据。

然而，进一步的考察表明，作为政治正当性的判断准则，价值原则既非仅仅源于感性欲求或经验活动，也非完全表现为先天的形式。在其现实性上，这些原则无法离开社会本身的历史发展。在人类社会尚存在等级区分的历史条件下，真正意义上的自由、平等难以成为被普遍接受的价值原则，而差异、区分则如马克思所说，展示了它们对人的生存的实际意义。以人类政治生活为指向，政治领域的观念、原则本身即植根于政治生活。礼、义等传统社会的价值原则，体现的是当时社会生活的历史需要；自由、平等、民主等近代的政治理念，则折射了近代的社会变迁。在观念、原则转换的背后，是历史的选择：较之感性欲求、先天预设，历史的选择既突显了观念演进的现实根据，也展现了制约观念的现实力量。

以是否合乎一定的价值原则来确认某种政治形态是否具有正当性，主要体现了正当性的形式之维。政治领域的正当性，当然不仅仅限于形式的层面，它同时具有实质的内容。在实质的层面，政治的正当性与目的性相联系。施特劳斯曾对政治哲学做了如下概述："政治哲学以一种与政治生活相关的方式处理政治事宜；因此，政治哲学的主题必须与目的、与政治行动的最终目的相同。"① 从根本上说，作为政治哲学对象的政治生活与更广意义上的人类生活息息相关，其形成也基于人类生活的历史需要。亚里士多德在谈到城邦时，曾指出："每一城邦都是某种共同体，每一共同体的建立都着眼于某种善。"② 城邦在古希腊是一种基本的政治实体，"善"所体现的则是实质意义上的价值；以善为城邦的指向，意味着将实质意义上的价值理解为政治的目的。构成政治生活目的之"善"，本身以好的生活为其内容："最好的政体是这样一种政体，在其中，每一个人，不管他是谁，都能最适当地行动和快乐地生活。"③ 引申而言，政治哲学也以好的生活为研究的对象："如果人们把获得有关好的生活、好的社会的知识作为他们明确的目标，政治哲学就出现了。"④ 最适当地行动涉及对人的引导，亦即中国思想家所说的"政以正民"，好的生活（快乐的生活）则关乎人自身的生存。以存在的完善为内容，好的生活所体现的乃是实质层面的价值。

政治的以上价值指向，同时在实质层面为确认政治的正当

---

① 施特劳斯：《什么是政治哲学》，第2页。
② Aristotle, *politics*, 1252a, *The Basic Works of Aristotle*, p. 1127.
③ Aristotle, *Politics*, 1324a20, *The Basic Works of Aristotle*, p. 1279.
④ 施特劳斯：《什么是政治哲学》，第2页。

性提供了根据:从实质之维看,政治的正当性就在于对人的存在价值的肯定。具体而言,一定的政治系统,包括其政治观念、政治实体、政治实践,如果对实现人的存在价值具有积极意义,便具有正当性,反之则无法归入正当之域。以上视域中的正当性,可以进一步从实然或现实性和当然或理想性两个层面加以考察。实然在此展现为人的现实存在,在这一层面,正当性关乎人类自身的生存以及人类社会的存在、发展所以可能的现实前提:在一定的历史时期,如果某一政治体制能够为人类生存和社会发展提供正面的条件,便至少呈现某种历史的正当性。以前面提到的礼制而言,在当时的历史条件下,如荀子所言,人与人之间如果没有礼所规定的"度量分界","则不能无争,争则乱,乱则穷",乱与穷无疑将威胁到一定时期人的自身的生存;与之相对,礼的确立,则可"养人之欲,给人之求",从而为人的生存提供基本的条件。(《荀子·礼论》)就礼制的确立在一定历史时期使社会避免了走向乱与穷,并由此构成了这一时期人们生存的社会前提而言,其存在显然具有历史的正当性。同样,近代以来,如何保障个人的财产成为个体生存和社会稳定的重要方面,近代的政治体制也首先被赋予以上功能:"人们联合成为国家和置身于政府之下的主要目的,是保护他们的财产。"[①] 当国家和政府能够确实承担以上社会功能时,它同时也就获得了正当的存在形态。

与实然(现实的存在形态)相关的是当然(理想的存在形态)。较之实然,当然更多地涉及人的发展趋向,并以达到理想的存在形态为内容。从走向理想的形态这一角度看,问题便关

---

① 洛克:《政府论》下篇,商务印书馆,1995年,第77页。

乎如何真正达到人性化的存在、如何不断实现自由之境，等等。马克思在谈到中世纪以等级为特点的政治体制时，曾指出："等级不仅建立在社会内部的分裂这一当代的主导规律上，而且还使人脱离自己的普遍本质，把人变成直接受本身的规定性所摆布的动物。中世纪是人类史上的动物时期，是人类动物学。"①中世纪的等级区分，往往使人的存在受到既成社会因素（如出身、门第等）的限定，正如动物的存在受到自身所属物种的限定一样。在此意义上，中世纪的人与动物具有某种类似性，而未真正达到人性化的存在形态。这样，尽管从实然（一定的历史现状）的角度看，等级制的存在有其历史的理由，但就当然（走向真正合乎人性的理想形态）的层面而言，这种尚未使人完全摆脱动物性的体制显然难以视为正当的存在形态。广而言之，一种政治体制如果对人类走向合乎人性的存在、合乎自由的理想具有积极意义，便同时呈现正当的性质；反之，则缺乏正当性。

综合起来，人类的存在既涉及如何生存的问题，也关乎如何更好地生存的问题。如果说，"实然"（现实性）意义上的正当体现了人类生存、延续的实际需要，那么，"当然"（理想性）意义上的正当则折射了人类走向更好的存在境域的历史要求。两者作为实质层面的正当，分别与人类生存的历史条件和更好地生存的历史条件相联系。

不难看到，实质层面的正当以善为其内容。前文曾提及，形式层面的政治正当和伦理学上的正当具有相关性；与之相联系，实质层面的政治正当与伦理学意义上的善也彼此相涉：两者

---

① 马克思：《黑格尔法哲学批判》，《马克思恩格斯全集》第一卷，第346页。

都关乎人的存在价值。事实上，善行（伦理）与善政（政治）本身便无法截然相分。宽泛而言，善本身可以从两个角度去理解，一是形式的方面，一是实质的方面。形式层面的"善"主要以普遍价值原则、价值观念等形态呈现，这种价值原则和观念既构成了据以判断善或不善的准则，也为形成生活的目标和理想提供了根据。这一意义上的"善"与形式层面的正当具有某种交错性和重叠性。与之不同，实质层面的"善"主要与实现合乎人性的生活、达到人性化的生存方式以及在不同历史时期合乎人的合理需要相联系。

在形式的层面上，政治领域中曾一再呈现以普遍价值原则意义上的"善"为名义对个人的自主性加以限定的这一类现象，如向个体强加某种权威化的原则，以一定的意识形态作为个体选择的普遍依据，以此限制个体选择的自主性，如此等等。由此出发，甚至往往进一步走向剥夺、扼杀个人的权利，从传统社会"以理杀人"的现象中，便不难注意到普遍价值原则对个体权利的剥夺。然而，如前所述，"善"还有实质性的方面。孟子曾指出"可欲之为善"（《孟子·尽心下》），其中的"可欲"可以理解为人在不同历史时期合理需求。所谓"可欲之为善"，意味着凡满足以上需求者即具有"善"的性质。在引申的意义上，这一视域中的"善"以好的生活或合乎人性的生活为其内容，它所体现的是人的现实存在价值，并相应地具有实质的意义；这种实质意义上的"善"与一般原则所确认的形式层面的"善"，显然不能简单等同。从更深的层面看，"善"与人走向自由的历史过程相联系；事实上，人的合理需要的满足，即意味着扬弃自然之域或社会之域的必然限制，实现一定历史层面的自由。广而言之，合乎人性的存在，也就是自由的存在。上述视域中的自由，同时在更深刻的层面体现了"善"；正是在此意义上，黑格尔认为，"善就是被实现了的自由"①。在伦理领域，行为在实质意义上的"善"区别于仅仅合乎规范意义上的"对"；在政治领域，实质意义上的善则与实质意义上的政治正当具有一致性。

当然，政治正当性与实质之善（达到好的生活或走向合乎人性的存在形态）之间的关联，应作广义的理解。在当代政治哲学中，有所谓"自由的政治中立"（liberal political neutrality）的主张，其主要之点即强调国家或政治实体不应以价值或善为追求或趋向的目标②。尽管这一看法没有直接论及政治的正当性问题，但从逻辑上说，它同时内在地蕴含着对政治正当与善（走向好的生活或合乎人性的存在形态）之间关联的质疑：主张国家或政治实体无涉价值（善）的追求，意味着将其正当性与价值（善）加以分离。然而，从广义的视域考察，以上主张本身事实上同样涉及政治与善（实质层面之价值）的关联：对"自由的政治中立"之说而言，"中立"的政治形态较之"非中立"的形态具有更高的价值，也更有助于达到真正意义上的善（实现合乎人性的生活）。不难看到，这里需要区分政治中立的不同形态：在相异的价值观念之间保持某种中立性，而非独断地强加特定的价值观念；仅仅关注政治形式和政治程序，以"中立"的形态超越一切价值追求或善的追求。如果说，前者体现了某种政治宽容的要求，那么，后者则意味着分离政治与实质之善，

---

① 黑格尔：《法哲学原理》，第132页。
② Gerald Gaus, The Moral Foundation of Liberal Neutrality, in *Contemporary Debate in Political Philosophy*, edited by Thomas Christiano and John Christman, Wiley‐Blackwell, 2009, pp. 79–95.

并由此消解政治正当性与实质之善的关联。如以上分析所表明的，从其现实性上说，政治正当性与实质之善（达到好的生活或走向合乎人性的存在形态）的关联，显然非后一意义的抽象"中立"所能简单消解。进而言之，抽象的政治中立近于广义上的价值无涉（value-free），但政治与人的存在之间本源性的价值关联，决定了政治领域无法真正实现价值无涉。这一点，如前文提及的，施特劳斯已注意到了。

历史地看，实质层面政治的正当性同时关乎民心的向背。孟子曾以舜继尧位为例，对此做了阐释："昔者尧荐舜于天而天受之，暴之于民而民受之。……使之主事而事治，百姓安之，是民受之也。"禹继舜位也体现了同样的过程："昔者舜荐禹于天，十有七年，舜崩。三年之丧毕，禹避舜之子于阳城。天下之民从之，若尧崩之后，不从尧之子而从舜也。"① 民受之、民从之，即合乎民心或民意。这里尽管夹杂着"荐于天"之类的神秘表述，但从君与民的关系看，其中所涉及的更实质的问题是如何确认君主统治的正当性：民众的认可和接受，在此被视为判断、衡量君主统治正当性的尺度。依照如上理解，民心和民意并非仅仅以选举制度下的票数来确认，而是基于民心之所向。

合乎民心或民心之所向，并非单纯地体现于观念层面，而是有其更为具体的内容："得天下有道：得其民，斯得天下矣；得其民有道：得其心，斯得民矣；得其心有道：所欲与之聚之，所恶勿施尔也。"② "所欲与之聚之，所恶勿施尔也"，亦即顺乎民之意愿，满足他们的需要。在此，作为得天下、得其民的前

---

① 《孟子·万章上》。
② 《孟子·离娄上》。

提,"得民心"最后便落实于实现民众的具体意愿、满足其实际的需要。以上观念与孟子"可欲之为善"的看法前后呼应,与他所说的"制民之恒产"也具有一致性。在同一意义上,孟子提出了"以善养人"的观念:"以善服人者,未有能服人者也。以善养人,然后能服天下。天下不心服而王者,未之有也。"①以善服人,主要表现为从抽象的原则出发做外在的说教、强制;"以善养人",则侧重于顺从人的内在意愿。与前面提及的"所欲与之聚之,所恶勿施尔也"一致,这里的"养"意味着基于物质需要的满足,对民做进一步的引导。与之相近的是"以德养民":"以德养民,犹草木之得时;以仁化人,犹天生草木以雨润泽之。"②

以合乎民心为政治正当的准则,又以"所欲与之聚之,所恶勿施尔也"以及"以善养人"为得民心的前提,体现的是实质意义的政治正当性。这一视域中的"以善养人"或"以德养人"不同于"以德治国";在以德治国中,"善""德"主要表现为治理的方式、手段,"以善养人"或"以德养人"则以人为目的:"养"所指向的乃是人的需要的满足,后者同时体现了人的存在价值的实现。马克思曾指出:"国家是抽象的,只有人民才是具体的。"③就此而言,通过"以善养人"以获得政治的正当性,这一关联在体现政治正当性的实质之维的同时,也展示了这种正当的具体性向度。

可以看到,政治正当既有形式层面的意义,也有实质层面的

---

① 《孟子·离娄下》。
② 《鬼谷子·佚文》。
③ 马克思:《黑格尔法哲学批判》,《马克思恩格斯全集》第一卷,第279页。

规定。在形式的层面，政治正当主要体现于合乎一定的政治理念或价值原则，并相应地表现为"对"或"正确"（rightness）；在实质的层面，政治正当则在于实现人的存在价值，这种价值的的实现具体表现为不断超越自然的形态，走向人性化的存在，达到自由之境，这一意义上的正当以广义的"善"（goodness）为其内涵。综合起来，政治正当性具体便表现为形式层面的"对"与实质层面的"善"之统一。考察政治的正当性，既应肯定形式层面的意义，也需要关注其实质层面的内涵。从实质的层面看，政治的正当性同时体现了政治本身的目的：在终极的意义上，政治本身即以实质层面的善为指向，其目的在于不断将人引向人性化的存在形态，在不同历史条件下实现人的自由，这些方面同时具体地体现了人的存在价值。进而言之，价值原则及其意义本身也无法与人的诸种存在价值相分离，而政治系统唯有与上述价值形态相一致，才具有真正的正当性。

四 政治的合法性

在政治领域，与正当性相关的是合法性（legality）问题。合法性与正当性往往并不被严格地加以区分：政治的正当性常常被视为合法性问题，反之亦然。然而，就其内在含义而言，两者无法简单地等同。政治正当性主要关乎政治的价值目的或价值方向，相对于此，政治的合法性则更多地涉及政治系统的程序之维。与之相联系，尽管如后文所论，正当性与合法性并非完全彼此悬隔，但不能把政治的正当性还原为合法性。事实上，形式层面的合乎程序并不意味着在实质-目的层面也具有正当性，纳粹的很多暴行便表明了这一点：这些行为在形式上诚然合乎纳粹政权的决策程序，但其反人类的性质却使之在价值目的或价值方向上背离了实质意义上的正当性。①

在狭义上，合法性意味着在法律意义上合乎一定的法律规范，但政治之域的合法性并不限于以上的法律意义。在中国传统社会中，政治的合法性每每表现为正统性，而正统的含义之一则与一统相涉。欧阳修在解释正统时，便指出："正者，所以正天下之不正也；统者，所以合天下之不一也。"② 在此，合法意义上的正统与一统天下意义上的"合天下于一"形成了内在的关联。质言之，使天下归于统一，同时从一个方面赋予了相关王朝的政治权力以合法性。

从实质的方面看，政治领域的合法性首先关乎政权的确立方式或政治权力的获得、传承、更迭方式。国家的建立、政权的确立、国家政治权力的传承或更迭都面临合法性的问题，而这种合法性的确认在历史上则呈现不同的形式。在君主制之下，政治权力的合法性问题首先体现于王位或皇位的继承过程：王位或皇位继承的合法性同时意味着政治权力传承和更迭的合法性，而这种合法性本身主要基于王族或皇族内部的亲缘关系。只要新的君主是一定历史条件下唯一有资格或最有资格的王（皇）位继承者，则其所获得的政治权力在当时便被视为具有合法性。在王朝延续的过程中，有时可能出现王（皇）族内部的权力之争甚至宫廷政变，这种斗争和政变的结果常常是本来没有资格成为君主的王（皇）族成员获得最高权力；在这种情况下，政治权力的合法性呈现较为复杂的形态：就新的登基者并非唯一有

---

① 哈贝马斯已注意到合法性与正当性之间的张力，不过对正当性的价值内涵，哈贝马斯似乎未能做出明晰、具体的说明。（参见哈贝马斯：《在事实与规范之间》，生活·读书·新知三联书店，2003年。）
② 欧阳修：《正统论上》，《欧阳文忠公文集》卷十六。

资格或最有资格的君位继承者而言，通过政变或其他权力斗争方式所获得之权力的合法性显然存在问题，但就其仍为王（皇）族的成员而言，则又并没有完全远离王（皇）族亲缘关系这一当时的政治合法性基础。在中国历史上，唐代早期与明代早期便出现过此类情形。

在君主制的时代，如果面临改朝换代，则原来的王（皇）族血统或亲缘关系便会失去政治上的神圣性，政治权力的合法性根据也将发生相应的变化。从中国历史的演变看，每当原来的王朝崩溃之时，总是会出现天下大乱的政治格局，应运而生的各种政治、军事势力往往彼此角逐。经过或长或短的战乱，某种政治势力及政治人物最后将平定四方，使天下重归统一，并建立新的政权。这种新政权的合法性无法通过旧王朝的王（皇）族血统或亲缘关系来确认，其根据主要来自前面所说的正统与一统的关系，"合天下于一"本身即赋予统一天下的新政权以合法性。尽管新王朝往往以承天之运、天命所在之类的超越观念来论证其政治权力的合法性，但在实质的层面，其合法性首先源自一统，这种基于一统的合法性在某种意义上构成了新王朝原初形态的合法性。

近代以来，政治合法性的根据产生了多方面的变化。在政治体制转换为民主制之后，不同范围内的选举成为政治权力获得的合法形式。在基于选举的政治权力传承、更替过程中，获得多数选票成为政治权力合法性的主要根据。然而，选举制度本身也经历了一个变迁过程，最初拥有选票权的往往仅限于部分社会成员，如美国的黑人在19世纪70年代之前就连名义上的选举权也没有，而在世界范围内，妇女的选举权的到来更迟：据相关研究，最早承认妇女选举权的国家是新西兰，而承认的时间则是 1893 年。进而言之，在走向民主制的过程中，政治权力本身一开始并非基于选举，无论是法国大革命，还是北美的独立战争，其具有民主形式的政治权力的形成，最初都是借助于革命的手段。在这一过程中，战争或革命的正义性，在实质的意义上构成了政治权力合法性的根据。

类似的情形也存在于以社会主义为指向的革命过程之中。从 20 世纪初俄国的十月革命到 20 世纪中叶的中国革命，新型国家及新政权的建立首先也是通过革命而实现的：尽管在国家的形态、政权的性质方面，20 世纪俄国的十月革命及中国革命与 18 世纪法国革命、美国独立战争不同，但在新政权首先通过革命或战争的方式而建立这一点上，两者无疑有相近之处。与政权最初形成的以上途径相联系，这种政治权力的合法性也与革命本身无法分离。具体而言，在这里，新政权的合法性最初同样源自革命的正义性。不难看到，发生于 18 世纪的革命与出现于 20 世纪的革命尽管在主体、目标等方面存在深刻差异，但在政治权力的合法性一开始就基于革命的正义性上，又有相通之处。

作为政治合法性的原初根据，革命的正义性本身需要得到确证。在政权建立之前，革命的正义性首先相对于它所要推翻的旧体制或旧政权而言：从人类历史的演进看，作为革命所指向的对象，旧的制度对人类走向合乎人性的存在、走向自由之境不仅没有积极的推进意义，相反呈现消极的阻碍作用，从而已失去了其存在的历史合理性。在新的政权建立之后，革命的正义性则需要通过促进社会的多方面发展、更好地满足人民的多重需要来体现；唯有革命之后，社会的发展更为合理，人民的生活变得更好，革命本身的正义性才能得到确证。可以看到，在这里，政治的正当性与政治的合法性并非完全彼此隔绝：实质意义上的正当（有助于走向合乎人性的存在、走向自由之境）构成了革命正义性的实际内容，而革命的正义性则为新的政治权力之合法性提供了根据。

然而，在基于革命的正义性获得政治合法性的最初根据之后，新的政治权力的合法性需要进一步在形式的层面得到确证。近代民主制的建立和发展，在一定意义上折射了以上的历史需要。尽管如上所述，近代民主制本身的演化也经过了一个历史过程，作为民主社会基本权利的选举权最初也有种种限制，然而作为一种政治体制，它又从程序的层面为政治的合法性提供了某种根据。仅仅基于程序，诚然无法担保政治的正当性，但又确乎构成了政治权力合法性的形式条件。历史地看，政治权力的合法性依据无法永远停留于获得权力的革命的正义性之上，在革命的阶段过去之后，权力延续、承继的合法性便需要有程序层面的保证。不仅18世纪的革命之后面临这一问题，20世纪的社会主义革命之后同样也面临类似问题。社会主义的法制建设之所以重要，也可以从这一角度去理解：除了国家治理本身的内在缘由之外，法制建设在相当程度上植根于上述历史需要，其意义之一则在于为政治权力提供新的合法性形式。

可以看到，政治领域的合法性问题既关乎政治权力的延续、传承，也关乎政治权力的中断和重建。从传统社会的君主世袭到近代的民主选举，政治权力的更迭更多地与权力本身的延续、传承相关；在传统社会的改朝换代以及近代的革命中，政治权力的形成则首先关涉政权的重建。政治权力更替的不同形式，也使相关权力的合法性根据呈现不同形态。一般而言，在政治权力以延续、传承为形态这一前提下，其合法性主要关乎形式层面的程序；从传统君主的世袭到近代以来国家或政府领导人的更替，其合法性的根据都基于不同意义上的程序。在政治权力由中断而重建的背景下，其最初的合法性则涉及实质的方面：以改朝换代为形式，政治权力的合法性首先源自"一统"；以近代的革命为前提，政治权力的合法性则与革命本身的正义性相关，当然随着这种新的政治权力的延续，合法性的程序、形式之维也将逐渐走向历史的前台。

政治合法性的话题尽管在现代取得比较明确的形式，但对它的关注则可追溯到历史的较早时期。在中国传统思想中，从君权天授论到五德始终说等，都可以视为对政治权力合法性的论证和辩护，这种论证在总体上表现出超验性、思辨性的特点。近代以来，契约论在政治哲学中逐渐流行，在考察政治权利和政治义务根据的同时，契约论也试图为政治权力的合法性提供某种论证。契约论首先与个体间或个体和不同政治实体间的同意相关，契约论的提出相应地蕴含着个体存在意义的突出。相对于以往时代，近代伊始，个体无疑得到了更多的关注。契约论同时以某些所谓不证自明的观念（包括天赋权利）为前提，这种思路与当时对科学领域认知过程的理解具有一致性：科学上的认识也往往被视为基于某种不证自明的观念。具体而言，契约论以所谓自然状态的预设为前提，尽管对自然状态的具体理解存在差异，但肯定这种自然状态的存在则构成了近代契约论的共同特点。契约论的早期代表卢梭便认为，"人类曾达到这样一种境地，当时自然状态中不利于人类生存的种种障碍，在阻力上已超过了每个人在那种状态中为了自存所能运用的力量。于是，那种原始状态不能继续维持"[①]。以此为背景，每一个体

---

① 卢梭：《社会契约论》，商务印书馆，1980年，第22页。

都让渡自己的一部分权利,通过订约,形成一定的共同体,这一共同体具体表现为"城邦""共和国"或其他"政治体"。① 在这种共同体中,个人虽然失去了"天然的自由",但却获得了"约定的自由",并拥有了与后者相关的所有权。按照这一理解,一定政治实体的政治权力乃是基于共同体成员权利的自愿让渡,因而有其合法性。

契约论的前提是自然状态的预设。从现实的层面看,这种预设更多地基于政治的想象,而非历史的事实。对自然状态的不同理解(或将其视为人的理想之境,或把它看作人与人的冲突形态),也从一个侧面反映了这种预设的想象性质。作为自然状态的终结形式,个体之间或个体与共同体之间的订约同样仅仅是观念层面的逻辑构想,而不是历史演进的现实形态。同时,契约论的核心之一是个体的同意,无论是自我权利的让渡,还是对由此形成的政治权力的接受,都以个体的同意为前提。然而,这种同意本身缺乏程序意义上的确定性,而更多地带有某种随意性。概要而言,契约论既未对历史的实际演进过程做出说明,也未对这一过程中形成的政治权力的合法性做出有说服力的论证。黑格尔在评论卢梭的契约论时,曾指出:"契约乃是以单个人的任性、意见和随心表达的同意为其基础的。"② 这一看法无疑已注意到契约论的上述特点。卢梭之后的各种契约理论,在总的思维进路上并没有超出以上趋向。当然,就其内在精神而言,契约论突出了政治生活中的个体同意以及相互协商、彼此守约等,这一类观念并非毫无意义。

---

① 卢梭:《社会契约论》,第 25—26 页。
② 黑格尔:《法哲学原理》,第 255 页。

在现代政治领域，政治合法性问题常常被置于民主制的视域，而民主制又往往主要被理解为基于选举的政治体制：政治权力的获得如果合乎选举程序，则常常同时被赋予合法性质。从形式的层面看，近代以来的民主制确乎关乎选举；在民主体制下，从民意代表到政治领导人，其确定往往以选举为条件。然而，选举本身存在内在的问题。首先，选举以选民的投票为基本形式，作为特定的个体，每一选民都有不同的社会背景、利益关系以及价值观念，其投票也往往基于自身的利益和价值观念，而很难从整个社会、一定共同体的角度着眼，由此势必导致其选择的某种限定性。同时，由于信息、知识等方面的局限，个体常常缺乏对整个国家范围内社会经济、政治具体状况的充分了解，对相关政党及其候选人的真实情况也每每并不完全掌握，由此做出的选择不免带有某种盲目性。此外，在现代的选举过程中，选择是在既定范围内（如不同党派各自推举的候选人）进行，从而选择一开始就有其限制性：选民只能在已有范围内做出有限选择，这种选择不一定真正合乎选择者自身的意愿。进而言之，以选举为形式，无法回避多数人与少数人的关系，在多数人胜出的情况下，少数人的意愿如何得到尊重便成为一个需要面对的问题。如果合法仅仅以选民"同意"为前提，那么权力的获得者对于未选举他们的"少数"选民而言，其合法性便或多或少得打折扣，因为这些处于少数的选民并不同意执政者获得政治权力。尤可一提的是，选民中的"少数"可能占了整个选民的相当比重：在很多情况下，所谓"少数"与"多数"在数量上的差别往往非常有限。以上情况表明，基于选举的民主制固然在程序的层面构成了政治合法性的依据，但这种合法性依据本身有其内在限度。

克服这种限度的可能进路，也许在于选举民主与协商民主或慎思和讨论的民主（deliberative democracy）的结合。协商民主与选举民主都既涉及政治权力如何获得，也关乎政治权力如何运用。从政治权力的运用方式看，协商民主不仅与人（民意代表或政治领导人）的选择相联系，而且也以政治领域多方面事宜的决策为内容。就具体内容而言，协商民主以确认公共理性为其前提。这种确认既要求在政治协商中避免情绪化并超越感性的冲动，也意味着以公共、全局的眼光看问题，而非仅仅着眼于个体或局部的利益。罗尔斯曾有所谓无知之幕的预设，这一理想化的预设固然过于抽象，但其中又蕴含超越个体立场的意向，这种意向已有见于公共理性的相关内涵。协商民主同时以政治平等为原则，与之相应的是避免金钱、权力、权威对政治讨论的外在干预。在目标上，协商民主以追求差异中的共识为指向，一方面，允许有不同的意见；另一方面，又非仅仅停留于一己之见，而是努力通过求同存异，达到最大限度的重叠共识。一味执着于个体的意见，将导致黑格尔所说的主观性：在政治领域，"主观性的最外部表现是闹意见和争辩，这种主观性在希求肯定自己的偶然性、从而也就毁灭自己的同时，使巩固存在的国家生活陷于瓦解"①。以个体性的意气之争为特点的主观性，不仅使个体自身难以容身于世，而且将威胁国家的稳定。与注重共识相关的是宽容与说服的统一，宽容意味着避免讨论过程中的独断化趋向，说服则趋向于以理性的方式使讨论的参与者理解和接受相关意见和主张。相对于选举以个体为本位，并相应地受到个体存在背景、视域的限定而言，协商过程

---

① 黑格尔：《法哲学原理》，第338页。

由不同的主体共同参与，这些主体包含多样的背景、视域，通过相互对话、交流、沟通，社会成员基于背景及利益差异而形成的不同看法可以得到更直接的表达并达到更具体的理解，个体的不同视域也有可能走向交融并得到某种扩展。意见的如上交流和视域的如上扩展，无疑为超越个体限定提供了前提。协商的过程既基于对议题所涉及的具体知识、信息的一定的把握（唯有具备基本的知识、信息背景，协商才能有意义地展开），又将通过彼此交流深化和拓展对相关知识和信息的了解。对相关事实和信息的这种掌握，不同于单纯的理想化预设或抽象的逻辑性推论，由此可避免因缺乏此类知识和信息所带来的盲目性。就协商的具体程序而言，不存在类似选举中只能在既定的候选者中加以选择的情形：协商过程具有开放性，解决问题的方案并没有预先规定的界限，而是包含多样的可能。从外在形式看，与选举面向大众（具有选举权的所有公民）不同，协商似乎是由少数人在有限范围内进行，这里同样涉及多数与少数的关系。然而，在协商过程中，参与者同时代表了不同的社会成员，即使是选举中处于少数的社会成员，其意见、主张在协商中也有机会得到表达。换言之，这里并非简单地表现为多数人对少数人的优势或少数人对多数人的服从，毋宁说，它使少数人的声音获得了被平等倾听的可能。与之相联系的是认同与承认交融，认同意味着个体融入一定的共同体，承认则表现为对共同体中不同个体（相关成员）的权利、利益的关注和肯定。

当然，协商民主也会有自身的问题，如可能因缺乏必要的监督而导向不透明、不公开，在某些情况下甚至可能出现暗箱操作、政治交易。在此，选举民主与协商民主的结合，可以展开为两个方面，即民主的协商化（不仅仅限于选举）和协商的民主化（避免协商不透明、被操控）。两者的如上结合，赋予政治的合法性以更为具体的形态。

从合理性的层面看，选举民主与协商民主体现了合理性的不同侧面：如果说，选举民主更多地侧重于程序合理性，那么，协商民主则同时关注实质合理性。就政治的合法性而言，程序或形式之维无疑构成了其主要的方面，但实质的规定同样无法完全忽略。如果仅仅限于形式的方面，则合法性本身的意义也将成为问题。如上所述，历史地看，政治合法性并非完全与政治生活的实质进程相悬隔；事实上，政治实体（包括国家这一类体制）的建立一开始就包含实质之维。广而言之，前面已提到，政治的合法性本身与政治的正当性也难以截然相分，离开了政治的正当性，政治的合法性将缺乏实质的内容而流于抽象化。选举民主与协商民主沟通的意义，也可以从这一层面加以理解。

五　政治的有效性

在目的这一层面，政治以达到好的生活或更好的生活为指向；所谓好的生活或更好的生活既涉及人在不同历史时期合理需要的满足，也关乎终极意义上合乎人性的存在形态或人的自由之境。政治所以必要以及政治本身的正当性，也基于以上方面。如何更有成效地实现如上目的？这一追问进一步引向政治的有效性问题。从另一方面看，就"治"这一角度而言，政治不仅面临"为何治"，而且无法回避"如何治"。"为何治"以政治系统的存在目的为关切之点，"如何治"则关乎政治实践的具体展开过程，后者同样渗入了有效性的问题。

以好的生活或更好的生活为指向，政治实体（包括国家）

的功能除了维护社会秩序之外，还包括提供各种形式的公共服务，从历史早期就已存在的兴修水利、救灾赈灾，到现代社会中的义务教育、医疗服务、社会救济、环境保护，以及国内及国际公共安全的保障等，政治实体（包括国家）的功能体现于多重方面；而与之相关的政治实践则涉及有效性问题，即政治系统的功能是否得到有效的实现。从基本之点看，以国家等为形式的政治实体所具有的社会功能通常是个体无法独立承担的，无论是重大的工程（如防洪抗旱的水利建设），还是全民范围内教育的普及、社会的保障等，都需要举国家之力才能完成；在此意义上，这种功能的履行本身就体现了政治实体的独特效能。

宽泛而言，有效性首先涉及目的与手段的关系，在这一层面，有效即在于以适当的方式达到相关的目的。① 有效同时关乎手段或实践方式与存在法则的关系，在这一层面，有效以合乎存在法则为前提。政治领域中的有效性，同样兼涉以上二重关系。在目的之维，政治体制及政治实践的有效性主要表现为以更有成效的方式使社会成员达到好的生活或更好的生活，而走向好的或更好的生活则包括满足人在不同历史时期的合理需要，不断达到合乎人性的存在形态或人的自由之境。从存在法则这一方面看，政治体制及政治实践的有效性则意味着基于不同历

---

① 罗尔斯曾从个体的层面，谈到政治领域中目的与手段的关系，这一视域中的手段关乎个体达到基本权利的条件，这些条件他称之为基本善（primary good）。除了自由和平等机会外，基本善还包括收入、财富等（参见罗尔斯：《政治哲学史讲义》，中国社会科学出版社，2011年，第12页）。政治有效性意义上的目的与手段不限于个体之域，而更多地与政治体制的运作相联系。

史时期的社会现实，顺乎历史的发展趋向，尊重内在于社会共同体中的存在法则。历史上，曾出现过各种形式的盛世，从政治哲学的视域看，各种盛世同时以达到富有成效之"治"为其特点，而这种成效便既表现为较好地体现了"治"之目的，也表现为合乎一定历史的社会发展法则。

上述论域中的有效性，可以视为实践意义上的有效性。在理论的层面，需要对实践意义上的有效性（practical effectiveness）与逻辑意义上的有效性（logical validity）做一区分。逻辑意义上的有效性一方面表现为概念、命题的可讨论性和可批评性，另一方面又体现于前提与结论、论据与论点等的关系，并以论证过程之合乎逻辑的规范和法则为其依据。实践意义上的有效性（effectiveness）则以实践过程所取得的实际效果来确证，并主要通过是否有效、成功地达到实践目的加以判断。在目的与手段关系中呈现的政治有效性，首先与实践意义上的有效性相联系，而不同于逻辑意义上的有效性。当然，广义的政治哲学也涉及逻辑的有效性问题，如政治、法律的规范便需要在逻辑上得到认可，而这种认可的前提之一即是获得逻辑上的有效性。然而，政治本质上具有实践性，从实践哲学的角度看，其有效性无疑无法停留于逻辑或观念的层面，而需要进一步引向实践之域。[①]

[①] 这一意义上的政治有效性，有别于哈贝马斯在《在事实与规范之间》中所说的法律规范的有效性（validity）；对于后者，哈贝马斯所关切的首先在于规范本身的认可问题，这种认可所涉及的主要是规范形成的程序（是否合乎法律程序）问题。就其以形式层面的程序性为指向而言，此种有效性似乎更接近于逻辑意义上的有效性。（参见哈贝马斯：《在事实与规范之间》，第33—50页。）

欧克肖特曾认为:"法律不关心不同的利益,不关心满足实质的需要,不关心促进繁荣,消除浪费,不关心普遍认为的好处或机会的平等或不同的分配,不关心仲裁对利益或满足的竞争性要求,或不关心促进公认为是公善的事物的条件。因此,法律的正义不能等同于成功提供这些或任何别的实质好处,不能以提供它们的有效性或迅速,或分配它们的'公平'来衡量。"[1] 尽管政治与法律具有相关性,所谓法治便体现了这一点,但从总体上看,政治系统与上述欧克肖特所理解的法律,显然不能简单等同。以上视域中的法律更多地体现了形式化的特点,政治系统则包含实质的内容,从而与法律可以既不问"实质的需要",也不理会"有效性"不同,政治既不能无视"实质的需要",也无法回避"有效性"问题。可以看到,在政治领域,与"形式"相对的"实质"涉及不同的意义:在正当性层面,"实质"关乎价值目的;在有效性之维,"实质"则与实践结果相涉。

与实质的指向相联系,政治中的有效性同时涉及实践理性和实践智慧。政治具有实践的趋向:不仅政治活动具有实践性,而且不同形式的政治实体也唯有通过实践而运作,才能获得现实的生命力。同样,政治的有效性本身也是在政治实践的展开过程中得到确证。从后一方面看,实践智慧便是一个无法忽视的问题。欧克肖特在论及政治中的理性主义时,曾区分技术的知识与实践的知识,前者表现为关于一般规则的知识,后者则体现于实践过程中,并往往具体化为实践的能力。技术性知识固然也为实践过程所需,但仅仅具有这种知识往往无法完成实

---

[1] 欧克肖特:《政治中的理性主义》,上海译文出版社,2003年,第174页。

践过程。① 引申而言，政治实践的展开过程难以离开实践智慧，后者既包含欧克肖特所说的技术知识，也包括他所说的实践知识。具体地说，"实践智慧以观念的形式内在于人并作用于实践过程，其中既凝结了相应于价值取向的德性，又包含着关于世界与人自身的知识经验，两者融合于人的现实能力。价值取向涉及当然之则，知识经验则不仅源于事（实然），而且关乎理（必然）；当然之则和必然之理的渗入，使实践智慧同时呈现规范之维"②。在政治领域，实践智慧常常具体化为某种政治艺术，《老子》所谓"治大国，若烹小鲜"③，也可以视为这种政治艺术的形象化表述。无独有偶，欧克肖特在谈到政治领域的实践知识时，也曾以厨艺作类比。④ 政治实践中的实践智慧，使政治实践本身达到艺术般的境界，这种艺术之境既蕴含着实践主体的价值意向，又体现了与存在法则的一致，由此引导政治实践以最为有效的方式实现政治的价值目的。

作为政治领域的一个方面，政治的目的性不仅规定着政治实践的方向，而且决定着政治有效性的性质。抽象地看，有效性本身可以被赋予不同的性质，当有效性体现于实现正面的价值目的时，其性质具有积极的意义，反之则其意义便具有消极性，这种不同的性质主要取决于相关的政治目的。在纳粹攫取政治权力之后，其政治机器曾高效运作，然而它的政治目的——将人类置于法西斯主义的统治之下，一开始便决定了其

---

① 参见欧克肖特：《政治中的理性主义》，第7—12页。
② 杨国荣：《人类行动与实践智慧》，生活·读书·新知三联书店，2013年，第271页。
③ 《老子·六十章》。
④ 参见欧克肖特：《政治中的理性主义》，第8—9页。

政治运作的高效性具有反人道的负面价值意义。如前所述，政治的目的宽泛而言指向好的生活，这种好的生活既与人在不同历史时期之合理需要的满足相联系，也涉及人性化的存在形态或人的自由之境。所谓合理需要，首先关乎人的存在所以可能的条件，人性化的形态则意味着真正超越动物性，体现人的本质和尊严。政治的有效性唯有对实现以上目的具有推进作用，才呈现正面或积极的意义。

政治有效性的性质固然取决于政治的目的，但从另一方面看，有效性本身又对目的层面的正当性具有不可忽视的作用。在政治实践这一层面，有效性首先体现于治国或更广意义上的治理（governing）过程，在治理的目标与政治目的一致的前提下，治理的成效将从一个方面确证政治的正当性。按其实质，治国或治理的过程也就是一定政治实体或政治体制运行的过程，如果治理过程能够实现社会的有序化，最大限度地满足社会成员多方面的合理需要，维护社会的公平正义，促进社会经济、文化的发展，保障社会的自由平等，让社会成员安居乐业、有尊严地生活，那么，这种治理的成效本身就为相关政治实体的正当性提供了确证。相反，如果某种政治实体或政治体制自认为具有正当性，但其治理过程导致的却是社会的无序化以及公正和正义的阙如、自由平等的缺失、普遍的民不聊生等，那么，这种政治实体的正当性将受到质疑，甚而出现正当性危机或合法性危机。正当性危机意味着相关政治实体在目的-价值层面是否具有正义性成为问题，合法性危机则表明这种政治实体在程序层面是否有资格治理社会将会面临挑战。如果说，政治的有效性对政治的正当性做了正面的肯定，那么，与之相反的状况则使政治的正当性和合法性都难以得到社会的认可。

政治有效性与政治正当性的如上互动，从一个方面展现了两者的内在相关性。在具体的政治系统中，有效性与正当性确乎难以分离。以民主制而言，作为一种政治体制，民主按其本义包含两个层面。首先是价值目的，在这一层面，民主以"为了民"为指向，其具体内容落实于实现人的存在价值，所谓民享（for the people）、民有（of the people），便涉及民主的这一方面。民主同时包含手段之维，在这一层面，民主以"本于民"为指向，其具体内容关乎政治实践的程序、方式、途径，亦即依靠民以展开国家或社会的治理，所谓民治（by the people）便体现了民主的这一内涵。不难看到，民主的目的之维（"为了民"）更多地关乎政治的正当性，民主制本身唯有真正体现了这一价值目的，才能被赋予政治的正当性。与之相对，民主的手段之维（"本于民"）则既与政治的合法性相关（关乎政治运行的形式和程序），也与政治的有效性相涉：正是在以一定的方式、程序实现人的存在价值过程中，民主制才呈现出有效性问题。"为了民"这一目的性规定固然构成民主政治正当性的前提，但如果仅仅停留于此而未能通过"本于民"的政治实践切实有效地实现民主的目的，则民主的正当性也将流于抽象的意向而难以得到真正的落实。在此意义上，民主的有效性无疑同时制约着民主的正当性。

　　综合而论，政治系统的运作过程涉及正当性、合法性、有效性等问题。正当性体现了政治的目的之维，规定着政治实体和政治实践的性质；离开了目的-正当之维，政治的合法性、有效性便失去了价值意义。政治上的形式主义和功利主义仅仅强调政治的合法性和有效性，无疑忽视了政治发展的价值方向。另一方面，政治正当性与政治的合法性、有效性并非彼此隔绝，正当性既需要通过合法性在形式的层面得到确认，也需要通过有效性在实质的层面得到确证；就以上方面而言，合法性与有效性同时为正当性的实现提供了不同意义上的担保。

　　历史地看，中国传统的政治哲学诚然在理解政治领域的不同关系上存在各自的侧重：如果说，儒家较为注重正当性与合法性的统一，那么，法家则更关注合法性与有效性的统一；然而，其中又内含着在更广意义上肯定以上诸方面之相关性的观念，后者在礼法互动①与礼乐互融②的命题中得到比较具体的展现。这里的"礼"可以广义地理解为体制及其运作，所谓"礼，所以守其国，行其政令，无失其民者也"③，"法"则涉及程序层面的规则，"乐"同样与"政"相关："礼乐刑政，其极一也，所以同民心而出治道也。"④ 具体而言，"乐者，乐也"⑤，从而它既表现为通过音乐的感染而教化人（政治共同体中的成员），也表现为由好的生活或合理需要的满足而引发的情感体验（愉悦之乐）。如果说，礼法的互动更多地侧重于程序方面的合法（合乎礼法），那么，礼乐互融则同时确认了以顺乎民心的形式体现出来的实质正当性。一方面，合法与有效本身不是目的，两者依归于价值意义上的正当性，后者最终表现为保证人类的生存和自由的发展；另一方面，合法、有效又从形式（程序）与实质的方面，担保了正当目的的实现。质言之，上述关系可以视

---

① "非礼，是无法也。"（《荀子·修身》）
② "礼乐之统，管乎人心矣。"（《荀子·乐论》）"乐至则无怨，礼至则不争。揖让而治天下者，礼乐之谓也。"（《礼记·乐记》）
③ 《左传》昭公五年。
④ ⑤ 《礼记·乐记》。"乐者，乐也"中，前一"乐"读为"yuè"，后一"乐"读为"lè"。

为在程序合法的前提下，以有效的方式实现实质的正当。进一步看，政治正当性首先关乎"为何治"，相对于此，合法性与有效性更多地涉及"如何治"；在"如何治"这一层面，政治的合法性与政治的有效性本身并非互不相关：国家的治理和社会的治理都既面临是否合乎一定的规范、程序（关乎合法）的问题，也面对是否合乎社会领域的存在法则的问题（关乎有效）。不难注意到，正当性、合法性、有效性的相互关联和互动赋予政治系统以现实的品格。

六　道德与政治

如前所述，从目的之维看，政治以好的生活为指向，而好的生活则在广义上同时体现了善的追求。政治的这一价值趋向，使之与伦理或道德具有相通性。事实上，作为人的存在的相关方面，政治与伦理难以截然相分。与存在形态上政治生活与伦理生活的以上联系相应，政治哲学与伦理学也具有内在关联。康德曾认为，道德法则包括法律的法则（juridical laws）与伦理的法则（ethical laws）。"合乎法律法则，体现的是行为的合法性（legality）；合乎道德法则，体现的则是行为的道德性（morality）。"[①] 这里的法律法则以及与之相关的行为，并非仅仅限于狭义的法律之域，而是同时关乎政治领域；从广义的道德法则这一角度理解伦理和法以及合乎伦理的行为和合乎法的行为，无疑从一个方面注意到了道德与政治的关联。黑格尔将法、道德与伦理都置于法哲学的论域之中，而法哲学则包含政治哲

---

① Kant, *The Metaphysics of Morality*, Cambridge University Press, 1996, p. 14.

学的内容；这样，尽管他对伦理和道德的看法与康德有所不同，但在肯定道德、伦理与政治哲学具有关联这一点上，则与康德具有相通之处。基于相异立场而展现的以上视域，无疑从不同方面注意到了政治与道德、政治哲学与伦理学之间的现实关系。

从本源上看，政治和伦理都发端于人的社会性生活，社会性生活本身则基于人与人的关系，并涉及对这种关系的协调、处理。中国传统文化中的五伦，便既与伦理意义上的父子、兄弟、夫妇相联系，又关乎政治意义上的君臣关系；对社会关系的这种理解，也从一个方面折射了政治与伦理的相关性。由此，儒家特别突出人伦关系的处理对治国的意义："知所以治人，则知所以治天下国家矣。"① 从形而上的层面看，人的存在本身包含多重维度，在政治与伦理出现之后的历史发展过程中，人既融入政治生活，也参加伦理实践；作为人的存在的相关方面，政治与伦理无法截然相分。前文提及，中国传统政治哲学将政治的功能既理解为"治民"，也规定为"正民"；如果说，"治民"更多地体现了政治实践本身，那么，"正民"则同时包含着对民的伦理教化；在此意义上，"政以治民"与"政以正民"的统一，也展现了政治与伦理的相关性。同样，亚里士多德认为在"最好的政体"中，每一个人都能"适当地行动"和"快乐地生活"；其中"适当地行动"也涉及伦理的引导，而"适当地行动"和"快乐地生活"的交融也意味着政治与伦理无法相分。

在中国传统的礼制中，政治与道德的关联得到了具体的体现。礼无疑具有道德的意义，所谓"礼，所以观忠、信、仁、义也"②

---

① 《中庸》。
② 《国语·周语上》。

便表明了这一点。但同时,礼又被赋予政治的功能:"礼,所以守其国,行其政令,无失其民者也。"① "国无礼则不正。"② 所谓"所以守其国,行其政令",表明礼构成了治国实践所以可能的条件;"国无礼则不正",则意味着礼是形成社会秩序的前提。在"义以出礼,礼以体政"③ 中,礼进一步沟通了伦理(义)与政治(政),并由此更清楚地展现了政治与伦理的以上关联。按照中国传统哲学的理解,礼之所以具有以上品格,在于它既引导人的内在德性,又制约着外在之法:"非修礼义,廉耻不立。民无廉耻,不可以治。不知礼义,法不能正。非崇善废丑,不向礼义。无法不可以为治,不知礼义不可以行法。"④ 礼以一定的规范系统和相应的体制为其具体内容,礼的以上双重作用同时在规范与体制的层面为政治与伦理的沟通提供了前提。

类似的情形也存在于西方的思想传统。在西方思想的演进中,从柏拉图到罗尔斯,正义原则都一再被强调和突出。就其实质的内涵而言,正义本身既涉及伦理生活,也关乎政治之域。在伦理生活中,正义表现为行为选择的基本规范之一;在政治领域,正义则成为处理、调节政治共同体中不同成员之关系的基本原则。尽管对正义的社会意义可以有不同侧重:当亚里士多德强调正义的行为就在于像具有正义品格的人那样行动时,其侧重之点较多地在于正义的伦理之维⑤,而在罗尔斯所注重的分

---

① 《左传·昭公五年》。
② 《荀子·王霸》。
③ 《左传·桓公二年》。
④ 《文子·上礼》。
⑤ Aristotle, *Nicomachean Ethics*, 1105b, *The Basic Works of Aristotle*, p. 956.

配正义中，正义的政治意蕴则得到了更多突显，然而从正义本身的内涵看，它兼涉伦理之域和政治之域。正义的以上品格，也从一个侧面展现了伦理与政治之间的相关性。

礼和正义作为普遍的规范，更多地从静态的形式方面展现了政治与伦理的关联。进一步看，以不同层面秩序的形成为指向，政治与伦理都具有实践性的品格。伦理关系的确立离不开道德实践，正是通过父慈子孝的实践活动，家庭之中亲子之间的伦理关系才获得现实的形态。同样，在政治领域，政治秩序的建立也基于具体的政治实践。以传统社会而言，君臣之间的等级关系便是通过"君仁臣忠"①的政治实践而得到确立。宽泛地看，伦理学与政治哲学之所以都被归属于广义的实践哲学，也与以上事实相关。诚然，作为实践哲学的不同方面，两者又存在某种差异。关于这一点，西季威克曾指出："伦理学旨在确定个人应当做什么，政治学则旨在确定一个国家或政治社会的政府应当做什么，以及应当如何构成。"② 不过，正如私人领域与公共领域无法截然相分一样，政治实践与伦理实践也非完全彼此隔绝。

政治实践与道德实践都关乎实践的主体。从主体的层面看，人性是一个无法忽视的方面。历史上的人性理论，首先涉及人格的培养及其途径。如果说性善说更多地肯定了人格培养的内在根据，那么，性恶说则更多地关注于人格培养的外在条件。同样，治国的过程也常常基于对人性的理解。商鞅在谈到如何治国时，曾指出："饥而求食，劳而求佚，苦则索乐，辱则求

---

① 《礼记·礼运》。
② 西季威克：《伦理学方法》，中国社会科学出版社，1993年，第39页。

荣，此民之情也。民之求利，失礼之法；求名，失性之常。奚以论其然也？今夫盗贼，上犯君上之所禁，而下失臣民之礼，故名辱而身危，犹不止者，利也。其上世之士，衣不昫肤，食不满肠，苦其志意，劳其四肢，伤其五脏，而益裕广耳，非性之常也，而为之者，名也。故曰：名利之所凑，则民道之。"①按商鞅的看法，追求利和名是人之常性，治国过程应顺乎人性之常，利用人的好名求利之性，使之为君主所用。对人性与治国过程的这种理解无疑有其理论的限度，但这一看法同时注意到，政治实践作为人与人之间互动的具体过程，与实践参与者的内在精神规定、内在意向无法相分。

进而言之，政治实践的展开与实践主体的内在品格具有内在关联，后者同时体现了伦理对政治的制约作用。儒家对此给予了特别的关注，《中庸》曾借孔子之口，提出了如下看法："文、武之政，布在方策。其人存，则其政举；其人亡，则其政息。人道敏政，地道敏树。夫政也者，蒲卢也。故为政在人，取人以身，修身以道，修道以仁。仁者，人也，亲亲为大；义者，宜也，尊贤为大。亲亲之杀，尊贤之等，礼所生也。在下位不获乎上，民不可得而治矣！故君子不可以不修身。"这里的主题是为政之道，其侧重之点则是政治实践中人的作用，所谓"其人存，则其政举"。此处之"人"首先是指统治者或政治领袖，而后者的个人品格又被放到突出的位置。在儒家看来，政治的运作与个人的修养无法分离。治国应先治人，治人则须先修身，亦即使统治者自身达到人格的完善。修身以治国，这是儒家反复强调的政治原则，从孔子的修己以安人到《大学》的

---

① 《商君书·算地》。

修身、齐家、治国、平天下，都体现了这一点。突出统治者在政治生活中的作用，体现的无疑是一种人治的观念，其理论限度和历史限度都毋庸讳言。不过，其中又蕴含着对政治实践主体内在人格的注重，则并非毫无所见。进一步看，政治生活不仅涉及执政者，而且关乎一般的社会成员；对后者来说，刑、政等强制性的政治手段固然能够让人的行为合乎规范、避免为恶，但却难以使人形成向善之心："道之以政，齐之以刑，民免而无耻；道之以德，齐之以礼，有耻且格。"① "法能杀不孝者，不能使人孝；能刑盗者，不能使人廉。"② 唯有通过道德的引导，才能培养人的伦理意识（包括耻感、孝和廉的意识等）。质言之，在对人的正面引导方面，道德的作用不可或缺。

类似的看法亦可见于西方的传统政治哲学。亚里士多德已指出，在政体中担任最高职务，需具备三个条件：首先应忠于现存政体；其次需具备最出色的行政能力；再次则需具有适合于不同政体形式的德性和正义的品格。③ 这里涉及政治实践主体或政治领导人物应具备的基本素质，包括具有共同的政治立场、内在的德性与能力。进而言之，政治领域不仅有处于领导地位的政治主体，而且存在着更广大的被领导者。在亚里士多德看来，作为政治实践的不同主体，统治者与被统治者都需要德性，尽管这种德性的具体内涵有所不同。④ 与此相联系，道德领域中善良之人的德性与政治领域中政治家或君主的德性具有一致

---

① 《论语·为政》。
② 《文子·上礼》。
③ Aristotle, *Politics*, 1309a35, *The Basic Works of Aristotle*, p. 1249.
④ Aristotle, *Politics*, 1260a5-15, *The Basic Works of Aristotle*, p. 1145.

性①。德性的这种相关性,同时体现了伦理与政治的难以相分性。黑格尔从另一角度肯定了道德教育的必要性:"为了使大公无私、奉公守法及温和敦厚成为一种习惯,就需要进行直接的伦理教育和思想教育,以便从思想上抵消因研究本部门业务的所谓科学、掌握必要的业务技能和进行实际的工作等等而造成的机械性部分。"② 这里已涉及如何克服科层制可能引发的问题。在近代以来的科层制中,政治实践的展开常常需要具备某些技术性的技能,而实践本身则容易由此呈现技术化、程序化、机械性的趋向。为了在政治领域中避免以上偏向,便需要进行伦理教育。黑格尔对伦理教育的理解,无疑已注意到道德教育不仅对于提升奉公守法等道德品格具有不可忽视的意义,而且构成了克服技术主义倾向的前提。从更广的层面看,伦理教育的以上二重作用同时从不同的向度体现了道德对政治领域的制约作用。

在近代以来的各种政治设计中,形式化、技术化、程序化的规定往往成为主要指向,而人的德性、品格等方面在政治体制中常常难以获得适当的定位。直到当代的罗尔斯、哈贝马斯等,仍将人格修养等问题置于公共领域之外,很少从社会政治生活的合理组织等角度讨论这一类问题。就本体论的层面而言,上述思维趋向显然未能注意到人的存在的多方面性。按其现实形态,人既是政治法制关系中的存在,也有其道德的面向。作为人的存在的相关方面,这些规定并非彼此悬隔,而是相互交错、融合,并展开于人的同一存在过程。本体论上的这种存在

---

① Aristotle, *Politics*, 1288a40, *The Basic Works of Aristotle*, p. 1205.
② 黑格尔:《法哲学原理》,第 314 页。

方式，决定了人的政治生活和道德生活不能截然分离。从制度本身的运作来看，它固然涉及非人格的形式化结构，但同时在其运作过程中也包含人的参与；作为参与的主体，人自身的品格、德性等总是处处影响着参与的过程。进而言之，技术化、程序化、机械性更多地关涉政治的形式之维，专注于此，不仅人格、德性在政治中的作用将被消解，而且实质层面的政治目的、政治价值导向也会被忽视或虚化。按其现实的形态，体制组织的合理运作既有其形式化的、程序性的前提，也需要道德的担保和制衡；离开了道德等因素的制约，社会生活的理性化只能在技术或工具层面得到实现，从而难以避免片面性。从以上背景看，儒家以及亚里士多德、黑格尔肯定道德对政治的作用，无疑具有不可忽视的意义。

政治与道德的关联不仅在于政治实践的主体受到其人格和德性的影响，而且体现在道德对政治正当性的制约。政治的正当性和道德的正当性本身无法相分，无论在形式的层面，抑或实质之维，政治的正当性与道德的正当性都具有相关性。从形式的层面看，政治的正当性以合乎一定时期被普遍接受和认可的价值原则为前提，而这种价值原则与道德领域的价值原则往往具有一致性。在实质的层面，政治的正当性则体现于对人的内在存在价值的肯定，包括不断在不同的历史时期达到好的生活，满足人的合理需要，推动社会走向自由之境，等等。这种实质意义上的正当，与道德上的善也具有相通性。在政治生活为形式层面的价值原则所引导并由此追求实质之善的过程中，道德的影响也渗入其中。不难注意到，道德不仅从政治主体的内在品格上制约着政治实践，而且从政治生活发展的方向上，展现了内在的导向作用。

可以看到，政治生活展开为一个包含多重方面的社会系统。以价值原则和价值理想等为形式的政治观念，在政治系统中具有引导的意义；不同形式的政治体制，为政治生活的运行提供了制度的依托；政治实践则既使价值原则和政治理念得到落实，也通过政治主体的作用，赋予政治体制以现实的生命。在目的层面，政治系统的运行以正当性为其指向；在程序之维，政治系统受到合法性的制约；在手段运用上，政治系统则涉及有效性。如果说，政治观念、政治体制、政治主体的相互作用，是政治生活的展开所以可能的前提，那么，正当性、合法性、有效性的互动以及道德对政治的制约，则从不同的方面将人类引向更好的生活。

你的权利，我的义务
——权利与义务问题上的视域转换与视域交融[①]

权利与义务既涉及政治、法律，也关乎伦理；在康德与黑格尔那里，权利的学说（doctrine of right）或权利的哲学（philosophy of right）便都兼涉以上领域。这里不拟具体辨析政治、法律意义上的权利和义务与道德视域中的权利和义务之间的异同，而是在比较宽泛的论域中考察两者的理论内涵和社会意义，以及两者的不同定位。概要而言，权利与义务都内含个体性与社会性二重规定。历史地看，彰显权利的个体性之维，往往引向突出"我的权利"；注重义务的社会性维度，则每每导向强化"你的义务"，两者在理论上存在各自的限度。扬弃以上局限，以视域的转换为前提。这种转换意味着由单向地关注"我的权利"转向肯定"你的权利"，由他律意义上的"你的义务"转向自律意义上的"我的义务"。视域的这种转换同时在更深层意义上指向视域的内在交融。

---

① 本文原载《哲学研究》，2015 年第 4 期。

一

与义务相对的权利,首先呈现个体性的形态。在较广的意义上,权利也就是个体应得或有资格享有的(entitled)权益。以现代社会而言,从日常生存(包括支配属于自己的生活资料),到经济生活(包括拥有和维护私人财产),从政治参与(包括从事各类合法的政治活动),到接受不同形式的教育,其中涉及的权利都与个体相关。在这一意义上,康德认为,"个人是有权利的理性动物"[①]。

相应于权利的个体之维,近代以来逐渐出现了所谓"天赋权利"或"自然权利"(natural right)之说。"天赋权利"论的要义,在于强调每一个人生而具有不可侵犯的诸种权利。不难看到,在实质的层面,这一权利理论意味着将人的个体存在视为个体权利的根据:任何个体只要来到这个世界,就可以享有多方面的权利。然而,对权利的如上理解仅仅是一种抽象的理论预设。就其现实的形态而言,权利并非来自天赋或自然意义上的存在,而是由社会所赋予;个体唯有在一定的社会共同体之中才可能享有相关的权利,各种形式的社会共同体本身则构成了权利的不同依托。可以说,无论从本体论意义上看,抑或就法理关系而言,社会共同体都构成了个体权利的前提。

不同历史时期的社会共同体,同时规定了权利的范围、限度。广而言之,权利本身呈现于多重方面,从经济权利(拥有私有财产等权利)到政治权利(参与选举以及其他政治活动等)、社会权利(包括享受教育、医疗、养老等各类社会保障的

---

① Kant, *Opus Postumum*, Cambridge University Press, 1993, p. 214.

权利），其内容呈现多样形态，而它们的获得则与一定的社会共同体相涉。以晚近（20世纪之后）出现的社会权利而言，享有这种权利便以成为一定社会共同体的成员（如取得公民等社会成员的资格）为前提。权利的这种社会赋予的性质，同时也从一个方面决定了权利的真正落实、维护、保障离不开社会的作用。质言之，权利形成的社会性决定了权利保障的社会性。

从权利的生成看，在不同的历史时期，人的权利又具有不同的社会内容。以人最基本的生存权利而言，在初民时代，某些地区的老人在失去劳动能力之后，往往被遗弃，而遭遗弃则意味着其生存权利被剥夺，但在特定的历史时期和历史区域，这种现象却被社会所认可；它表明，生存这种现代社会所承认的人之基本权利，并没有被当时相关社会共同体视为人生而具有、不可侵犯的权利。这种状况的出现，与一定历史条件下社会生活资源的有限性难以分离：这种有限性使上述社会共同体无法赋予失去劳动能力的成员以同等的生存权利。从更广的视域考察，如所周知，在实行奴隶制的社会中，奴隶并不被视为真正意义上的人：他仅仅处于工具的地位，可以如物一般被处置。在此，奴隶作为人的权利尚未能得到承认，更遑论其他。就政治权利而言，不同历史时期中的社会形态下，也有不同的限定：在古希腊，唯有城邦中的自由公民，才享有城邦中的各项政治权利；在中世纪，政治权利（political right）与政治权力（political power）往往合一，并为贵族等阶层所垄断。这些现象表明，在历史上，权利并非真正为个体所生而具有，而是在不同时期由一定的社会形态所规定和赋予。

进而言之，权利既可以由社会赋予，也可以由社会剥夺。个体能否享有一定历史时期的权利，往往与他的行为是否合乎一定历史时期的社会准则相联系。同一个体，当其所作所为合乎相关的社会准则时，往往被赋予某种权利，但如果他的行为背离社会的法律等规范，常常便会被剥夺某种权利。在现代社会中，当某一个体触犯了一定的法律规范时，社会便会视其违法的不同性质，将他拘捕、监押，直至处以极刑，并进而按相应的法规剥夺其在一定时期的政治权利。此时，不管相关个体如何声称自己拥有包括自由、生存、政治等方面的所谓"天赋权利"，社会依然将依照一定的准则，剥夺其这方面的权利。以上事实从否定的方面展示了个体权利与社会赋予的难以分离性，相形之下，仅仅将权利与个体的声称（to claim）联系起来，则显得抽象而苍白。

　　除了社会生成和社会承认外，权利还关乎实际保障和落实的问题。从实质的方面看，权利的真正意义在于落实，而这种落实又离不开个体之外的社会。在此意义上，权利具有外在的指向性：个人在被赋予权利之后，这种权利的具体落实无法仅仅依赖个体本身的内在意愿。从近代以来一再被强调的财产权到政治领域的诸种权利，从教育、医疗到消费，个体的权利如果不能在社会规范、体制等方面得到保障，那么这种权利就只能是空洞的承诺或一厢情愿的要求。以财产权而言，不仅财产的获得需要社会体制层面的保证，而且其维护也离不开社会的保障。如果社会没有具体的法律规范和制度来防范、制止对个体财产的暴力占有，那么，个体拥有不可侵犯的财产所有权就仅仅是空话。同样，在缺乏公平、正义的政治制度的条件下，个体在政治上的选举权就可能或者徒具形式，或者沦为政客的政治道具。与之类似，如果不存在得到充分保障的义务教育制，那么，接受教育的权利对于一贫如洗、无法承担教育费用的人来说便毫无意义。进而言之，权利涉及选择的自由：在自身所拥有的权利范围内，个体可以自由选择，然而这种权利本身也唯有基于社会的保障，才具有现实性。从消极的方面看，在没有制度、程序等社会保障的前提下，个体即使不断地以投诉、上访等形式来维权，其权利也难以得到真正的落实；这种投诉、上访所涉及的个人权利问题，最终总是需要通过社会体制的力量来具体解决。

可以看到，权利既有个体之维，并最后体现于个体，又包含社会的内涵，其生成和实现都离不开社会的规定和社会的制约。质言之，权利指向个体，却源于社会；以个体形式呈现，却唯有通过社会的承认和担保才能获得现实性。从实质的方面看，在权利的问题上，重要的不仅仅是个人声称其有何种权利，而更在于这种权利是否为社会所承认和落实。

相对于权利，义务以个体对他人或社会所具有的责任为题中之义，从而首先呈现社会的品格。义务既非先天的价值预设，也不是形式意义上的逻辑蕴含，而是植根于实际的社会关系之中，表现为基于现实社会关系的内在规定。义务以人为具体的承担者。作为义务的实际承担者，人的存在有其多方面的维度，人与人之间的社会关系也包含多重性。就日常的存在而言，人的社会关系首先涉及家庭。黑格尔曾把家庭视为伦理的最原初的形式。① 以儒学为主干的中国传统文化也把家庭视为人存在的本源形态。中国传统五伦中，有三伦展开于家庭关系。在谈到亲子等伦理关系时，黄宗羲曾指出："人生堕地，只有父母兄弟，此一段不可解之情，与生俱来，此之谓实，于是而始有仁

---

① 参见黑格尔：《法哲学原理》，1982年。

义之名。"① 亲子、兄弟之间固然具有以血缘为纽带的自然之维，但作为家庭等社会关系的产物，它更是一种社会的人伦；仁义则涉及广义的义务，其具体表现形式为孝、悌、慈等等。按黄宗羲的看法，一旦个体成为家庭人伦中的一员，便应当承担这种伦理关系所规定的责任与义务，亦即履行以孝、慈等为形式的责任。在此，人之履行仁义孝悌等义务，即以其所处的社会人伦关系为根据。

广而言之，义务体现于社会生活的各个方面。从现代社会看，在具有劳动能力的条件下，人们一般会从事某种职业或身处某种社会岗位；由此，又总是与他人形成不同的职业关系，而这种关系则进一步规定了相应的责任和义务。通常所说的职业道德，实质上也就是由某种职业关系所规定的特定义务。以医生而言，人们往往强调医生应当具有医德；作为一种职业义务，这种医德显然难以离开医生与患者的特定关系。同样，对教师来说，履行师德是其基本的义务，而师德本身则以教师与学生之间的社会关系为本源。要而言之，一定的职业所涉及的社会关系，规定了相应的职业义务或职业道德，所谓"尽职"则意味着把握这种义务关系并自觉履行其中的责任。

以上方面所突显的，主要是义务的社会之维。事实上，义务往往更多地被视为来自社会的要求，从作为义务体现形式的规范中，便可以更具体地看到这一点。规范即当然之则，它们规定了个体可以做什么，不能做什么；基于现实社会关系的义务，在形式的层面主要便通过不同的规范而体现。相对于个体，蕴含义务的规范首先以外在并超越于个体的形式呈现：规范具有

---

① 黄宗羲:《孟子师说》卷四。

普遍性，并非限定于某一或某些个体，而是对不同的个体都具有制约作用。规范的这种性质，从另一个维度展现了义务的社会性：从某种意义上说，蕴含义务的规范同时即表现为个体之外的社会对个体的要求。

然而，这只是问题的一个方面。从其实际的作用看，义务之中同时又包含个体性之维。如前所述，义务在形式的层面呈现为普遍的规范；作为社会的要求，这种规范往往具有外在性。在与个体相对的外在形态下，义务以及体现义务的普遍规范固然向个体提出了应当如何的要求，但这种要求并不一定化为个体自身的行动。义务唯有为个体所自觉地认同或承诺，规范唯有为个体所自愿接受，才可能实际而有效地制约个体的选择和行动。义务在宽泛意义上既涉及法律之域，也关乎伦理实践。无论从法律的角度看，抑或从伦理的视域考察，义务的落实都与作为义务承担者的个体相联系。通常所说的法理意识与良知意识，便从不同方面体现了义务与个体之间的以上关联。一般而言，法理意识包含着个体对法理义务以及法理规范的理解和接受，良知意识则体现了个体对道德义务和道德规范的把握和认同。对缺乏法理意识的人而言，法律的义务和规范仅仅是外在的要求，并不构成对其行为的实际约束；同样，在良知意识付之阙如的情况下，道德义务和道德规范对相关个体来说也将完全呈现为形之于外的他律，难以内化为其自觉的行动意向并由此切实地影响其具体行为。法理意识和良知意识在法律义务及道德义务落实过程中的如上作用，同时也从一个侧面展现了义务本身的个体之维。

康德在伦理学上以注重义务为特点，对义务的理解也体现了某种深沉性。按康德的理解，从属于某种义务构成了人之为人的存在规定:"人一方面是世界中的存在,另一方面又从属于义务的法则。"① 对于义务以及体现义务的道德法则,康德首先强调其普遍性:"仅仅根据这样的准则行动,这种准则同时可以成为普遍的法则(universal law)。"② 在康德那里,法则的普遍性主要源于先天的形式,义务则相应地由这种先天法则所规定。从这方面看,康德对义务的社会历史根据,似乎未能给予充分的关注。但是,普遍性同时意味着超越个体,走向更广的社会领域。就此而言,在将道德法则与普遍性联系起来的同时,康德无疑也注意到法则所确认的义务包含社会性。

不过,对康德而言,法则以及与之相关的义务并非仅仅呈现普遍的品格,而是同时与理性的自我立法相联系。在康德看来,"每一个理性存在者的意志都是一个普遍立法的意志的理念"③。也就是说,法则乃是由主体自身的理性所颁布的;在此意义上,康德认为,"每一个人的心中都存在绝对命令"④。尽管康德同时肯定主体的理性具有普遍性,在此意义上,理性的立法不同于纯粹的个体性意念活动;然而以主体形式展开的理性自我立法,无疑又包含着对义务的自我承诺。对康德而言,主体的自由品格即植根于此:"自由如何可能?唯有通过义务的命令,这种命令是绝对颁布的。"质言之,"自由的概念来自义务的绝对命令"⑤。在此,对义务的自觉承诺以及与之相关的理性

---

① Kant, *Opus Postumum*, Cambridge University Press, 1993, p. 245.
② Kant, *Grounding for the Metaphysics of Morals*, Hackett Publishing Company, 1993, p. 30.
③ 《康德全集》,第4卷,中国人民大学出版社,2007年,第439页。
④ Kant, *Opus Postumum*, Cambridge University Press, 1993, p. 221.
⑤ Kant, *Opus Postumum*, Cambridge University Press, 1993, p. 232, p. 227.

命令（绝对命令），被视为自由的前提。这里所说的自由，意味着对感性规定或感性意欲的超越：康德视域中的人既表现为现象世界中的感性存在，又具有理性的品格；当人仅仅受制于感性冲动时，他便无法成为自由的存在，义务的自觉承诺则体现了对单纯感性欲求的扬弃。通过理性自我立法而承诺义务，同时也使人摆脱了感性冲动的支配，并由此步入理性的自由王国。黑格尔在伦理学上的立场与康德有所不同，但对义务的看法却与之呈现相通性。在谈到义务时，黑格尔指出："在义务中，个人毋宁说获得了解放。一方面，他既摆脱了对赤裸裸的自然冲动的依附状态，在关于应该做什么、可做什么这种道德反思中，又摆脱了他作为主观特殊性所陷入的困境；另一方面，他摆脱了没有规定性的主观性，这种主观性没有达到定在，也没有达到行为的客观规定性，而仍停留在自己内部，并缺乏现实性。在义务中，个人得到解放而达到了实体性的自由。"[①] 摆脱对于"自然冲动的依附状态"，体现的是个体在义务承诺方面的自主性；摆脱"没有规定性的主观性"，则突出了认同义务的自觉性。康德与黑格尔对自由的理解无疑有其思辨性和抽象性，但从如何理解义务这一角度看，将义务的承诺与个体的自我立法以及个体的自由形态联系起来，无疑已有见于义务的个体之维。如果说，康德对当然之则（规范、法则）普遍性的肯定，主要突出了义务的社会性，那么，康德强调理性的自我立法及黑格尔确认理性自主和理性自觉，则包含着对义务之个体性规定的确认。

以上所论表明，权利与义务都蕴含自身的两重性。概括地说，权利在外在形态上呈现个体性，但在实质的层面则包含社

---

① 黑格尔：《法哲学原理》，第167—168页。

会性。与之相异，义务在形式上主要展现外在的社会性，但其具体实现则基于内在的个体性。权利的外在个体性和内在社会性与义务的外在社会性和内在个体性相互关联，既体现了义务与权利的对应性，也突显了两者各自的内在特征。

二

权利与义务内含的两重性，在逻辑上蕴含着分别侧重或强化其中不同方面的可能。从历史上看，这种不同的发展趋向既呈现理论的偏向，也往往伴随着消极的社会后果。

近代以来，权利的自觉与个体性原则的突出相互关联，使权利的个体之维得到了更多的关注。这一视域中的权利，往往同时被理解为"我的权利"：拥有财产权，意味着"我有权利"支配属于"我"的财产；具有政治权利，意味着"我有权利"参与相关的政治活动或做出相关的政治选择；享有社会权利，意味着"我有权利"接受不同层次的教育，获得医疗、养老等社会福利，如此等等。

在当代西方，依然可以看到对个体权利的强调，德沃金对权利的看法便多少表现了这一趋向。在德沃金看来，单纯地追求集体福祉最终将导向非正义。权利不是用以追求其他目的的手段，其意义并不取决于能否增进集体福祉。相对于政府权力、集体利益，权利具有优先性："如果某个人有权利做某件事，那么，政府否定这种权利就是错的，即使这种否定是基于普遍的利益。"[①] 按德沃金的理解，个人权利的这种优先性本身以平等

---

① Ronald Dworkin, *Taking Rights Seriously*, Harvard University Press, 1977, p. 269.

为依据，后者意味着所有个体应得到平等的关心和尊重。由此，德沃金进而指出："个体权利是个体所拥有的政治王牌（political trumps）。"① 无独有偶，在德沃金之前，罗尔斯在某种意义上已表达了与之类似的观点；在他看来，"每一个人都拥有一种基于正义的不可侵犯性（inviolability），这种不可侵犯性即使以社会整体利益之名也不能加以漠视"②。这里所说的不可侵犯性，其核心乃是个体权利的优先性。

然而，逻辑地看，仅仅确认个人权利的优先性，往往无法避免某种内在的悖论。某一个体可以声称其有某种权利，并以维护"我的权利"为由，拒绝某一可能影响其利益，但却能给其他个体带来福祉的社会公共项目；或者在维护"我的权利"的过程中，不顾其"维权"行为对其他个体利益可能带来的损害。在这种情况下，某一个人权利的优先性将意味着对其他个人——常常是更多的个人——权利的限制和侵犯。这一现象的悖论性就在于，个体有"权利"通过损害其他个体的权利，以维护自身的权利。换言之，在个体权利优先的原则下，维护个人权利（自我本身的权利）与损害个人权利（其他个体的权利）可以并存。

不难看到，这里的关键首先在于区分抽象的整体与具体的个体。抽象的整体往往表现为超验形态的国家、空泛的多数或群体，反对以这种抽象整体的名义侵犯个体权利无疑十分重要；然而，权利不仅涉及个体与抽象整体的关系，而且也指向个体

---

① Ronald Dworkin, *Taking Rights Seriously*, Harvard University Press, 1977, p. xi.
② John Rawls, *A Theory of Justice*, The Belknap Press of Harvard University Press, 1971, p. 3.

之间（一定个体与其他个体之间）。德沃金将个体权利视为"王牌"，首先似乎相对于个体之外的整体（如政府）而言；然而一旦个体权利被如此突出，则其社会意义便蕴含膨胀的可能。事实上，在个体权利被置于绝对优先地位的背景下，这种优先性便无法仅仅限于个体与整体的关系，而是将同时指向个体之间。当每一个体都强调、执着于自身权利时，个体之间的权利便会相互限定，甚至彼此损害；顺此衍化，将进而导致个体间的冲突。在日常生活中，便可常见此类现象。以现代的公交车或地铁而言，除特辟的老弱等座位外，车上的其他座位每一个乘客在原则上都拥有落座的权利。然而，在空座有限、车上乘客远远超过车内空座的情况下，如果每一个乘客都坚持作为"王牌"的个体权利，则势必导致彼此争抢。这种争抢一旦失控，便很容易进一步激化为个体之间的相斥甚至对抗。这类日常可遇的境况表明，仅仅强调"我的权利"不仅在理论上内含逻辑的紧张，而且在实践中可能带来种种问题。

与近代以来的自由主义强调个体权利（我的权利）相对，在传统社会中，义务得到了更多的关注，儒家传统中的群己之辩便以个体承担的社会义务为注重之点。孔子首先将合乎普遍之礼作为个体应该具备的社会品格："克己复礼为仁。一日克己复礼，天下归仁焉。"① "礼"在宽泛意义上可以理解为普遍的社会规范，与之相联系，复礼意味着合乎普遍的社会规范。对规范的这种遵循，同时关联着群体的关切，其中包括广义的天下、群体意识："乐以天下，忧以天下，然而不王者，未之有也。"②

---

① 《论语·颜渊》。
② 《孟子·梁惠王下》。

"君子之志所虑者，岂止其一身？直虑及天下千万世。"① 以天下为念，不仅是对君主、君子的要求，而且被视为每一个体应该具有的责任感和义务感，所谓"保天下者，匹夫之贱与有责焉耳矣"② 便体现了这一点。在此，个体所应承担的这种责任和义务，首先展现为一种社会对个体的要求，这种要求的具体形式可以概述为"你的义务"。③

将义务与社会要求联系起来，无疑有见于义务的社会之维。然而，以"你的义务"为单向形式，义务往往容易被赋予某种外在附加甚至强制的性质，而不再表现为个体自身自觉自愿接受和承担的责任，这种趋向每每见诸历史过程。在谈到天理与主体的关系时，理学家便认为："他（天理）为主，我为客。"④ 天理在此指被形而上化的普遍规范，"我"则是具体的个体，天理为主，"我"为客，意味着外在规范对个体的主宰和支配。在这种"主客"关系中，个体显然处于从属的方面。个体对于规范的从属性，同时也制约着对个体权利的定位。

事实上，对义务外在性的强调，同时便蕴含着个体权利的弱化。在人与我的对峙中，可以进一步看到这一点："仁之法，

---

① 《二程集》，中华书局，1981年，第114页。
② 顾炎武：《日知录》卷十三。
③ 当然，这并不是说，传统的儒学完全无视个体权利。事实上，早期儒学便对个体权利给予独特的关注。孟子曾指出："行一不义、杀一不辜而得天下，皆不为也。"（《孟子·公孙丑上》）荀子也表达了类似的观念："行一不义、杀一无罪而得天下，仁者不为也。"（《荀子·王霸》）杀一不辜、杀一无罪，意味着对个体生存权利的蔑视。在孟荀看来，这种行为即便可以由此得天下，也应加以拒斥，无疑从一个方面体现了对个体基本生存权利的肯定。不过，如后文所论，就总的价值取向而言，儒学的关注重心更多地指向人的义务。
④ 《朱子语类》卷一。

在爱人，不在爱我。"① 这里的仁同样具有规范意义，爱我包含对个体自身权利的肯定。以爱人排除爱我（"在爱人，不在爱我"），则不仅意味着社会的责任对个体自身权利的优先性，而且蕴含以前者（社会责任）压倒后者（个体权利）的趋向。以"你的义务"为异己的外在要求，个体的权利往往进而为君主、国家等象征抽象整体的存在形态所抑制。从如下表述中，便不难注意到两者的这种关系："夫人臣之事君也，杀其身而苟利于国，灭其族而有裨于上，皆甘心焉。岂以侥幸之私，毁誉之末，而足以扰乱其志者?"② 以此为前提，常常导向以国家、整体的名义剥夺或侵犯个体的权利。在传统社会中，确实可以看到此种趋向。广而言之，后者同时也曾存在于法西斯主义主导下的现代社会形态之中。

可以看到，仅仅以"我的权利"为视域，不仅在理论上蕴含内在的悖论，而且在实践中将引向个体间的紧张和冲突。单向地以"你的义务"为要求，则既意味着义务的外在化和强制化，又可能导致对个体权利的漠视。如果说，赋予"我的权利"以至上性较多地体现了自由主义的观念，那么，对"你的义务"的单向理解则更多地与整体主义相联系。在二重取向之后，是两种不同的价值理念。

三

如何扬弃以上价值取向的片面性？在重新考察权利与义务

---

① 董仲舒：《春秋繁露·仁义法》。
② 王阳明：《奏报田州思恩平复疏》，《王阳明全集》，上海古籍出版社，1992年，第474页。

关系时，这一问题似乎无法回避。大略而言，这里所需要的，首先是视域的转换以及视域的融合。所谓视域的转换，意味着从单向形态的"我的权利"转向"你的权利"，从外在赋予意义上的"你的义务"转向自律意义上的"我的义务"；所谓视域的融合，则表现为对权利二重规定与义务二重规定的双重确认。

就权利而言，如前所述，其特点具体表现为外在个体性与内在社会性的统一。所谓"我的权利"，突出的主要是权利的个体之维，但同时，这一视域却忽视了权利的内在社会性。权利无疑应最后落实于个体，维护个体正当权利，也是社会正义的基本要求。然而，仅仅以"我的权利"为进路，权利的落实往往诉诸个体（"我"）的争取或个体（"我"）之"争"。从社会的角度看，如果权利尚需由个体去"争"，那就表明社会的公平、正义还存在问题。另一方面，个体若单向地去追求自身的权利，则不仅个体之间的关系容易趋于紧张，而且公共的空间往往将导向无序。以前面提到的公交车或地铁来说，每一个乘客都对车上普通的空位拥有"权利"，若这些乘客都力"争"自己所拥有的这种"权利"，则势必将一哄而上，抢夺座位，从而公交车或地铁这一具体的社会空间便会或长或短地陷于失序状态。

与"我的权利"侧重于个体对自身权利的争取相对，"你的权利"更多地着重于社会对个人权利的维护和保障。这里所说的"你"不限于其他个体所见之"你"（特定个体），而是广义社会视域中的所有个体（从社会的角度所见之一切个体）。相应于权利所具有的内在社会性，权利的维护和保障也无法离开社会之维，"你的权利"所强调的即是社会对个体权利的维护和保障。上文曾提及，个体如果背离社会法律规范，则他的某些权利将因触犯法律而被剥夺。然而,即使在这种情况下,其保持人格尊严等权利仍应得到社会的维护。维护个体的这种权利意味着社会(包括司法机构)应尊重其人格,不允许以酷刑等方式对其进行精神和肉体上的侮辱、折磨和摧残,等等。如前所述,倘若个体的权利还需要个体自身去力争,那便表明社会在维护和保障个体权利方面的建设尚不完备。从社会的层面看,注重"你的权利",意味着创造公正、合理的社会环境,在体制、程序、规范、法律和道德氛围等方面,切实、充分地保障个体的权利,从而使个体无须再努力"争取"其权利。从根本上说,所谓"认真对待权利",并非仅仅从个体出发,单向地突出个体权利的优先性或将个体权利视为某种"王牌",也并非由此鼓励个体以自我为视域,将追求、获取自身的权利作为人生的全部指向或终极目标,而是从社会的层面上,真正使个体的权利得到平等、公正、充分的维护。[①] 质言之,对于权利,"你的权利"意义上的社会保障,较之"我的权利"意义上的个体"力争"更具有本原性和切实性。

这里同时关乎权利(right)与权力(power)的关系。自洛克以来,具有自由主义倾向的哲学家往往强调个体权利对国家权力(或政府权力)的限制,后者意味着国家权力不能侵犯个体权利。对国家权力的这种限制无疑是重要的,然而,这只是问题的一个方面,权利(right)与权力(power)的关系同时涉

[①] 当德沃金指出"如果政府不能认真对待权利,则它也不能认真对待法律"(Ronald Dworkin, *Taking Rights Seriously*, Harvard University Press, 1977, p. 205)时,似乎也注意到从社会(包括政府)的维度保障权利的意义。这一事实表明,即使将个体权利提到至上或优先地位,也无法完全漠视权利与社会的关联。

及从国家权力看个体权利或国家权力对个体权利的保障。这一关系不同于个体之间的权利关系，其核心之点在于国家权力对个体权利的维护。事实上，个体权利的不可侵犯性（包括不可由国家权力加以侵犯），本身既需要通过立法等形式获得根据，也需要由国家权力来具体落实。具体而言，作为从社会的视域看个体权利（"你的权利"）的重要之维，国家权力与个体权利的关系体现于：从积极的方面看，前者（国家权力）应通过体制、规范、程序，切实地保障后者（个体权利）；从消极的方面着眼，则国家权力应充分承认个体的权利，以有效的手段，确保不以抽象的价值观念、空泛的整体等名义，损害或剥夺个体正当享有的权利。从本原的层面上说，法制的意义之一，就在于从制度的层面保障和维护个体的这种正当权利——广义上的"你的权利"。

从"我的权利"转向"你的权利"，对应于从"你的义务"到"我的义务"之转换。与权利相近，义务具有外在社会性和内在个体性的二重规定。在"你的义务"这一视域中，体现义务的律令主要由社会向个体颁布。义务的外在社会性相应地容易被片面强化，与之相关的内在个体性则往往被推向边缘。对义务的如上理解，每每将导致义务的强制化以及他律化。而在他律的形态下，义务仅仅呈现为社会对个体的外在命令。相对于"你的义务"，"我的义务"以个体（"我"）自身为主体，对义务的承诺也主要表现为个体自身的自觉认同和自愿接受。由此，承担和实现义务的行为也超越他律而获得了自律的性质。从实质的方面看，从"你的义务"转向"我的义务"，其内在的意义首先也在于化他律为自律。

自觉自愿地承担义务，同时涉及对他人权利的肯定。义务本身源于社会人伦关系,在现实的人伦关系中,个体之间往往彼此形成多样的责任和义务。借用斯坎伦(T. Scanlon)的表述,也就是我们彼此互欠(own to each other),当我们对他人负有责任或义务时,便意味着他人对我们拥有相应的权利:我们对他人所欠的,也就是他人有权利拥有的。① 这样,个体对义务的自觉承担和自愿接受,同时也包含着对他人(其他个体)权利的承诺和尊重。在"你的义务"这种外在命令中,不仅义务基于他律或外在的强制,而且对他人权利的承诺也在被迫或不得已的意义上成了"分外事";以"我的义务"为形式,则不仅履行义务呈现为自律的行为,而且对他人权利的承诺也相应地成为"分内事":我有义务尊重他人的权利。

上述视域中的"你的权利""我的义务",并不仅仅包含个体间权利与义务的对应关系(所谓甲对乙有权利,乙对甲即有义务),在更实质的意义上,它同时表现为个体与社会之间的协调关系。前文已提及,"你的权利"中的"你"是社会视域中的所有个体,"我的义务"中的"我"则是相对于社会要求或社会规范而言的、自律意义上的行为主体或义务主体。从社会的角度看,首先应该将个体权利提到突出地位:个体应享(entitled)的权利只能保障,不容侵犯。引申而言,随意侵犯个体权利的行为在整个社会范围内都不能被允许。这里,"你的权利"既关乎国家权力(政府)对个体权利的维护和保障,也涉及个体之间相互尊重彼此的权利。从个体的角度看,则在维护自身权利的同时,需要自觉承担应尽的社会义务,但对"我的义务"的

---

① 需要说明的是,上述论域中的"我们彼此互欠",虽借用了斯坎伦的术语,但乃是在引申意义上使用的。

这种认同应该是自愿而非强制的。即使其中包含命令的性质，也是康德意义上的"命令"，即它主要表现为个体以理性的力量抑制感性意欲的冲动，而不是社会对个体的外在强加。

当然，在现实的情境之中，个体权利与社会义务之间常常会发生紧张甚至冲突。在某种具有公益性（如为低收入群体解决住房问题）的社会工程中，便每每可以看到此种情形。这种张力的消解，需要不同视域的交融。对旨在为低收入群体解决住房的公益性工程而言，在其实施过程中，有时会涉及本地居民的迁徙等问题。此时，从"你的权利"这一视域看，社会（国家、政府）应充分维护、保障个体权利，不允许违背个体意愿强行动迁；从"我的义务"这一视域着眼，则相关个体不仅应充分理解弱势群体解决住房问题的意愿，而且应将实现这种意愿视为他们的权利，并由此进而把尊重他们的相关权利理解为自己的义务，在自身权利得到充分保障的前提下，避免借机要挟、漫天要价，以谋取不义之利。在"你的权利""我的义务"二重视域的互动中，个体权利与社会义务之间的紧张，至少可以不再以走向冲突和对抗为其最终的归宿。不难看到，以上二重视域的背后，是解决社会（国家）和个体的权利关系的二重维度：一方面，从社会的层面看，在这一关系中，对个体权利应给予特别的关注：不能以抽象的原则、抽象的整体等名义侵犯个体应享的权利。另一方面，从个体的角度思考，也需要理性地把握自身的社会义务：一方面拒绝外部权力以任何名义对个体权利的不正当损害，另一方面则对应当承担的义务须有自觉的意识。在前面提到的公益性项目中，个体便需要对自身与社会的权利关系有合理的把握，避免单向地以维护个人权利的名义，阻碍国家或政府对其他个体权利（如低收入群体的安居权利）

的保障。

从价值的层面看,"你的权利""我的义务"之间本身存在内在的相关性。个体的权利越是被社会作为"你的权利"而加以认可和保障,则个体对"我的义务"之意识以及履行这种义务的意愿也就越将得到增强。换言之,社会对作为个体的权利越充分维护,作为主体的"我"对义务的承担和落实也就越自觉。反之,个体的权利越得不到保障,社会对个体权利越不能维护,则个体的义务感以及履行义务的意识也就会越弱化。所谓"其上申韩者,其下必佛老"①,也体现了这一点。"申韩"所体现的是法家形态的整体主义,其特点之一在于强化个体的社会义务,与之相应的是对个体权利("你的权利")的漠视;"佛老"在传统语境中则意味着由遁世而疏离社会责任和义务("我的义务")。在此,专制权力("其上")对个体权利("你的权利")的虚无化,直接导致了一般个体("其下")义务意识("我的义务")的消解。

在日常的生活世界,同样可以看到"你的权利""我的义务"二重视域交融的意义。以前面提及的公交车占据座位的情境而言,每一乘客在原则上都拥有占据老弱等专座之外其他空余座位的权利,在空位有限而乘客众多的情况下,如果每一乘客均坚持"我的权利",则势必导致互不相让、彼此争抢。反之,如果从"你的权利""我的义务"出发,那么,问题便可能得到比较妥善的解决。以此为取向,相关个体首先将不再仅仅单向地坚持自己的权利,而是以同一情境中其他个体的同等权利作为

---

① 王夫之:《读通鉴论》卷十七,《船山全书》第 10 册,岳麓书社,1996 年,第 653 页。

"你的权利"加以尊重；同时，又把社会成员应当承担的基本责任，包括文明乘车、底线意义上避免个体间冲突、维护社会秩序（在以上例子中是保持公共交通工具中的有序化）等理解为"我的义务"。由此，因一味强调自身权利（所谓"我的权利"）而可能导致的争抢座位、相互冲突、秩序缺失，便可以得到避免。以上情形从另一方面突显了"你的权利""我的义务"所具有的引导意义。与之相对，仅仅将个体权利视为"王牌"，则看似正义凛然，但却蕴含着由单向强调"我的权利"而导向自我中心、个体至上的可能。后一趋向对人与人之间的社会交往、理想秩序的形成，不免包含某种负面性。

"你的权利""我的义务"的如上相关性，内在地植根于个人与社会（包括他人）的关系之中。"你的权利"体现了社会（包括他人）对个体权利的肯定；"我的义务"则意味着个体对社会（包括他人）责任的承诺。在此意义上，"你的权利"与"我的义务"的相互关联，乃是基于个人与社会的不可分离性。从现实的形态看，个体不仅唯有在社会中，才能超越自然的形态（生物学之域的存在）而成为真正意义上的人，而且其存在、发展也无法隔绝于社会；社会则以个体为本体论的基础：离开了一个一个的具体个人，社会就是一种抽象、虚幻的整体。个体与社会的如上统一，从社会本体的层面，为"你的权利"与"我的义务"二重视域的交融提供了根据。

以上述社会存在形态为背景，"你的权利"与"我的义务"二重视域的交融本身可以获得更深层面的理解。具体而言，从权利之维看，体现社会视域的"你的权利"在扬弃仅仅执着自我权利的同时，又蕴含着对个体视域中"我的权利"的确认：社会对"你的权利"的承认，以肯定个体具有应得或应享意义上之"我的权利"为前提。由这一角度考察，则社会视域中的"你的权利"与个体视域中的"我的权利"并非截然相斥。同样，从义务之维看，体现个体视域的"我的义务"在要求避免将义务等同于外在强加的同时，又以另一重形式渗入对社会视域中"你的义务"的认同：个体对"我的义务"的承诺，以理解和接受自身应当承担的社会义务（"你的义务"）为前提。在此意义上，个体视域中的"我的义务"与社会视域中的"你的义务"也并非相互对峙。不难看到，在这里，视域的转换与视域的交融呈现内在的统一形态：从"我的权利"到"你的权利"、从"你的义务"到"我的义务"的视域转换，构成了权利与义务问题上前述视域交融的前提，后者（视域的交融）则进一步赋予视域的转换以更具体和深沉的内涵。

　　要而言之，社会人伦关系的合理建构、健全社会之序的形成，关乎权利与义务的协调，后者具体指向权利与义务问题上的视域转换和视域交融。一方面，社会应基于对个体权利（"你的权利"）的尊重，从体制、规范、程序等方面充分地维护、保障个体应享的权利（"我的权利"），与之相联系，肯定"你的权利"并不意味着消解个体自身的权利意识；另一方面，个体则需在自觉自愿的前提下，使自身应当承担的社会义务由外在的要求（"你的义务"）化为自我的选择（"我的义务"），相应于此，承诺"我的义务"并未走向疏离社会的义务。基于以上的视域交融，权利无须仅仅由个体（"我"）去"争"，而是首先基于社会的维护和保障；义务则不再由社会强加于个体（"你"），而是由个体自觉自愿地加以承担。在权利与义务之间的以上关系中，权利的实现以社会的保障为前提，义务的承担则离不开个体的认同。权利与义务的以上互动，同时从一个方面为社会正义及健全的社会之序的建构提供了现实的前提。尽管真正实现这种互动并非一蹴而就，而是将经历一个漫长的历史过程，然而从价值观念的层面看，权利与义务问题上的视域转换和视域交融无疑具有实际的规范意义。这种规范作用将体现于对社会生活的具体引导过程，并进一步使社会生活本身不断走向健全的形态。

论道德行为[1]

作为道德领域的具体存在形态，道德行为包含多重方面。以"思""欲"和"悦"为规定，道德行为呈现自觉、自愿、自然的品格。在不同的情境中，以上三方面又有不同的侧重。从外在的形态看，面临剧烈冲突的背景下的行为与非剧烈冲突背景下的行为，呈现不同的特点。道德行为的展开同时涉及对行为的评价问题，这种评价进一步关乎"对"和"错"、"善"和"恶"的关系，两者的具体判断标准彼此相异。从终极意义上的指向看，道德行为同时关乎至善。尽管对至善可以有不同的理解，但至善的观念仍以某种形式影响和范导着个体的道德行为。

一

如何理解道德行为？这是伦理学需要关注的问题。道德行为以现实的主体为承担者，主体的行为则受到其内在意识和观念的制约。康德曾将人心的机能区分为认识机能、意欲机能，以及愉快不愉快的机能[2]。在引申的意义上，可以将以上机能分

---

[1] 本文原载《天津社会科学》，2015 年第 1 期。
[2] Kant, *Critique of Judgment*, Hafner Publishing Co., 1951, p13.

别概括为"我思""我欲"和"我悦"。从主体之维看,道德行为具体便呈现为以上三者的内在交融。"我思"主要与理性的分辨和理解相联系,"我欲"与自我的意欲、意愿相涉,"我悦"则更多地与情感的认同相关。道德行为首先具有自觉的性质:自发的行动不能视为真正的道德行为,在道德实践中,"思"便构成了达到理性自觉的前提。道德行为同时应当出于内在的意愿,而不同于强迫之举:被强制的行动,同样不是一种真正的道德行为。进而言之,道德行为又关乎情感的接受或情感的体验,所谓"好善当如好好色",这里的"好好色"便是因美丽的外观而引发的愉悦之情。这种"好"往往自然形成,当道德的追求(好善)达到类似"好好色"的境界时,道德行为便具有了"我悦"的特点。通常所说的"心安",也以"悦"为实质的内容,表现为行为过程中自然的情感体验。以上几个方面,分别体现了道德行为自觉、自愿、自然的品格。

当然,在具体的实践情境中,这些因素并非均衡、平铺地起作用。在伦理领域,一般原则如何与具体情境相沟通,是一个需要面对的问题,这里没有普遍模式、程序可言。同样地,道德行为总是发生在不同情境中,由不同的个体具体展开,其所涉背景、方式千差万别,前面提到的"思""欲""悦"在不同的具体情境中往往有不同的侧重。以法西斯主义横行的年代而言,当某一正义志士落入法西斯主义者之手时,法西斯分子可能会要求他提供反法西斯主义者的组织、成员等情况,如果他满足法西斯主义者的要求,便可以免于极刑;如果拒绝,便会被处死。此时,真正的仁人志士都将宁愿赴死,也不会向法西斯提供他们所索求的情况。这一选择过程无疑首先展现了行为主体对自由、正义等价值理想的理性认识,以及追求这种理想的内在意欲，但是同时，情感也是其中一个重要因素：身处此种情境，如果他按法西斯主义者的要求去做，固然可免于一死，但却会因苟且偷生而感到内心不安，也就是说，将缺乏"悦"这一情感体验。在以上的具体情形中，可以说理性、意志的方面成为比较主导的因素，但情感同样也有其作用。

在另一种情形下，如孟子曾提到的例子：看到小孩快要掉下井了，马上不由自主地去救助。这时，恻隐之心（同情心）这一情感的因素显然起了主导的作用。在此情境中，如孟子所说，前去救助不是为了讨好孩子的父母，不是厌恶其哭叫声，不是为了获得乡邻的赞扬，而是不思不勉，完全出于内在的恻隐之心（同情心）。换言之，这种不假思为的行为主要由行为者的同情之心所推动。当然，从更广的意义上看，行动者作为人类中的一员，已形成对人之为人的内在价值的认识，这种认识对其行动也具有潜在的作用。同时，行动者拯救生命的内在意欲，也渗入相关行动过程。从以上方面看，在救助将落井小孩的行动中，也有"思""欲"等因素的参与。但是，综合起来看，在以上行动中，主导的方面首先在于情感。

不难注意到，对道德行为需要做具体的考察。总体上，真正意义上的道德行为总是包含思、欲、悦三重方面，三者分别表现为理性之思、意志之欲、情感之悦。但是，在不同的情境中，以上三方面的位置并不完全相等，而是有所侧重。从哲学史上看，康德对道德行为的很多看法具有形式主义的倾向，对内在道德机制的理解也呈现抽象性，这与他未能对实践的多样情境给予充分关注不无关系。休谟虽然注意到行动的情境性，但同时又仅仅关注道德行为的一个方面（情感），同样失之抽象。可以看到，笼而统之地从某一个方面去界定道德行为，都不可避免地会带来理论上的偏颇。

引申而言，从实践主体方面看，道德行为并非基于抽象的群体，而是落实于具体的实践个体。以实践主体为视域，需要培养两重意识，其一是公共理性或法理意识，其二是良知意识。法理意识以对政治、法律规范的自觉理解为内容，以理性之思为内在机制，同时又涉及意志的抉择。良知意识表现为人同此心、心同此理的共通感。这种共通感最初与本然的情感如亲子关系中的亲亲意识相联系，在人的成长过程（个体的社会化过程）中，原初形态的共通感逐渐又获得社会性的意识内容，其中既关乎情感认同，也涉及理性理解，包括价值观念上的共识：共同体中行动者只有具有共同价值观念，才能做出彼此认可的行为选择并相互理解各自行为选择所具有的意义。缺乏理性层面共同的价值观念，其行为选择便难以获得共同体的认可和理解。对某种不道德的行为，人们往往会说："无法理解怎么会做出这种事！"这里的"无法理解"，主要便源于相关行为已完全背离了一定社会共同接受的价值观念，从而对于认同这种共同价值观念的主体而言，以上行为便无法理解。

从社会的层面看，之所以既要注重法理意识，也要重视良知意识，其缘由主要在于：一方面，缺乏公共理性意义上的法理意识，社会的秩序便难以保证；另一方面，仅有法理意识，亦即单纯地达到对政治、法律等规范的了解，并不一定能担保行善。那些做出伤天害理之事的人，便并非完全不了解政治、法律等规范，但其行为却依然令人发指，其缘由之一往往就在于缺乏良知意识，甚至"丧尽天良"。良知意识具有道德直觉（自然而然、不思不勉）的特点，看上去似乎不甚明晰，但以恻隐之心（正面）、天理难容（反面）等观念为内容的这种意识，却可以实实在在地制约着人的行动。孔子曾与宰予讨论有关丧礼的问题，在谈到未循乎礼的行为时，孔子诘问："于汝安乎？"并进而讥曰："汝安则为之。"① 这里的"安"就是心安，也就是内在的良知意识。孔子的反诘包含着对宰予未能充分注重良知的批评。从个体行为的维度看，无论是法理意识不足，还是良知意识淡化，都将产生消极的影响。这里同时也从一个层面体现了道德与政治、法律之间的关联。

二

道德行为首先关乎善，但在某些方面又与美具有相通性。在审美的领域，人们常常区分优美与壮美或崇高美。优美更多地体现为审美主体与审美对象或情与理之间的和谐，由此使审美主体形成具有美感意义的愉悦；壮美或崇高美则往往表现为天与人、情与理之间的冲突、张力，由此使审美主体获得精神的净化或升华。同样，道德行为从外在形态看，也可以呈现不同特征。道德的情境可能面临剧烈的紧张和对抗，如个人与群体、情与理、情与法之间的冲突。在这种情形下，道德行为往往需要诉诸自我的克制、限定，甚至自我牺牲，这种道德行为主要呈现"克己"的形态。孔子肯定"克己复礼"为仁，也涉及了道德行为的以上特征。

在另一些场合，行为情境可能不一定面临具体的冲突。以慈善行为、关爱行为而言，在他人处于困难时伸出援助之手，对家人或更广意义上的他人予以各种形式的关切，这一类行为的实施诚然也需要实践主体的某种付出，但却并不一定以非此

---

① 《论语·阳货》。

即彼的剧烈冲突为背景。质言之，在面临剧烈冲突的背景之下，道德行为中牺牲自我这一特点可能得到比较明显的呈现，然而在不以剧烈冲突为背景的慈善性、关爱性行为中，牺牲自我的行为特征常常就不那么突出了。

　　回到前面提到的问题，即如何理解道德行为以及道德行为所以可能的根据。这里可以基于分析性的视域，但同时也需要一种综合的现实关照，分析性的视域和综合的现实关照不应该彼此排斥。就分析性的视域而言，又可区分出道德行为中的不同要素。从综合性的现实形态来看，在具体的道德主体或具体的道德行为中，这些要素常常并不是以非此即彼的抽象形态存在的。历史上，康德与休谟对道德的理解存在明显分歧，前者强调理性，后者推崇情感，后来上承这两者的伦理学派也一直就此争论不休。其实，他们各自都确实抓住了道德的一个重要方面，看到了道德行为的某一必要因素。这也从一个层面表明，这些因素本身都是考察道德行为时所无法完全回避的：不管是理性之思，还是情感认同，都是现实的道德行为所不可或缺的。进而言之，在具体的道德主体和道德行为中，这些因素本身往往互渗互融而无法截然相分。以理性来说，作为意识的具体形式，理性之中实际上已经渗入了情意。同样，人的情感不同于动物之处，就在于渗入了理性。在日常生活中，小孩子看到糖果，尽管很想吃，但如果家长对他说不应该吃，他也会控制住自己，这里无疑包含了理性的自我抑制。但事实上，其中同样渗入了某种情感，包括避免父母的不悦、对父母劝告的情感认同等，这种情感可能以潜在的形式存在于其意识中。前面提到在非常情境之下，道德要求牺牲自我，此时如果苟且偷安，便会于心不安，也就是不能"悦"我之心，后者同时意味着缺乏情感的接受或认同。显然,这里既不是赤裸裸的理性在起作用,也非纯粹的情感使然。不难注意到,从现实的道德情境看,以上因素在具体的道德主体那里并非相互排斥。相反,如果以非此即彼的立场看待以上问题,那么,休谟主义和康德主义的争论就会不断延续下去。

三

道德行为的展开同时涉及对行为的评价问题,评价本身则关乎"对"和"错"、"善"和"恶"的关系。在对行为进行价值评价时,对(正确)错(错误)与善恶需要加以区分。对错、善恶的评价都属于广义的价值判断,但是其具体的判断标准却有所不同。"对"和"错"主要是相对于一定的价值规范、价值原则而言:当某种行为合乎一定价值规范或价值原则时,这种行为常常便被视为"对"的或"正当"的;反之,如果行为背离了相关的价值规范或原则,那么,它就会被判断为"错"的或"不正当"的。善与恶的情况似乎更复杂一些。从一个方面看,可以说它们与对错有重合性,但在另一意义上,两者又彼此区分。具体而言,对于善,我们至少可以从两个角度去理解,一是形式的方面,一是实质的方面。形式层面的"善",主要以普遍价值原则、价值观念等形态呈现。这种价值原则和观念既提供了确认善的准则,也构成了行动选择的根据。在这一层面,合乎普遍价值原则即为"善",反之则是"恶"。这一意义上的"善""恶",与"对""错"无疑有交错的一面。与之不同,实质层面的"善"主要与实现合乎人性的生活、达到人性化的生存方式,以及在不同历史时期合乎人的合理需要相联系。从终极的意义上说,实质层面的"善"体现为对人的存在价值的肯定,儒家所主张的仁所确认的便是人之为人的内在价值。在引申的意义上，也可以像孟子那样，肯定"可欲之为善"。"可欲之为善"中的"可欲"，可以理解为一种合理需求，满足这种需求就表现为"善"。简言之，在实质的层面，"善"本身有不同的形态，包括一般意义上的可欲之为善、终极意义上的肯定人之为人的内在价值。实质意义上的"善"，与合乎一般规范意义上的"对"，显然难以简单等同。

进一步看，人之为人的价值，与人和其他存在（包括动物）的根本区分相关，这里需要关注康德所说的"人是目的"。在世间万物中，唯有人才自身就是目的，而不是手段。其他存在固然也具有价值，但是在终极的层面，这种价值主要表现于为人所用。顺便指出，现代的环境主义或生态伦理学、动物保护主义，每每认为自然、动物本身有内在价值，这种观念无疑值得再思考。人类之所以需要关注环境、生态等等，归根到底还是为了给人类自身的生存发展提供一个更好的空间。价值问题无法离开人。洪荒之时、人类没有出现之前，便不存在价值问题。当时可能也有各种在现在看来是灾难的自然现象，但在那时，这种现象并不呈现价值意义，即使出现大范围的物种灭绝或极端的气候变化，也不能被视为生态的危机：在人存在之前，这种变化不具有相对于人而言的价值性质。反之，在人类出现以后，即便是自然本身的变化，如地震、火山喷发，也具有了价值意义，因为它直接或间接地影响人类的生存、延续。通常所谓"自然灾害"，其"灾"其"害"并非对自然本身而言，而主要在于这种变化对人的存在具有否定性或消极意义。同样，所谓自然、动物本身有内在价值，归根到底乃是以人观之，亦即"人"为自然、动物立言。总之，这一论域中的所谓"善"，归根到底无法与人的生存、延续相分离。

基于以上区分，对不同行为的评价便可以获得具体的依据。以法西斯党卫军执行杀人命令这样一种行为而言，从"对""错"来说，他可以获得相关评价系统的肯定：其行为合乎当时法西斯主义的行动规范，以这种规范为判断准则，他"没错"。但是，从"善""恶"的评价来看、从对人之为人的内在价值之肯定这一角度来考察，他的行为显然属"恶"，因为这种行为完全无视人的生命价值，对此，不应也不容有任何疑义。事实上，在中国历史上也有类似的情形。如宋代以来，理学家们提出，饿死事极小，失节事极大。以此为原则，则妇女在丈夫去世后，就不能再适。如果她因此而饿死，便应得到肯定，因为她的行为合乎以上规范。反之，如果她为了生存而再适，则是"错"的，因为这种行为背离了当时的规范。然而，从"善"的评价这一角度来看，则唯有肯定人之为人的内在价值，包括生命价值，行为才具有善的性质。以此评价妇女为守节而死，则显然不能视其为"善"，因为它至少漠视了人类生命的价值：对人类生命的蔑视和否定，无疑属"恶"。可以看到，以区分"对""错"和"善""恶"为前提，对行为性质的判断便可获得较为具体的形态。

四

道德行为中的规范具有普遍的形式。康德由强调这种规范的普遍性，进而突出了其先验性，但先验的规范是如何形成的？康德没有解决这一问题。李泽厚曾提出一个命题，即"经验变先验"。这一命题的意义之一，在于对康德所涉及的以上问题做了独特的回应。然而，从道德行为的角度看，在谈"经验变先验"的同时，还需要强调"先验返经验"。两者分别涉及类与个体两重维度。从类的角度来说，特定的经验意识乃是通过人类知行活动的历史延续和发展的，并逐渐获得普遍、先验的性质：在类的层面形成的观念形式，对个体而言具有先验性。从个体之维看，则还有一个从先验形式返归经验的问题。以道德领域而言，道德的普遍形式（包括规范、原则）最后需要落实到每一个具体的个体，也就是说，在类的层面提升而成的先验形式或本体（包括规范、原则），同时应融合于个体的经验，唯有如此，普遍的形式（规范、原则）才可能化为个体的具体行为。从中国哲学看，至少从明代开始，便展开了本体和工夫之辩。王阳明晚年曾提出两个观念，一是"从工夫说本体"，一是"从本体说工夫"。经验变先验，可以说侧重于"从工夫说本体"。这一视域中的工夫，是人在类的层面展开的知行过程。它既是经验提升为先验的过程，也是本体逐渐形成的过程。"从本体说工夫"，则主要着眼于个体行为。这一意义上的本体，也就是内在的道德意识，包括理性认知、价值信念、情意取向；工夫则表现为个体的道德行为，所谓"从本体说工夫"，意味着肯定个体的道德行为以本体的引导为前提。本体的这种引导并非外在的强加，而是通过融合于其内在意识而作用于个体。在此意义上，道德行为具体便表现为本体与工夫的互动。在哲学上，这里涉及心理和逻辑等关系。谈到意识或心，总是无法摆脱心理的因素，然而它又并不单单是纯粹的个体心理，心理本体一旦提升到形式的、先验的层面，便同时具有了逻辑的意义。从哲学史上看，黑格尔不太注重心理，中国哲学传统中的禅宗则不甚重视逻辑，本体与工夫的统一则同时涉及心理与逻辑的交融。

　　进而言之，先验返经验同时指向具体的道德行为机制。道德行为以一个一个具体的个体为承担者,从个体行为的角度来看,具体的道德机制便是一个无法忽视的问题。李泽厚曾区分道德的动力和道德的冲力,按他的理解,理性和意志主要展现为道德动力,情感则更多地呈现为道德冲力。事实上,以道德机制为关注之点,便可以把动力和冲力加以整合:在实际的行为展开过程中,这两个方面并不能分得那么清楚,而"先验返经验"便涉及理性和意志层面的道德动力与情感层面的道德冲力之间的融合。具体而言,其中关乎前面所提到的思、欲、悦之间的关联。按其内在品格,道德具有整体性的特点,并与人的全部精神生活和活动相联系:尽管道德的每一行动都具有个别性,但它所涉及的却是人的整个存在,这里的整个存在便包括精神之维的不同方面。

从终极意义上的指向看,道德行为同时关乎至善。何为至善?这是伦理学需要讨论的问题之一。康德以德福统一为至善的内容,中国哲学则从另一角度理解至善。这里可以关注中国传统经典中的两个提法,其一存于《大学》,其二见于《易传》。《大学》开宗明义便指出:"大学之道,在明明德,在亲民,在止于至善。"可以看到,"至善"的问题并非仅仅出现于西方近代,中国古代很早已开始对此加以辨析。从明德、亲民到至善,这是理解至善的一种进路。中国哲学的另一进路,与《易传》相联系。《易传·系辞上》曾指出:"一阴一阳之谓道,继之者善也,成之者性也。"对善的这一讨论,以天道和人道之间的统一为视域。"一阴一阳之谓道",主要着眼于天道;"继之者善也""成之者性也",则与人的存在相联系,并相应地关乎人道。善或至善尽管呈现为人的价值观念,但人的存在本身并非与更广义上的世界相分离。这里蕴含着双重含义:一方面,人内在于天地之中，人的存在（人道）与世界之在（天道）并非彼此隔绝；另一方面，世界的意义又通过人的存在而呈现：人正是通过自身的知行活动赋予世界以价值意义（善），而人之为人的内在规定（性）也由此形成。天道与人道统一背后的真正旨趣，即体现于世界与人之间的以上互动过程。

以天道和人道的统一为实质的内容，至善的具体内容可以理解为人类总体生活的演化、发展，或者说人类总体的生存和延续。如果说，天道和人道的统一还具有某种形而上的性质，那么，人类总体的生存和延续则使至善获得了具体的历史内容。当然，人类总体的生存延续主要还是一个事实层面的观念，其中的价值内涵尚未突显。至善的具体价值内涵，需要联系前面提到的《大学》中的观念，即"明明德""亲民"。"明明德"主要以普遍价值原则的把握为内容，"亲民"则进一步将价值原则与对人（民）的价值关切联系起来，这一意义上的人类总体的生存和延续，可以进而结合马克思的相关看法加以理解。马克思曾提出了"自由人联合体"的概念[①]，并对其内在特征做了如下阐释："在那里，每个人的自由发展是一切人自由发展的条件。"[②] 在此，作为"个体"的人与作为"类"的人都包含于其中。可以说，人类总体的生存和延续，最终以"自由人联合体"为其价值指向。在这一意义上，"至善"可以视为一种社会理想，或者说，一种具有价值内涵的人类理想。这种理想既与天道和人道的统一这一总体进路相联系，又包含着人类生存、发展的具体价值内涵。

---

① 参见马克思：《资本论》第一卷，人民出版社，1975年，第95页。
② 参见《马克思恩格斯选集》第一卷，人民出版社，1972年，第273页。

作为包含价值意义的道德理想，至善关乎道德实践领域中"应当"如何与"为什么"应当如何的关系。一般的行为规范主要指出"应当"如何，至善则同时涉及"为什么"应当如何，后者所指向的是价值目的。道德实践过程内在地包含道德原则或道德规范与价值目的的统一：道德原则或道德规范告诉行为主体应当如何，以至善为终极内容的价值目的则规定了为什么应该这样。尽管至善不同于具体的道德规范或道德准则，但它对道德行为同样具有制约作用。当然，以终极意义上的价值理想和目的为内涵，至善更多地从价值的层面为人的行为提供了总的方向。无论是德福统一，还是明明德、亲民；无论是以天道与人道的统一为根据，还是以自由人联合体为指向，至善的观念都以某种形式影响和范导着个体的道德行为。

"学"与"成人"[①]

本文内含两个基本概念,即"学"与"成人"。学与成人关系的讨论,既涉及如何理解"学"(何为学),也关乎怎样"成就人"(如何完成人自身)。以中西哲学的相关看法为背景,可以注意到以上论域中的不同思维趋向。由此做进一步考察,则不仅可深化对"学"与"成人"关系的理解,而且将在更广意义上推进对如何成就人自身的思考。

一

"学"在宽泛意义上既涉及外部对象,又与人相关;"成人"则指成就人自身。从"学"与人的相互关联看,其进路又有所不同。首先可以关注的是以认知或认识为侧重之点的"学",在这一向度,"学"主要表现为知人或认识人,其传统可追溯到古希腊。如所周知,在古希腊的德尔菲神庙之上,镌刻着如下箴言,即"认识你自己"(know yourself)。这里的"你",可以理解为广义上的人;认识人自身,则旨在把握人之为人的特点。在当时的历史背景之下,对人自身特点的把握,一方面意味着

[①] 本文原载《江汉论坛》,2015年第1期。

把人和动物区别开来,确认人非动物;另一方面也关乎人和神之别:人既不是动物,也不是神。在此意义上,认识人自己,意味着恰当地定位人自身。

差不多同时,古希腊的哲学家苏格拉底提出了其著名的观点,即"美德即知识"。这里的美德主要是指人之为人的基本规定,正是这种规定使人区别于其他对象。把人之为人的这种规定(美德)和知识联系起来,体现的是认识论的视域。作为与知识相关的存在,人主要被理解为认识的对象。以"美德即知识"为视域,与人相关的"学"也主要展现了狭义的认识论传统和进路。

在近代,对"学"的以上看法依然得到了某种延续。这里可以简单一提康德的相关问题。康德在哲学上曾提出了四个问题,即我可以知道什么,我应该做什么,我能够期望什么,人是什么。最后一个问题("人是什么")具有综合性,涉及对人的总体理解和把握。当然,作为近代哲学家,康德对"人"的理解涵盖多重方面,包括从人类学的角度考察人的规定,以及从价值论的层面把握人的价值内涵。在康德关于人是目的的看法中,即体现了后一视域。然而,从实质的层面看,何为人("人是什么")这种提问的方式仍然主要以认识人为指向:这里的问题并没有超出对人的理解和认识。就此而言,康德对人的理解基本上承继了古希腊以来"认识你自己""美德即知识"的传统。

当然,在康德那里,情况又有其复杂性。如前所述,他同时也提出了"我应该做什么"这一问题。"应该做什么"的提问,意味着把"做"、行动引入进来。但是,从逻辑上看,"我应该做什么"是以人("我")已经成为人作为其前提,在这里

"学"与"成人"

"如何成为人"这样的问题似乎并没有进入其视域。从这方面看,康德所关注的似乎主要还是人的既成形态,而不是"人如何成就"的问题。

除以上传统外,对与人相关之"学"的理解,还存在另一进路。这里,可以基于中国哲学(特别是儒学)的背景,对其做一简略考察。如果回溯儒家的发展脉络,便可注意到其中一种引人瞩目的现象,即对"学"的自觉关注。先秦儒家的奠基人是孔子,体现其思想的经典是《论语》,《论语》中第一篇则是《学而》,其中所讨论的首先便是"学"。先秦时代儒家最后一位总结性的人物是荀子,荀子的著作(《荀子》)同样首先涉及"学":其全书第一篇即为《劝学》。从这种著作的系列中,便不难注意到儒家对"学"的注重。就"学"的内涵而言,儒家的理解较之单纯的认知进路,展现了更广的视野,后者具体表现为对"知人"(认识人)与"成人"(成就人)的沟通:在儒家的论域中,"学"既涉及"知人",也关乎"成人",从而表现为知人和成人的统一。这种理解,同时也体现了中国哲学关于"学"的主流看法。

理解人的以上视域,在中国哲学中首先与人禽之辨相联系。人禽之辨发端于先秦,其内在旨趣在于把握人区别于动物的根本所在。事实上,"人禽之辨"所指向的即是"人禽之别"。就其以人之为人的根本规定为关切之点而言,"人禽之辨"所要解决的也就是"人是什么"的问题。历史地看,中国古代的哲学家也主要从这一角度展开人禽之辨。孔子曾指出:"鸟兽不可与同群,吾非斯人之徒与而谁与?"[①] 在这里,他首先把人和鸟兽

---

① 《论语·微子》。

区别开来：鸟兽作为动物，是人之外的另一类存在，人无法与不同类的鸟兽共同生活，而只能与人类同伴（"斯人之徒"）交往。"人禽之辨"在此便侧重于人和动物（鸟兽）之间的分别。

　　人禽之辨关乎对人的认识，在中国哲学中，这种认识也就是与"成人"相联系的"知人"。孔子的学生曾一再地追问何为"仁"、何为"知"。关于何为"知"，孔子的回答便十分直截了当，即"知人"。在孔子看来，"知"的内涵首先就体现于"知人"。这里的"知人"既涉及前文所说的人禽之辨，又在引申的意义上关乎人伦关系的把握。人伦（人与人之间的关系）展开于不同的层面，从家庭之中的亲子（父母和子女）、兄弟，到社会领域的君臣、朋友，等等，都体现为广义的人伦。"知人"一方面需要理解人不同于禽兽的根本之所在，另一方面则应把握基本的人伦关系。

　　作为人禽之辨的引申并与成人过程相联系的"知人"，在中国哲学中常常又与"为己之学"联系在一起。这里又涉及"学"的问题。孔子曾区分了"为己之学"与"为人之学"："古之学者为己，今之学者为人。"① 这里的"古""今"不仅仅是时间概念，在更内在的层面，两者展现的是理想形态和现实形态之别："古"在此便指理想或完美的社会形态，其特点在于注重并践行"为己之学"。此所谓"为己"，并不是在利益的关系上追逐个人私利，而是以人格上的自我完成、自我充实、自我提升为指向。质言之，这一意义上的"学"旨在提升自我、完成自我，可以视为成己之学或成就人自身之学。与此相对的"为人"，则是为获得他人的赞誉而"学"，也就是说，其言与行都形之于外，主

---

① 《论语·宪问》。

要做给别人看。不难看到,在区分"为人之学"与"为己之学"的背后,是对成就人自身的关注。

以"为己""成己"为目标的"学",在中国哲学中同时被赋予过程的性质。在《劝学》中,荀子开宗明义便指出:"学不可以已。""不可以已",意味着"学"是不断延续、没有止境的过程。作为过程,"学"又展开为不同阶段,与之相应的是人成就自身的不同目标。荀子对此也做了具体的考察。他曾自设问答:"学恶乎始?恶乎终?""其义则始乎为士,终乎为圣人。"[①] 这里,荀子区分了学以成人的两种形态,其一是士,其二为圣人;学的过程则具体表现为从成就"士"出发,走向成就圣人。作为"学"之初始目标的"士",关乎一定的社会身份、文化修养:所谓"士",也就是具有相当文化修养和知识积累的社会阶层。从人的发展看,具有知识积累、文化修养,意味着已经超越了蒙昧或自然的状态,达到了自觉或文明化的存在形态。如所周知,中国传统文化中有所谓"文野之别"。这里的"野"即前文明的状态,"文"则指文明化的形态。中国哲学,特别是儒家,所追求的就是由"野"而"文"。荀子所谓"始乎为士"中的"士",首先便可以理解为由"野"而"文"的存在形态:对荀子而言,"学"以成人的第一步,便是从前文明("野")走向文明化("文")。"士"在此具有某种象征的意义:作为受过教育、具有文化修养和知识积累的社会成员,他同时体现了人由"野"而"文"的转换。

与"始乎为士"相联系的是"终乎为圣",后者构成了学以成人更根本的目标。相对于"士","圣"的特点在于不仅具有

[①] 《荀子·劝学》。

一定的文化修养和知识结构，而且已达到道德上的完美形态。正是道德上的完美性，使圣人成为"学"最后所指向的目标。在这一意义上，中国哲学中的"人禽之辨"同时涉及"圣凡之别"："人禽之辨"主要在于人和其他动物的区分，"圣凡之别"则关乎常人（包括"士"）与道德上的完美人格（圣人）之间的分别。从内在的理论旨趣看，以"圣人"为"学"的终极目标，意味着学以成人不仅在于获得知识经验或达到文化方面的修养，而且应进而达到道德上的完美性。当然，与肯定"学不可以已"相联系，所谓"终乎为圣人"，并不是说人可以一蹴而就地成为圣人。事实上，从孔子开始，儒家便强调成圣过程的无止境性。在这一过程中，圣人始终作为范导性的目标，不断地引导人们趋向于圣人之境。

从另一方面看，无论"士"，抑或"圣"，其共同特点都在于已超越了自然或前文明（"野"）的状态，取得了文明化的存在形态。无独有偶，在西方思想史上，黑格尔也曾提出过类似的观点。黑格尔在谈到教育时曾指出："教育的绝对规定就是解放"，这种解放"反对情欲的直接性"。① "绝对规定"是其特有的思辨用语，"情欲"则表现为一种自然的趋向，与之相对的"解放"意味着使人从自然的形态或趋向中解脱出来。在这里，黑格尔似乎也把教育看作人发展过程中超越自然的环节。"教"与"学"不可分，谈教育，同时也从一个侧面涉及"学"。不难看到，黑格尔的以上观念在逻辑上包含着肯定广义之"学"与超越自然的关联。

在中国思想传统中，由"野"而"文"、超越自然状态的成

---

① 黑格尔：《法哲学原理》，商务印书馆，1982年，第202页。

人的过程，同时离不开"礼"的制约。自殷周开始，中国文化便非常注重礼。"礼"涉及多重维度，从基本的方面看，它主要表现为一套文明的规范系统，其作用体现于实质和形式两重向度。在实质的层面，"礼"的作用又具体展开于两个方面：就肯定或积极的方面而言，礼告诉人们应该做什么、应该如何做；作为规范，"礼"总是具有引导的作用，这种引导体现于对应该做什么与应该如何做的规定。从否定的方面来说，"礼"的作用则表现为限制，即规定人不能做什么或不能以某种方式去做。在形式的层面，礼的作用之一在于对行为的文饰。中国早期的经典《礼记》在谈到礼的作用时曾指出："礼者，因人之情而为之节文，以为民坊者也。"① 这里的"节"主要表现为节制，亦即实质层面的调节和规范，"文"则是形式层面的文饰。通过依礼而行，人的言行举止、交往方式便逐渐取得文明化的形态，这种文明的行为方式、交往形式体现了礼的文饰作用。从"学"与"礼"的联系看，学以成人即意味着基于礼之"节文"，使人逐渐超越前文明的状态、走向文明的形态。

荀子对"学"与"礼"的以上关联给予了特别的关注。在前面提到的《劝学》中，荀子强调：学只有臻于"礼"，才可以说达到了最高的境界，所谓"学至乎礼而止矣"。这样，一方面，如前所述，荀子认为学"终乎为圣人"；另一方面，他又在此处肯定"学至乎礼而止"。在荀子那里，上述两个方面事实上难以分离：从为学目标上说，圣人构成了"学"的终极指向；从为学过程或为学方式看，这一过程又离不开礼的引导。学"终乎为圣人"和"学至乎礼而止"相互关联，从不同方面制约着

---

① 《礼记·坊记》。

为学过程。

与礼相联系的"学",在中国哲学的传统中又与"做"、行动紧密联系在一起。在礼的引导之下展开的成人过程,同时也表现为按照礼的要求去具体践行。《论语》开宗明义便指出:"学而时习之,不亦说乎?"① 这里,"学"和"习"即联系在一起,而"习"则既关乎温习,也包含习行之意,后者(习行)亦即人的践履。从"习行"的角度看,所谓"学而时习之",也就是在通过"学"而掌握了一定的道理、知识之后,进一步付诸实行,使之在行动中得到确认和深化,由此提升"学"的境界。

"学"的以上含义,在中国哲学中一再得到肯定。孔子的学生子夏在谈到何为"学"时,曾指出:"贤贤易色。事父母,能竭其力。事君,能致其身。与朋友交,言而有信。虽曰未学,吾必谓之学矣。"② 这里所涉及的,是如何理解"学"的问题。"事父母"即孝敬父母,属道德领域的践行;"事君",属当时历史条件下政治领域的践行;"与朋友交",则涉及社会领域的日常交往行动。在此,"学"包括道德实践、政治实践,以及日常的社会交往。按照子夏的看法,如果个体实际地进行了以上活动,那么,即便他认为自己没有从事于"学",也应当肯定他事实上已经在"学"了。根据这一理解,则"学"即体现于"做"或践行的过程之中。孔子也曾经表达了类似的看法:"君子食无求饱,居无求安,敏于事而慎于言,就有道而正焉,可谓好学也矣。"③ 这里涉及如何确认"好学"的问题。何为"好学"?孔

---

① 《论语·学而》。
② 《论语·学而》。
③ 《论语·学而》。

子提出的判断标准便是,从消极的方面看,避免在日常生活中过度追求安逸;从积极的方面着眼,则是勤于做事、慎于言说("敏于事而慎于言"),在积极践行的基础上,进一步向有道之士请教。在这里,"好学"主要不是抽象地了解知识、道理,而是首先体现于日用常行、勤于做事的过程。

荀子对学的以上意义做了更简要的概述。在《劝学》中,荀子指出:"为之,人也;舍之,禽兽也。""为之"即实际践行,"舍之"则是放弃践行。这里的"为",也就是以"终乎为圣人"为指向、以礼为引导的践行。在荀子看来,如果依礼而行("为之"),便可以成为真正意义上的人;反之,不按照礼的要求去做("舍之"),那就落入禽兽之域,走向人的反面。这里再一次提到了人禽之辨,而此所谓"人禽之辨",已经不仅仅限于从观念的形态去区分人不同于禽兽的特征,而是以是否依礼而行为判断的准则:唯有切实地按照礼的要求去做,才可视为真正的人;背离于此,则只能归入禽兽之列。在此,实际的践行("为之")构成了区分人与禽兽的重要之点。

广而言之,在中国文化中,为学和为人、做人和做事往往难以相分。为学一方面以成人为指向,另一方面又具体地体现于为人过程。前面提到的道德实践、政治实践、社会交往,都同时表现为具体的为人过程,人的文明修养也总是体现于为人处事的多样活动。同样,做人也非仅仅停留于观念、言说的层面,而是与实际地做事联系在一起。在以上方面,"学"与"做"都无法分离。

二

前文一再提及,在中国哲学尤其是儒学中,对"学"的理解首先与人禽之辨联系在一起。从狭义上说,"人禽之辨"主要涉及人与动物之别;在引申的意义上,"人禽之辨"则同时关乎对人自身的理解,后者具体表现为区分本然意义上的人和真正意义上的人。本然意义上的人,也就是人刚刚来到这一世界时的存在形态。在这一存在形态中,人更多地呈现为生物学意义上的对象,而尚未展现出与其他动物的根本不同。这种生物学意义上的存在,还不能被视为真正意义上的人。要而言之,这里可以看到两重意义的区分:其一,人与动物之别,亦即狭义上的人禽之辨;其二,人自身的分别,即本然形态的人与真正意义上的人之分。

从历史上看,中国哲学上不同的人物、学派不仅关注人禽之别,而且对后一意义的区分也有比较自觉的意识。以先秦而言,孟子和荀子是孔子之后儒家的两个重要代表人物,两者在思想观点上固然存在重要差异,有些方面甚至彼此相左,然而在区分本然意义上的人和真正意义上的人这一点上,却有相通之处。孟子的核心理论之一是性善说,这一人性理论肯定人一开始即具有善端,这种"善端"为人成就圣人提供了前提或可能。但同时,孟子又提出"扩而充之"之说,认为"善端"作为萌芽,不同于已经完成了的形态。只有经过扩而充之的过程,人才能够真正成为他所理解的完美存在。所谓"扩而充之",也就是扩展、充实,它具体展开为一个人自身努力的过程。从逻辑上看,这里包含对人自身存在形态的如下区分:扩而充之以前的存在形态与扩而充之以后的存在形态。扩而充之以前的人,还只是本然意义上的人。只有经过扩而充之的过程,人才能成为真正意义上的人。在荀子那里,也有类似的分别,当然两者的出发点又有所不同。在荀子看来,人的本然之性具有恶的趋向，只有经过"化性"而"起伪"的过程，才能够成为合乎礼义的存在。所谓"化性"，也就是改变恶的人性趋向，"伪"则是人的作用或人的努力过程。要而言之，"化性起伪"也就是经过人自身的努力以改变人的本然趋向，使之走向真正意义上的人——合乎礼义之人。在此，化性起伪之前的人和化性起伪之后的人，同样表现为人自身的不同存在形态。上述观念在先秦之后依然得到延续。明代的王阳明提出了良知和致良知之说，一方面，他肯定凡人都先天地具有良知；另一方面，又强调这种良知最初还处于本然状态，在这种本然状态之下，人还没有达到对其内在良知的自觉把握，从而"虽有而若无"。只有经过致良知的过程，才可能对这种本然具有的良知获得自觉意识，由此进而成为合乎儒家道德规范的、真正意义上的人。这里，致良知之前的人与致良知之后的人，也相应于本然的存在形态与真正的存在形态之分。

类似的观念也存在于西方的一些重要哲学家之中，黑格尔便曾指出："人间（Menson）最高贵的事就是成为人（person）。"[①]所谓"成为人"，意味着个体一开始还未真正达到"人"的形态，只有经过"成"的过程，个体才成其为人。从逻辑上看，这里也隐含着"成为人"之前的个体与"成为人"之后的个体之分别。从以上方面看，中国哲学与西方哲学在对人的理解上，有理论上的相通之处。

本然意义上的人一方面尚不能归入真正意义上的人，但另一方面又包含着成为真正意义上的人的可能。儒家肯定"人皆可以为尧舜"，所谓"人皆可以为尧舜"，便是指每一个人都具

---

① 黑格尔：《法哲学原理》，商务印书馆，1982年，第46页。

有成为圣人（尧舜）的可能性。这种可能性即隐含在人的本然形态中，正是这样的可能性，构成了人成为真正意义上的人的内在的根据。进而言之，可能既为成人提供了内在根据，也使之区别于现实的形态，并使后天的作用成为必要：唯有通过这种后天作用，本然所蕴含的可能才会向现实转化。

真正意义上的人，也就是应当成为的人。作为"应当"达到的目标，真正意义上的人同时具有理想的形态。理想的特点在于"当然"而未然，从而不同于实际的存在形态。这样，一方面，本然不同于当然，本然形态的人也不同于理想形态的人，但这种本然形态之中又隐含着当然：本然之人具有走向当然（理想）的可能性。另一方面，当然又不同于实然（实际的存在）：作为理想形态，当然只有经过人的努力过程，才能化为实际的存在。这里可以看到本然、当然、实然之间的关联，学以成人的过程具体便展开于本然、当然、实然之间的互动：本然隐含当然，当然通过人自身的努力过程进而化为实然。此所谓本然隐含当然，具有本体论或形而上的意义：每一个人都包含着可以成为圣人的根据，这是从存在形态（本体论意义）上说的。与之相关的化当然为实然，则侧重于理想形态向实际存在形态的转换，这一转换包含价值的内容。与以上内涵相应，本然、当然、实然之间的互动，同时体现了本体论与价值论的统一。学以成人（成为真正意义上的人），具体表现为以上不同方面的相互作用，在这一互动过程中，价值论的内涵和本体论的内涵彼此关联，赋予成人过程以多方面的意义。

从中国哲学的角度看，成人的以上过程同时又与本体和工夫的互动联系在一起。作为中国哲学的重要范畴，"工夫"和"本体"的具体内涵可以从不同角度去理解。前面提到，本然蕴含当然,这里的本然也就是最原初的存在,其中包含达到当然(理想形态)的可能性。在中国哲学中,"本体"往往与以上视域中的本然存在相联系,其直接的含义即本然之体或本然状态(original state)。这一意义上的"本体"没有任何神秘之处,它的具体所指就是内在于本然之中的最初可能。对中国哲学而言,正是这种可能,为人的进一步成长提供了内在的根据。以本体(内在于本然之中的可能)为根据,意味着成就人的过程既不表现为外在强加,也非依赖于外在灌输,而是基于个体自身可能而展开的过程。

在中国哲学中,"本体"同时被用以指称人的内在的精神结构、观念世界或意识系统。人的知、行活动的展开过程,往往与人的内在精神结构以及意识、观念系统相联系。这种精神结构大致包含两方面的内容:其一,价值层面的观念取向;其二,认知意义上的知识系统。成人的过程既关乎"成就什么",也涉及"如何成就";前者与发展方向、目标选择相联系,后者则关乎达到目标的方式、目标。比较而言,精神世界中的价值之维,更多地从发展方向、目标选择(成就什么)等方面制约着成人的过程;精神世界中的认知之维,则主要从方式、目标(如何成就)等方面,为成人过程提供了内在的引导。

与"成人"相关之"学"既涉及认识活动,也关乎德性涵养,作为精神结构的本体相应地从不同方面制约着以上活动。从"知"(认识)这一角度看,认识过程并不是从无开始,将心灵视为白板,如经验主义者(如洛克)的抽象预设。就现实的形态而言,在认识活动展开之时,认识主体固然对将要认识的对象缺乏充分的认识,但总是已经积累、拥有了某些其他方面的知识,这些知识构成了认识活动展开的观念背景。这种以知识系统为内容的观念背景,构成了精神本体的认知之维,而现实的认识活动即以此为具体的出发点。同样,德性的涵养也离不开内在的根据。在走向完美人格的过程中,已有的道德意识构成了德性进一步发展的出发点和根据。作为道德意识发展的根据,这种业已形成的道德意识具体呈现为精神本体的价值之维。

以知识、德性等观念系统为具体内容,以上本体既非先天形成,也非凝固不变,而是在人的成长过程中,逐渐地生成、发展和丰富。关于这一点,明清之际的重要思想家黄宗羲曾做了言简意赅的概述:"心无本体,工夫所至,即其本体。"[1] 精神形态意义上的本体并非人心所固有,而是形成于知行工夫的展开过程。在知行工夫的展开过程中所形成、发展和丰富的本体,反过来又影响、制约着知行活动的进一步展开。在这一意义上,精神本体具有动态的性质。

与本体相联系的是工夫。从学以成人的视域看,工夫展开于人从可能走向现实、化当然(理想)为实然(实际的存在形态)的过程之中,其具体形态也包含多重方面。大致而言,上述视域中的工夫可以概括为两个方面。其一,为观念形态的工夫,亦即中国哲学所理解的广义之"知";其二,为实践形态的工夫,亦即中国哲学所理解的"行"。"知"和"行"构成了工夫的两个相关方面。事实上,如前所述,广义之"学"便不仅体现于"知",而且也包含"行"("做")。对于后一意义上的工夫("行"),中国传统哲学同样给予了相当的关注。以明代哲学家王阳明而言,作为心学的重要代表,他首先以心立说,然而

---

[1] 黄宗羲:《明儒学案·序》,中华书局,1985年,第7页。

在关注心性的同时，其对实际践行意义上的行也给予了高度重视。他特别强调要"事上磨练"，"事上磨练"即践行的过程，这种践行同时被理解为工夫的重要内容。

践行意义上的工夫，这种互动具体展开为两个方面。首先是天人关系上人与自然的互动。在这一层面，人从一定的价值目的和理想出发，不断地运用自身的知识、能力作用于自然，使本然意义上的自然对象逐渐地合乎人的需要和理想。在这一过程中，一方面，自然对象发生了改变：本来与人没有关联的自然之物逐渐被打上人的印记，成为合乎人的理想、需要的存在；另一方面，在人与自然的互动中，人自身的德性和能力也得到了提升。从以上方面看，以天人互动为内容的"行"或工夫，同样也与成人的过程密切相关：通过作用于自然，人不仅改变对象，而且也改变自身、成就自己。

工夫（行）的另一重形式，体现于人与人之间的互动过程，这种互动具体展开为政治、经济、伦理、法律等社会领域中多样的践行活动。在社会领域中，个体总是要与他人打交道，并参与多样的社会活动。这种活动也可以视为"做"的过程，它对人的成长并非无关紧要，而是具有密切的关联。事实上，"是什么"（成为什么样的人）与"做什么"（从事何种实践活动）往往无法相分。以道德领域而言，人正是在伦理、道德的实践（包括儒学所说的"事亲""敬长"等）过程中，成为伦理领域中的道德主体。在这里，"是什么"和"做什么"紧密相关。广而言之，正是在社会领域展开的多样活动中，人逐渐成为多样化的社会存在。

要而言之，"学"既涉及本体，又和工夫相联系。如中国传统哲学所强调的，"学"应有所"本"，这里的"本"既指本然存在中所蕴含的成人可能，也指内在的精神世界、观念系统。"学"有所"本"则相应地既意味着以人具有的内在可能为学以成人的根据，也指"本于"内在的精神世界而展开的"为学"过程。在学以成人的过程中，一方面，"学"有所"本"，人的自我成就离不开内在的根据和背景；另一方面，"本"又不断在工夫展开的过程中得到丰富，并且以新的形态进一步引导工夫的推进。本体和工夫的以上互动，构成了学以成人的具体内容。

当然，从哲学史上看，对本体和工夫的关系往往存在理解上的偏差。以禅宗而言，其理论上的趋向之一是"以作用为性"，理学家曾一再对此提出批评。"性"这一概念在中国哲学中蕴含本质之意，引申为本体（性体），所谓"作用"则指人的偶然意念和举动，如行住坐卧、担水砍柴，等等。在禅宗看来，人的偶然意念、日常之举都构成了"性"，由此，本质层面的"性"亦被等同于偶然意念和活动。这种观点的要害在于消解了作为精神世界、观念系统的本体（性体）。理学家批评禅宗以作用为性，显然已注意到这种观点将导致性体的虚无化。从当代哲学看，实用主义也表现出类似的倾向。实用主义的重要特点在于重视具体问题和情境，它在某种意义上将"学"的过程理解为在特定情境中解决特定问题的过程。对于概念、理论这种涉及普遍本体或内在精神结构的方面，实用主义往往也持消解的态度。就此而言，实用主义也表现出将本体虚无化的倾向。

另一方面，对在工夫的理解方面，也存在不同偏向。王门后学中，有所谓"现成良知"说。前面曾提到，在王阳明那里，良知和致良知相互关联：本然的良知还不是真正意义上的良知，唯有经过"致"的工夫，良知才能达到自觉的形态。然而，他的一些后学，如王畿、泰州学派，往往仅仅强调良知的先天性，略去"致"良知的过程,将先天良知等同于现成良知或见在良知。所谓"现成良知"或"见在良知",意味着先天具有的良知同时已达到自觉的形态,从而不需要通过工夫过程以走向自觉,这一看法最终将引向否定工夫的意义。从学以成人的现实过程看,工夫和本体这两者都不可以偏废,人的自我成就乃是在工夫和本体的动态互动中逐渐实现的。

三

作为本体和工夫的统一,"学"所要成就的是什么样的人?从现实的方面看,人当然具有多样的形态、不同的个性。然而,在多样的存在形态中,又有人之为人的共通方面。概括而言,这些共通方面可以从两个方面去理解,其一是内在德性,其二为现实能力。中国古代哲学曾一再提到贤能,所谓"选贤与能",亦即将贤和能放在非常重要的地位。这里的"贤"主要与德性相联系,"能"则和能力相关。不难看到,在中国古代哲学中,内在德性和能力已被理解为人的两个重要规定。从学以成人的角度看,德性和能力更多地从目标上,制约着人的自我成就。

上述意义上的德性,首先表现为人在价值取向层面上所具有的内在品格,它关乎成人过程的价值导向和价值目标,并从总的价值方向上,展现了人之为人的内在规定。与德性相关的能力,则主要表现为人在价值创造意义上的内在的力量。人不同于动物的重要之点,在于能够改变世界、改变人自身,这同时表现为价值创造的过程。作为人的内在规定之能力,也就是人在价值创造层面所具有的现实力量。在中国哲学所理解的圣人这一理想人格中,也可以看到德性和能力的统一。孔子对圣人有一简要的界说，认为其根本特点在于："博施于民而能济众。"① 一方面，这里蕴含着对民众的价值关切，这种关切所体现的是圣人的内在德性；另一方面，博施于民、济众又意味着实际地施惠于民众，这种实际的作用即基于价值创造的内在能力。根据以上看法，则在圣人那里，价值关切意义上的德性和价值创造意义上的能力也具有相互关联性。圣人一般被视为理想的人格形态，对圣人的这种理解从理想的人格目标上，肯定了德性和能力的统一。

德性与能力的相互关联所指向的，是健全的人格。人的能力如果离开了内在的德性，便往往缺乏价值层面的引导，从而容易趋向于工具化和与手段化，与之相关的人格则将由此失去价值方向。另一方面，人的德性一旦离开了人的能力及其实际的作用过程，则常常导向抽象化与玄虚化，由此形成的人格也将缺乏现实的创造力量。唯有达到德性与能力的统一，"学"所成之人才能避免片面化。

从学以成人的角度看，这里同时涉及德性是否可教的问题。早在古希腊，哲学家们已经开始自觉地关注并讨论这一问题。在柏拉图的《普罗泰戈拉》和《美诺》篇中，德性是否可教便已成为一个论题。在这方面，柏拉图的观点似乎有含混之处，就某种意义而言，甚至存在不一致。一方面，他不赞同当时智者的看法，后者认为德性是可教的。柏拉图则借苏格拉底之口对此提出质疑："我不相信美德可以教。"② 另一方面，按照前面

---

① 《论语·雍也》。
② Plato, *Protagoras*, 320b, *The Collected Dialogues of Plato*, Princeton University Press, 1961, p320.

提到的所谓"美德即知识"这一观点，则美德又是可教的：知识具有可教性，美德既然是一种知识，也应归入可教之列。事实上，柏拉图也认为，假定美德作为一个整体是知识，那么，"如果它不可教，那就是最令人惊异的"①。以上两种看法，显然存在内在的不一致。从总的趋向看，柏拉图主要试图由此引出德性的神授说：美德既不是天生的，也不是靠教育获得，只能通过神的施赐而来。② 从逻辑上看，"教"与"学"相关，不可"教"至少意味着与"教"相对应意义上的"学"无法实现。这里的"教"包括传授、给予，与之相对应的"学"则关乎获得、接受。德性既然不可通过"教"而传授和给予，也就难以借助"学"而获得和接受。

以上观点与柏拉图的认识论立场具有一致性。如所周知，在认识论上，柏拉图的基本观点是将认识活动理解为回忆的过程。对柏拉图而言，认识既不是完全发端于无知，也不能完全从有知开始：若人一开始就已有知识，则任何新的认识就成为多余的。反之，如果人一开始就完全处于无知状态，那么，他甚至无法确认认识的对象。由此，他提出了回忆说，即人的灵魂在来到这一世界之前已经有知识了，认识无非是在后天的各种触发之下，回忆灵魂中已有的知识。柏拉图关于德性不可教而来自神赐的观点，与认识论上的回忆说无疑具有相应性。

较之柏拉图，中国哲学对上述问题具有不同看法。按中国哲学的理解，不管德性，抑或能力，都既存在不可教或不可学

---

① Plato, *Protagoras*, 361b, *The Collected Dialogues of Plato*, Princeton University Press, 1961, p351.
② Plato, *Meno*, 100b, *The Collected Dialogues of Plato*, Princeton University Press, 1961, p384.

的一面，也具有可教、可学性。中国哲学对这一问题的理解，以"性"和"习"之说为其前提。从孔子开始，中国哲学便开始讨论"性"和"习"的关系，孔子对此的基本看法是："性相近也，习相远也。"① 这里所说的"性"，主要是指人的本性（nature）以及这种本性所隐含的各种可能。所谓"性相近"，也就是肯定凡人都具有相近的普遍本性，这种本性同时包含着人成为人的可能性。作为人在本体论意义上的存在形态，"性"是不可教的：它并非形成于"教"或"学"的过程，而是表现为人这种存在所具有的内在规定；人来到这一世界，就已有这种存在规定。所谓人禽之辨，从最初的形态看，就在于两者具有相异的存在规定（本然之性）以及与之相应的不同发展可能和根据。与"性"相对的是"习"，从个体的层面看，"习"的具体内涵在广义上包括知和行。这一意义上的"习"与前面提到的工夫相联系，既可"教"，也可"学"：无论是"知"，抑或"行"，都具有可以教、可以学的一面。

可以看到，中国哲学对"性"和"习"的以上理解，展现了更广的理论视野。一方面，中国哲学注意到人在本体论意义上的规定，包括其中蕴含的发展可能、根据，具有不可教、不可学的性质；另一方面，中国哲学又肯定与人的后天努力相关的"习"既可以教，也可以学。这种看法在确认学以成人需要基于内在存在规定的同时，又有见于这一过程离不开人的知与行。以先天根据和后天努力的统一为视域，中国哲学对学以成人的理解，无疑展现了更合乎现实过程的进路。

学以成人不仅关乎价值取向意义上的德性，而且涉及价值

---

① 《论语·阳货》。

创造层面的内在能力。从能力这一角度看,同样涉及可教、可学与不可教、不可学的问题。与德性一样,人的能力既有其形成的内在根据,又离不开后天的工夫过程,两者对能力的发展都不可或缺。王夫之曾以感知和思维能力的形成为例,对此做了简要的阐述:"夫天与之目力,必竭而后明焉;天与之耳力,必竭而后聪焉;天与之心思,必竭而后睿焉;天与之正气,必竭而后强以贞焉。可竭者天也,竭之者人也。"[①] 目可视(不可听)、耳可听(不可视)、心能思(不可感知),这一类机能属"性",它们构成了感知、思维能力形成的根据。作为存在的规定,这种根据不可教、不可学,所谓"天与之",突出的便是这一方面。"竭"则表现为人的努力过程(习行过程),这一过程具有可教、可学的性质。从视觉、听觉、思维的层面看,"目力""耳力""心思"还只是人所具有的听、看、思等机能,作为"天与之"的先天禀赋,它们无法教、无法学;"明""聪""睿"则是真正意义上的感知和思维能力,这种能力唯有通过"竭"的努力过程才能形成。这里区分了两个方面,首先是"目力""耳力""心思"等先天的禀赋,这种禀赋属于"性相近"意义上"性",构成了能力形成和发展的根据,这种根据并非通过教与学而存在。其次是"竭"的工夫,这种工夫构成了"习"的具体内容,其展开过程伴随着教和学的过程。中国哲学对能力形成过程的以上理解,同样注意到了内在根据与后天工夫的统一。

以德性和能力的形成为视域,学以成人具体表现为"性"和"习"的互动,这种互动过程与前面提到的本体和工夫的互

[①] 《续春秋左氏传博议》卷下,《船山全书》第5册,岳麓书社,1996年,第617页。

动具有一致性，两者从不同方面构成了学以成人的相关内容。当然，如前所述，人的现实形态具有多样性，人的个性、社会身份、角色等也存在差异。然而，从核心的层面看，真实的人格总是包含德性和能力的统一。这种统一构成了人之为人的内在规定，并在一定意义上成为自由人格的表现形式。要而言之，一方面，学以成人以德性和能力的形成和发展为指向；另一方面，作为德性与能力统一的真实人格又体现于人的多样存在形态之中。

人文研究的进路[①]

无论是人文学科，抑或其他研究领域，都不仅涉及"什么"（研究指向"什么"），也关乎"如何"（研究"如何"展开），后者内在地蕴含着方法论问题。这里不拟对方法论做严格的逻辑界定和说明，而主要就人文领域研究中与"如何"相关的问题，做若干考察。

一

首先需要关注的是理论和方法的关系。方法往往被看作与思想或理论相对的形态。然而，如果我们对两者关系做进一步的考察，便可以注意到，理论和方法之间并不如通常所想象的那样界限分明。按其内在本性，方法并非单纯表现为某种程序、手段、步骤。若仅仅做此理解，则人文学科的方法便可能失去其本来的意义。在其现实性上，方法和理论具有难以分离的关系。从宽泛的层面看，理论可以理解为对现实世界和观念世界或者其中的某个方面或领域的系统性理解和解释。以哲学而言，

[①] 本文基于作者 2015 年 9 月在华东师范大学思勉人文高研院研究生班的讲座，由研究生根据讲座录音记录，原载《杭州师范大学学报》，2016 年第 1 期。

其实质的内容即关于整个世界（包括人的存在和对象世界）的理解和解释。哲学之外的不同学科的理论，则是对相关领域或对象的理解和说明。作为对世界和人自身的把握，理论本身可以被应用于对世界和人的进一步研究，并具体地影响研究目标的确立、研究过程的展开、研究结果的解释。在这一过程中，理论同时就具有了方法论的意义。

理论和方法的这种相关性，与理论和方法本身的内涵有着紧密联系。如前所述，理论是对世界和人自身的系统性理解和解释，而方法则表现为我们把握世界的方式。以把握人和世界为指向，理论和方法之间往往很难截然划分出一道鸿沟。理论需要载体，理论性的著作即构成了理论的载体。作为创造性理论的依托，理论著作本身总是内在地隐含着相关的方法。以哲学之域而言，康德是创造性的哲学家，他对于认识论、形而上学、道德哲学、美学的思考则集中体现在《纯粹理性批判》《实践理性批判》《判断力批判》等著作中，如欲了解康德如何探索哲学问题、进行哲学思考，便需要具体地考察以上著作。可以说，康德提出问题、解决问题的方法，具体而微地体现在他的著作之中。在这里，作为理论凝结的著作，与探索对象的方法密切相关。从哲学层面上看，要把握哲学思维的方法，真正了解如何进行哲学的思维，除了认真研究历史上的重要哲学著作之外，别无他法。理论凝结的著作，内在地渗入了形成理论的方法；不同哲学家传世的不同哲学著作，则同时展现了他们把握世界、理解世界的不同哲学方法。在这一意义上，研究理论著作同时也是掌握形成理论的思维方法。

理论与方法的以上关联不仅体现在哲学领域中，而且也内在于其他学科如史学。19世纪德国的兰克学派是近代历史学中比较著名的学派，该学派注重事实的搜集和把握，其历史的研究即以此为前提。兰克学派的基本观点之一是所谓"据事直书"，即根据事实来书写历史。按其实质而言，这样的观点可以看作实证主义理论在史学研究中的具体化。实证主义理论与历史研究方法之间的联系，在中国史学的研究中也得到了体现，如中国现代史学家傅斯年便对兰克学派极为推崇，他在历史研究中提出"上穷碧落下黄泉，动手动脚找东西"。这样的史学方法既折射了兰克学派的特点，也可以在更广意义上视为实证主义理论在史学方法上的体现。

可以看到，解释、理解世界的理论在运用于研究领域的过程中，便具体转化为研究世界的方法。不同的学科，诸如历史学、哲学、文学等等，都有各自的理论系统，这些理论系统一旦被运用于相关领域的研究过程，便将同时取得方法论的意义。在人文学科的领域中，方法的把握和理论的洞悉无法截然相分。如果对相关领域理论缺乏具体的了解，仅仅孤立地强调方法，那么，这种所谓"方法"便可能流于抽象、空洞的形式。

二

宽泛而言，人文学科的特点在于以观念的形式把握世界，由此进一步涉及思想和存在的关系。思想以观念为表现形式，存在则包括外部世界、人类自身的存在，以及人所创造的文化成果，后者表现为打上了人的印记的实在。思想和存在的关系既可以从形而上学、本体论的维度加以论析，也可以从方法论的层面做具体考察。

从方法论的角度看，在人文研究的过程中，首先应该立足于现实存在，避免流于抽象的思与辨。按其性质，方法可以被理解为"得自现实，还治现实"的观念形态，也就是说，方法的根据来自于现实存在，但同时又能作用于现实本身。以关于人和自然或天人关系的理解而言，其中便有一个是否基于现实的问题。时下经常可以看到这样一种观念：中国文化注重天人合一，西方文化突出天人相分。这种论断的背后，包含如下价值前提："合"具有正面或积极的意义，"分"则是负面或消极的，从而应该予以否定和拒斥。概要言之，即"凡分皆坏，凡合皆好"。这种论点，显然具有抽象的性质。从现实形态看，天人关系首先表现为天与人在历史中的互动过程，理解这一互动过程，需要区分不同意义的合一。简要而言，天人之间既可以表现为原初意义上、未经分化的合一，也可以展现为经过分化、通过重建而回归的天人合一。以上两种合一的含义并不相同。在"凡分皆坏，凡合皆好"的观念下，往往将导致一味地崇尚"合"，甚至讴歌原初形态的合一（未分化的前现代意义上的合一）。这种思维趋向远离了人类历史的实际发展过程，仅仅表现为一种浪漫、空幻的抽象推绎。事实上，立足于人类历史的现实演进，便可以看到，在天人关系的早期形态下，人的行为与自然的运行主要处于原初意义上的相关性之中，所谓"日出而作，日落而息"便表现了这一点。经过近代以来的分化过程，天人之间逐渐趋向于扬弃人对于自然的单向征服、支配、利用而导致的分化状态，进而重建两者的统一。今天谈天人关系，无疑应着眼于后一意义上的统一（即经过分化而重建的统一）。如果离开历史现实，一味地从分和合的抽象观念出发，往往很难避免空幻的思想推绎。以上事实同时也表明，基于现实是真实地把握对象世界以及人与世界关系的前提，它同时构成了方法论的基本原则之一。

在人文学科中，往往涉及不同的文献材料。从文献材料和人文研究的关系来说，基于现实存在的原则具体便表现为立足真实的文本（包括传世文献与考古发现的地下文献），以此为理解历史的根据，并进而通过对文献的切实研究，引出相关的理解和观念。对于人文学科来说，从可靠的文献出发，可以看作广义上的基于现实。

思想和存在关系除了基于现实之外，还面临如何理解现实的问题。也就是说，人文研究应当避免仅仅流于对现实的单纯描述，而应进一步提供对于现实的说明。从方法论上看，这同样是思想和存在关系的一个重要方面。如果仅仅停留在单纯地描述和再现对象，那么，人文科学的研究将失去其应有的意义。

在方法论上，前面提到的兰克学派的内在问题之一，便在于偏重于对材料的搜集和描述，而未能进一步追求对于材料的理论说明。在人文学科的研究中，解释和说明无疑是不可忽视的方面，思想和存在的关系也涉及这一方面。作为把握世界和人自身存在的重要方面，人文学科需要提供解释世界的不同框架和模式。如所周知，在自然科学中，对于自然现象的理解常常伴随着不同的解释模式，这种模式每每具体表现为研究模型。人文学科固然不能如自然科学那样运用实证意义上的模型来解释世界，但它也可以提供对于历史现象、思想现象、文化现象的解释模式。一种人文研究之所以有价值，往往便在于其提供了一种适当的解释模式。从中国现代思想史来看，在解释近代尤其是"五四"以来的中国思想衍化的过程中，"救亡压倒启蒙"曾被表述为解释这段思想衍化的模式。按照这一解释模式，近代以来，一方面西学东渐，思想启蒙成为时代的要求；另一方面，民族存亡又成为突出问题，在民族面临危亡的背景下，思想启蒙问题渐渐退居第二位。此种解释模式是否确当,当然可以讨论,但它确乎提供了对中国近代思想衍化的一种独特说明。一般而言,比较好的研究总是离不开对于相关现象具有说服力或解释力的理论模式。引申而言,人文学科的研究过程中,一个具有美感意义的解释模式也可以被称为好的模式:能将相关历史现象串联起来,给出一个融通的解释,便既体现了理论的力量,也给人以广义的美感,而其实质内容则在于对世界的说明。

可以看到,从思想和实在的关系看,人文研究既需要基于现实,也不能忘却对现实的理解和解释,仅仅关注一端便很难避免偏失。

三

在方法论上,与思想与存在之辨相关的,是实证与思辨的关系。宽泛而言,思辨可以有两种形式,即抽象的思辨与具体的思辨。抽象的思辨往往脱离形下或经验之域,仅仅在形上的层面做超验的玄思;具体的思辨则以形上与形下的互动为前提,表现为对相关对象的逻辑分析、理论把握。这里所说的实证主要涉及对材料的把握和考察,与实证相对的思辨则主要指具体的思辨。

从中国学术的发展来看,实证和思辨的关系问题乃古已有之。以历史上的汉学与宋学之争而言,汉学偏重于实证。当然在汉学内部又有古文经学与今文经学之分,两者相比,今文经学较多地关注义理分析,注重所谓"微言大义",而古文经学则偏重于实证研究。与宋学相对的汉学,更多地指古文经学。宋学则以理学作为代表,理学以对理气、心性等关系的辨析为主要指向，对理论的分疏与把握相应地在其中占主导的方面。可以看到，汉学与宋学之争背后，实质上是实证和思辨之间的分别。

清代学者更具体地区分了虚会和实证，清初著名的考据学家阎若璩曾著《尚书古文疏证》，其中比较明确地提到了以上区分："事有实证，有虚会。"① 虚会关乎逻辑的分析，其形式之一是根据前后是否贯通，推断某种记载或观点的真伪。实证则是依靠实际的文献材料，以此作为某种结论的根据。这一意义上的虚会和实证，也体现了思辨和实证的关系问题。

从当代学术的演进看，20世纪90年代有所谓思想和学术的分野，一些学者将那一时期的特点概括为"思想淡出，学术突显"。思想和学术之间的关系，事实上也涉及思辨和实证的问题。学术侧重于实证，相对来说，思想则更多地与逻辑的论析、理论的阐释等相联系。以儒学研究或经学研究而言，从学术的层面看，首先便涉及实证意义上对文献的考察，而思想之维的研究则关乎其中所蕴含义理的阐发。

从现实的形态看，在人文研究领域，实证和思辨都不可或缺。无论是以外部世界为对象的研究，还是关于历史文献方面的考察，都既应基于现实材料，避免"游谈无根"，又需注重理论的阐释和逻辑的分析，以此对相关的对象和材料做切实而深入的说明。材料是研究的基础，但材料本身又只有通过人的思和辨，才能获得生命力，并进而成为解释和理解世界的根据。

当然，在具体的研究过程中，实证与思辨又可以有不同的侧重。从人文学科的角度来看，不同的个人可以根据自己的学

---

① 阎若璩：《尚书古文疏证》卷五。

术背景、学术兴趣，或主要关注实证之维，或着重于理论的思与辨。引申而言，不仅人文学科中，而且更广意义上的社会科学领域里，也可看到不同的侧重。以近代以来的社会学理论来说，一些社会学家较多地侧重实证的研究方式，包括田野调查、统计、数学分析等；另一些研究者的考察则更多地指向理论层面：从韦伯到哈贝马斯，其社会理论便都有以理论的思辨为主导的趋向。不过，就整体而言，无论是人文学科，还是社会科学，不管是对外部世界的考察，还是对思想现象的把握，实证和思辨都应予以关注。

四

从更为内在的层面看，实证与思辨都涉及不同的考察视域，这种不同视域在方法论上以知性思维和辩证思维为其具体形态。知性思维的概念源于德国古典哲学中感性、知性、理性概念的区分，其特点表现在或者把具体的对象分解为不同的方面，或者将事物的发展过程截断为一个一个的片段。与以上进路相联系，知性思维侧重于划界。停留于分解，常常会引发对事物的片面、抽象理解；限定于截流，则容易导致将过程静止化，并趋向静态的、非过程的考察方式。相对于此，辩证思维的特点在于跨越界限，将被知性所分解的不同方面重新整合为整体，使被知性截断的一个个横断面重新回归统一的过程。

在理解世界和理解社会文化的过程中，知性思维和辩证思维都有其意义。无论是考察外部事物，还是研究思想史上的现象，如果不做清晰的分梳、划界，对象往往将处于混沌未分的状态，从而难以被真正理解。进而言之，人文的研究应注重逻辑的分析，包括对概念做清晰的界定，对论点做严密的论证，而不能仅仅停留在个体的感受、体验之上。如果缺乏对概念的明确界定，完全以个体的感受为立论的基础而不做逻辑的论证，往往将导向抽象的玄思或独断的思辨。另一方面，如果仅仅停留在一个一个的方面、一段一段的横截面上，满足于对事物的划界，那么，我们所把握的依然只是事物的某些片段，而不是其真实形态。在被知性的方法划界之前，事物本来是以过程、整体的形态存在，若限定于分解，则将使其失去真实的形态。为了回归对象的真实形态，便需要超越、扬弃知性考察事物的方式，运用辩证的思维使分解后的不同方面重归于整体。对于理解事物的现实形态而言，知性思维和辩证思维都不可忽视。

然而，以上方面在人文学科中往往未能得到充分的关注。特别值得注意的是，人文领域中对事物的考察常常只是停留在知性的层面，而未能真正跨越知性的界限达到辩证的思维，由此每每导致非此即彼式的论断。以前面提及的关于"天人关系"的理解而言，"凡分皆坏，凡合皆好"便是一种基于知性思维的结论。这种观念未能注意到，天与人的"分"与"合"在历史中并非截然对立，天人之"分"本身既以原初的"合"为出发点，同时又为达到更高层面的"合"提供了前提。与天人之辩的以上观念类似，在中西之学的关系上，随着民族文化认同意识的增强，一些论者表现出一种趋向，即要求以中释中，剔除西方的思想和概念。这一趋向背后所蕴含的观念，便是中学与西学彼此对峙、无法相合："以中释中"，即以中和西的判然划界为前提。事实上，在历史已经进入世界历史的时代，执着于中西之分的观念已经与历史进程相背离。从内容上说，历史中形成的中西文化都是世界文化之源，今天进行创造性的学术研究，仅仅执着于西方的思想资源或仅仅限定于中国思想资源，都难以摆脱历史的局限。就现代中国文化而言,两者的关联性深深地渗入我们今天运用的语言之中。作为现代中国人交流、书写的基本手段,现代汉语包含着大量包括西方语言的外来语。语言并不是单纯的形式符号,而总是包含着思想负载。当外来语进入汉语系统之时,它所承载的思想内涵也相应地融入现代中国思想。在这一背景之下,试图完全剔除西方思想,显然无法做到。从方法论角度来看,中西对峙、以中释中的立场基本上还停留在知性的层面。

以扬弃"知性"的方式、走向辩证的思维为视域,我们不仅要注意康德,而且同样需要关注黑格尔。黑格尔在时下几乎完全被遗忘,他的辩证法思想也似乎早已被冷落,但事实上,从研究的方式来看,为黑格尔所系统化的辩证思维,对于克服知性思维具有重要的意义。人文研究的对象本身是具体的,历史上的文化和思想形态也具有多方面性。唯有注重对象本身的多方面性及过程性,才能再现文化和思想的真实形态,而辩证思维的基本要求之一,便在于从整体及过程的视域考察对象,以对其加以全面的把握。从这方面看,关注知性的方式而又不限定于知性思维,是人文学科把握对象的方法论前提之一。

五

人文学科面对的对象总是以多样、特殊的形态出现,理解和把握这些对象,需要经过某种逻辑的重建,包括归类。这里所说的"类"具有逻辑的意义,表现为涵盖不同个体的逻辑形态。以对中国思想史的考察来说,我们首先接触的是思想史上诸多的人物、学派、著作,在做研究的时候,便需要对它们进行归类。把握先秦诸子,便意味着将其归入不同的学派,诸如儒家、道家、名家、阴阳家等等。相对于作为个体的诸子而言，这里的"家"所代表的便是逻辑意义上的类或逻辑的形态。广而言之，在人文学科中，总是会面对诸多的个体，需要通过逻辑重构赋予这些个体以逻辑的形态。

　　人文学科的对象同时包含着时间的维度，并经历了或长或短的历史衍化过程。对这一变迁过程，不能仅仅停留在材料的罗列爬梳之上，做流水账式的记录，而需要进一步去揭示其中的逻辑脉络。这里所谓逻辑脉络，主要指思想衍化过程的内在条理。人文研究需要展示包含内在条理的思想过程。要而言之，在人文思想的研究中，从静态的角度来看，应把握思想的逻辑形态；就动态的角度而言，则应进一步揭示思想衍化的逻辑脉络。

　　另一方面，历史本身有其复杂性，思想也非纯然单一。思想的逻辑形态和逻辑脉络与历史的形态和历史的衍化，往往并非简单重合。由此，便涉及历史和逻辑的关系问题。

　　从现实形态来看，人文研究所面对的一个一个的具体个体，常常包含多重方面，非某种单一的逻辑形态所能完全涵盖。以中国思想史中的孟子而言，孟子讲"从其大体"，注重"心之官"，这些观念与理性主义原则具有一致性；相对于墨家将感性经验看作第一原理的哲学进路，孟子确乎更多地表现出理性主义的趋向，他也由此通常被归为理性主义者。但若进一步考察孟子思想的具体内容，便可以注意到，其思想并非理性主义所能简单涵盖，其中包含更为丰富的内容。孟子注重恻隐之心，以此为仁之端，而恻隐之心本身首先表现为人的情感。孟子对于情感的这种注重，与理性主义显然不同：从理论层面看，注重情感往往与经验主义结合在一起。由此，不难注意到逻辑的类型与实际的思想形态之间的张力。

同样，荀子通常被看作儒家的代表人物，而儒家则在学派的层面构成了思想的类型（逻辑形态）。但是，在具体考察荀子思想时，便会发现：其中包含很多近于法家的内容。荀子在注重礼的同时也留意于法，并吸纳了法家的相关观念，这一点也体现于之后思想的发展：荀子的学生韩非便进而成为法家的集大成者，这一事实从历史的传承方面折射了荀子与法家的联系。与之相应，如果我们仅仅用"儒家"这一思想形态来概括荀子的哲学，往往便不足以展现其思想的丰富性。可以看到，在进行逻辑的分类、赋予研究对象以某种逻辑形态的同时，不能忽视对象本身的历史复杂性。

与思想的逻辑形态相关的，是思想衍化的逻辑脉络。逻辑的脉络主要关乎思想衍化的内在条理，把握逻辑的脉络，意味着把握思想衍化的内在主线。然而，在思想衍化的实际过程中，除了逻辑脉络所代表的主线之外，又包含历史衍化的多重侧面。以清代学术而言，其主流是乾嘉学派，它发端于清初，极盛于乾嘉两朝，其余绪则一直延伸到晚清。梁启超在写《清代学术概论》时，对此着墨甚多。但是如果更具体地考察清代学术发展，便可以注意到，其中存在着复杂性和多样性。乾嘉学派本身"派中有派"：它在总体上注重文献考证、实证研究，但其中又有所谓吴派和皖派之分。吴派以惠栋为代表，主要特点是推崇汉人的经学研究，甚至唯汉是从，同时又注重训诂、典章制度的研究。皖派以戴震为代表，注重从音韵、小学入手去研究文献材料，并重视三礼的研究，其重要特点在于同时注重思想的探索。乾嘉学派的主流确实关注考据，但在戴震这样具体的思想家那里，哲学思想又构成了其重要的关注之点。戴震的

《孟子字义疏证》在形式上固然涉及字词的训释，但又并非仅限于简单的文献考证，而是包含了独特的哲学理论，并涉及对宋明理学的批判。皖派中的如上趋向，既表现了乾嘉学派的复杂性，又体现了清代学术的多样性。进一步看，除了主流的乾嘉学派之外，清代不仅还有像章学诚这样具有独特学术性格的学人，而且今文经学也在这一时期逐渐复兴，以庄存与、刘逢禄等为代表的常州学派的出现即体现了这一点。到了道光时期，常州学派所代表的今文经学进一步兴盛，并继而绵延至晚清，它从另一侧面体现了清代学术的多重品格、多样形态。此外，清代学术中，对科学技术的关注也构成了其重要的方面：梅文鼎在天文学和数学上便有很深的造诣，戴震对于数学和天文学也有所研究。从中不难看出历史现象的复杂性和多面性。总之，乾嘉学派的形成和衍化构成了清代学术的主要脉络，但在这一脉络中又有多样的现象和不同形态。在回到历史本身之时，对历史的复杂性和多样性应予以高度关注，否则理论考察所展现的可能只是一种抽象的思想图景。

综合而论，在人文研究过程中，一方面，需要注重逻辑脉络的揭示，避免使整个思想衍化仅仅表现为一种现象的杂陈；另一方面，对于思想本身的复杂性、多样性应同样给予关注，以避免思想的贫乏化、抽象化。以上二重视域，具体便表现为逻辑的形态和历史的形态、逻辑的脉络和历史的复杂性之间的错综交融。

六

近代以前，世界的不同文明形态基本上在彼此独立的历史条件下发展，然而近代以后，这种状况有了实质性的改变。就中国而言，自身之外的思想和文化传统，首先是西方的思想传统开始进入中国。在这样的背景之下，要真切地从人文层面理解人和世界，便不能仅仅限定在单一的思想传统上，而应该具有开放的视野。事实上，在人文研究的领域，任何一种创造性的思考都不能从无开始，它总是基于以往文明发展和思想衍化的成果。从今天看，这种文明成果既与中国文化传统相关，也与西方传统相涉。王国维在20世纪初曾提出"学无中西"的观念，在学术研究中，"学无中西"意味着超越中西之间的对峙，形成广义的世界文化视域。

从更宽泛的层面看，思想的发展总是在不同意见的相互争论过程中实现的。在中西思想相遇的背景下，这种对话、讨论不能仅仅限于某一传统之中，这一思想格局从另一侧面要求以开放的视野对待不同的观念和传统。然而历史地看，西方思想对于非西方的思想传统往往未能给予充分的关注，直到今日，其思想仍每每限于单一的西方传统，这同时也限定了其思想之源。以中国而言，如前所述，随着自身文化认同的增强，在文化学术的研究方面也逐渐形成了如下偏向，即过度执着于中西学术之分，甚而要求"以中释中"，这种立场在另一重意义上囿于自身的单一传统。在以上趋向中，不同学术传统之间的对话显然难以展开。任何传统中的思想家都会有自己的内在局限，在历史已经走向世界历史的背景之下，人文研究应该形成在世界范围之内可以相互理解、相互讨论的形态，并通过彼此的对话以超越可能的限定。

人文研究的世界意义与人文研究的个性特点并非截然对立，相反，真正具有世界意义的研究总是同时带有个性特征。从形上的层面看，真实的世界对人来说是共同的，然而世界的意义却因人的视域的不同而呈现多样形态。就人文学术的研究而言，对于同一对象或问题，具有不同文化背景的学者往往会形成不同的理解，这种差异赋予学术思想以个性形态。学术思想的世界性与个体性将在世界范围的对话、互动中达到内在的统一，而人文研究本身也将由此不断达到新的深度和广度。

中国文化的认知取向[①]

中国文化注重伦常而忽视认知,这似乎成为关于中国文化的流行之论。然而,就其现实性而言,人的生活、实践过程无法离开认知过程,与之相联系的文化形态也难以悬置认知。如果对中国文化做比较深入的反思,便不难注意到,即使其中的伦理生活过程,也处处渗入了某种认知的取向。在此,真正有意义的问题不是中国文化是否注重认知,而是中国文化在认知取向方面呈现何种特点。

认知取向既涉及能知,也关乎所知。就能知之维而言,中国文化在认知层面展现了以人观之的向度,这一向度使认知与评价难以分离:以人观之,认知过程便无法仅仅限定于狭义的事实认知,而总是同时指向价值的评价。从所知的方面看,中国文化的认知取向既表现为以道观之,又呈现为以类观之。前者(以道观之)关注于对象本身的关联性、整体性、过程性,从而内含了辩证思维的趋向;后者(以类观之)注重从类的层面把握对象,并以类同为推论的出发点,其中体现了形式逻辑层面的思维特点。能知层面的以人观之与所知层面的以道观之、以

[①] 本文原载《中国社会科学》,2014年第3期。

类观之，同时指向知行过程的有效性、正当性、适宜性，以上方面在中国文化的认知取向中具体表现为明其宜。在"明其宜"的认知取向中，以人观之所渗入的认知与评价的互融、以道观之所体现的辩证思维、以类观之所展现的形式逻辑层面的思维趋向，统一于旨在实现多样价值目标的知行过程中。

一

狭义上的认知首先关乎事实，并以求其真为指向。然而，在中国文化中，事实的认知与价值的评价往往彼此交错。对中国文化而言，"知"既涉及"是什么"层面的事实内涵，也关乎"意味着什么"层面的价值意义。"是什么"以如其所是地把握事物本身的多样规定为指向，"意味着什么"则以事物对人所具有的价值意义为关切之点；在中国文化中，两者构成了认知活动的相关方面。

从对象的层面看，认知在宽泛的意义上指向物。但在中国文化的视域中，"物"与"事"难以分离。韩非已将"物"与"事"加以对应："故万物必有盛衰，万事必有弛张。"① 这里所说的"事"大致包含二重含义：从静态看，"事"可以视为进入知、行之域的"物"；就动态言，"事"则可以理解为广义之行以及与知相联系的活动，所谓"事者，为也"②。前者涉及内在于人的活动之中的"物"，后者则可进一步引向事件、事情、事务等等。对中国文化而言，"物"同时表现为"事"："物，犹事也。"③ 作为人之外的对象，"物"首先与狭义上的认知相关，其

---

① 《韩非子·解老》。
② 《韩非子·喻老》。又，《尔雅》以"勤"释"事"，又以"劳"释"勤"。"勤"与"劳"都和人的活动、作用相联系，又进而与知交融或相涉。
③ 郑玄：《礼记注·大学》。

意义也相应地关乎事实；以人的知行活动为存在前提，"事"则包含价值的内容，对"事"的把握也相应地涉及价值层面的评价。然而，在中国文化中，作用于"物"和成就于"事"并非相互分离，所谓"开物成务"，便表明了这一点：这里的"务"也就是"事"，物非本然，可以因人而开。在此意义上，物与事也彼此相通：物可通过"开"而化为事，事也可以通过"成"而体现于物。"事""物"通过人的活动而相互关联。"物"与"事"的如上沟通，不仅本身体现了认知与评价的相关性，而且从对象的层面为这种相关性提供了根据。

在中国文化中，认知过程同时关联"是非"之辨。无论是认识社会领域的活动，抑或理解观念层面的论说，广义之"知"都离不开是非的辨析。这里的"是非"既关乎认识论意义上的正确与错误，也涉及价值观意义上的正当与不正当。判断认识论意义上的正确与错误以是否如其所是地把握对象为准则，确定包括正当与不正当则以是否合乎当然之则为依据。后期墨家以"明是非之分"为论辩的首要目的，便既意味着区分认识论意义上的正确与错误，也蕴含着分辨价值观意义上的正当与不正当。直到现在，明辨是非依然不仅涉及对事实的如实把握，而且以追求价值意义上的正当性为其题中之意。正如物与事的沟通从对象的层面构成了认知与评价交融之源一样，是非之辩从认知的内容上，展现了两者的统一。

按中国文化的理解，人固然有求知的能力，对象也包含可知之理，但仅仅以对象本身的规定（物之理）为指向，则永远无法穷尽对象："凡以知，人之性也；可以知，物之理也。以可以知人之性，求可以知物之理，而无所疑止之，则没世穷年不能无也。其所以贯理焉虽亿万，已不足以浃万物之变，与愚者若一。学，老身长子而与愚者若一，犹不知错，夫是之谓妄人。"① 要避免泛然地求知，便需要引入价值的目标："故学也者，固学止之也。恶乎止之？曰止诸至足。曷谓至足？曰圣王。圣也者，尽伦者也；王也者，尽制者也。两尽者，足以为天下极矣。"② 这里涉及对"知"（学）的意义之理解：对中国文化而言，单纯地以事物自身的属性（物之理）为对象，其结果总是"没世穷年不能无"，这种"知"的过程对人并没有实际意义。所谓知"止"，也就是超越这种单纯的认知趋向，其具体的内容则表现为以一定的价值目标来规定认知过程，所谓"圣"便可视为这一类价值目标。在中国文化看来，正是这种价值目标，使认知得到了限定，由此展开的认知过程则相应地将避免与人无涉的泛然性而获得具体意义。

与以上视域相联系，人的认知主要不是表现为对无所不知、无所不能的追求，而是在于"有所正"："君子之所谓贤者，非能遍能人之所能之谓也；君子之所谓知者，非能遍知人之所知之谓也；君子之所谓辩者，非能遍辩人之所辩之谓也；君子之所谓察者，非能遍察人之所察之谓也。有所正矣。"③ 这里所说的"正"，便体现为价值层面的正当性或正确性。④ 正是价值目标的引导和规范，赋予认知过程以内在的正当性，而认知本身的意义也相应地并不仅仅限于事实的把握，而是同时展现为合

---

① 《荀子·解蔽》。
② 《荀子·解蔽》。
③ 《荀子·儒效》。
④ 以上引文中的"正"，一说为"止"之误，但即使如此，其中仍蕴含价值的意向：在"止"于什么的问题上，荀子曾明确引入"礼"，所谓"学至乎礼而止矣"（《荀子·劝学》），这里的"礼"即是体现正当性的普遍规范。在这一意义上，"止"与价值层面的"正"具有相通性和一致性。

乎正当的价值取向。

认知与评价的相关性,体现于知和行的互动过程。墨子在谈到如何治天下时,曾指出:"圣人以治天下为事者也,必知乱之所自起焉,能治之;不知乱之所自起,则不能治。譬之如医之攻人之疾者然,必知疾之所自起焉,能攻之;不知疾之所自起,则弗能攻。治乱者,何独不然?必知乱之所自起焉,能治之;不知乱之所自起,则弗能治。圣人以治天下为事者也,不可不察乱之所自起。"① 这里既关乎如何行,也涉及对"知"的理解。无论是"知乱之所自起",抑或"知疾之所自起",其中的"知"无疑都包含对相关领域对象的事实认知(把握"乱""疾"发生的原因),但它又不限于事实层面的认知,而是同时涉及价值的旨趣:"知乱之所自起"旨在"治天下","知疾之所自起"则指向"攻人之疾"。以"治天下"与"治疾"("攻人之疾")为指向,"知"不同于仅仅认识事物的自身规定,而是内在地关乎事物对人所具有的作用和功能,对后者的把握则同时表现为一个评价的过程。

事实层面的认知与价值层面的评价之间的以上相关性,进一步制约着对"知"的判断。在主流的中国文化看来,确认某种"知"的意义,无法离开它与人的关系。如果相关之"知"对人自身的完善或不同领域的实践没有积极的作用,那么,这种"知"便没有正面的意义。以名辩领域而言,"坚白同异之分隔也,是聪耳之所不能听也,明目之所不能见也,辩士之所不能言也。虽有圣人之知,未能偻指也。不知无害为君子,知之无损为小人。工匠不知,无害为巧;君子不知,无害为治。王

---

① 《墨子·兼爱上》。

公好之，则乱法；百姓好之，则乱事"①。"坚白同异"的辨析属名辩领域之"知"，按主流中国文化的理解，获得这一类的"知"对人格的发展（积极意义上成为君子或消极意义上不做小人）并没有任何作用，对工艺技术（工匠之巧）的发挥也无意义。相反，如果执着于这一类思辨之"知"（"好之"），则往往将对政治实践及日常活动都带来危害（"王公好之，则乱法；百姓好之，则乱事。"）。广而言之，判断某种活动过程的"巧"或"拙"，也主要基于它对于人的价值意义："利于人谓之巧，不利于人谓之拙。"②

"知"所内含的评价意义，同时为人的选择提供了前提。在中国文化中，包含评价内涵的"知"往往被理解为选择的根据。《老子》一书便有如下名言："知其雄，守其雌，为天下溪。""知其白，守其辱，为天下谷。"③ 这里的"雄"不仅指性别，而且意谓某种强有力的存在方式。"知其雄""知其白"既涉及对事实层面上"何为雄""何为白"的把握，而且关乎对"雄""白"价值意义的理解，后者同时又构成了行为选择（"守其雌"）的前提。类似的趋向也见于如下看法："仁人以其取舍是非之理相告，无故从有故也，弗知从有知也。无辞必服，见善必迁。"④"取舍"即人的选择，基于价值评价；"是非之理"则既涉及认知意义上的正确或错误，也关乎评价意义上的正当与否。"故"不仅指逻辑上的理由，而且兼涉存在上的根据（原因）。无论是认识层面的评价，还是实践之域的选择，都需要基于一定的理

---

① 《荀子·儒效》。
② 《墨子·鲁问》。
③ 《老子·二十八章》。
④ 《墨子·非儒下》。

由或根据，而"知"本身则以评价为内容，以选择（"取舍"）为指向。"无辞必服"是逻辑意义上以理由为取舍的前提，"见善必迁"则意味着在实践意义上以价值评价（善或不善）为选择（"取舍"）的根据。在这里，评价向认知的渗入，与实践意义上的价值选择（"见善必迁"）具有内在的相关性。

以评价与选择为关注之点，认知的内容往往不是首先指向对象，而是涉及认知主体自身。朱熹对此做了比较明确的表述："大凡道理，皆是我自有之物，非从外得。所谓'知'者，便只是知得'我底道理'，非是以我之知去知彼道理也。"① 这里包含了朱熹对"知"的理解，对他而言，"知"并非把握外在对象的本然形态，而是与人（"我"）的道理相关，人的"道理"则主要涉及评价性的价值内容。对"知"的如上界说，从一个更为普遍的层面体现了认知与评价的互渗。

从形而上的层面看，认知与评价的如上关联与中国文化对道的理解难以分离。道可以视为中国文化的最高原理，"形而上者谓之道，形而下者谓之器"便通过道与器的分别，突显了道作为存在的统一性原理这一品格；"一阴一阳之谓道"②，则突出了道与发展过程的联系。然而在中国文化中，道并非仅仅表现为形上的世界原理，而是同时与人自身的存在紧密相关。在以下论述中，这一点得到了言简意赅的肯定："道不远人。人之为道而远人，不可以为道也。"③ 道并不是与人隔绝的存在，道的意义之呈现也离不开人自身的存在过程。进一步说，道既表现

---

① 《朱子语类》卷十七，《朱子全书》第14册，上海古籍出版社、安徽教育出版社，2002年，第584页。
② 以上引文均见《周易·系辞上》。
③ 《中庸》。

为天道,又展现为人道;天道侧重于存在原理,人道则包含价值原则。而对中国文化来说,正如天与人无法相分一样,天道与人道也难以分离:人道以天道为根据,天道则具体落实、体现于人道。道与人、天道和人道的如上关联,从形而上的层面构成了认知与评价交错的理论之源:道或天道首先体现为世界本身的原理,人或人道则与价值的关切相联系;前者涉及形上层面的"是什么",后者则关乎价值层面的"意味着什么",两者的相互联系渗入认知过程,内在地引向"是什么"意义上的认知与"意味着什么"意义上的评价的彼此交错。

从另一角度看,无论是天道,还是人道,都与"如何"存在相联系。在天道的层面,道既被理解为存在的根据,又被用以表示存在的方式,后者所涉及的便是以何种形态存在或"如何"存在的问题。就其内涵而言,这里的存在根据和存在方式主要与形而上之域的"实然"相涉(世界本身的存在根据与存在方式)。相对而言,人道领域中的"如何"则同时关乎"当然"。如前文所提及的,"道"在人道意义上与广义的价值关切相联系,这种价值关切首先具体地展开为社会、文化、道德等方面的价值理想:所谓"道不同,不相为谋"[1],便是指个体之间由于社会、文化、道德等方面的价值理想不同,往往难以彼此沟通。价值理想内在地涉及如何实现的问题,与之相关的"道"相应地以价值理想的实现方式("如何"实现理想之道)为内涵。在此意义上,人道的追问涉及何为当然(什么是应当达到的理想)与如何实现当然(如何达到理想)二重维度。以此为前提,可以进一步看到天道与人道彼此相通的内蕴:在走向

---

[1] 《论语·卫灵公》。

道的过程中,明乎"实然"层面的天道与把握"当然"层面的人道相互交错,从形上之域体现了认知与评价的相关性。

  道的观念体现了以理性的方式把握世界与人自身的存在。从更原初的文化发展形态看,对世界的理解往往与巫术相联系。在涉及天人关系方面,道的追问与巫术存在某种相通性,不过巫术视域中的天常常取得神秘化、超验化的形式;同时,道的追问首先表现为观念性的活动,巫术则更多地展开为操作性的过程。以沟通天人为指向,巫术所追求的首先不是如其所是地把握对象(天),而是实现人的价值目的(祈福、去祸等等)。诚然,巫术的操作过程中也关乎对对象(包括超验化、神秘化之天)的理解,但这种理解过程总是处处包含人的价值投射:巫术运作的前提在于其沟通和作用的对象(超验化、神秘化之天)不同于自然的事物,而是具有降福或降祸的力量,这一意义上的"知"显然有别于单纯的事实认知。随着中国文化的发展,巫术本身固然逐渐淡出历史,但不仅其仪式化的系统通过漫长的衍化过程在礼之中得到了某种延续[①],而且其把握世界的方式也在一定意义上制约着尔后的认知过程。事实上,在评价向认知的渗入中,不难看到对世界的价值投射以及以实现人的价值目的为出发点等巫术方式的历史影响。

  相对于巫术,礼更多地体现了脱魅的特点。从作用的趋向看,较之巫术以沟通天人为旨趣,礼主要指向人间的秩序,而秩序的建构和维护则涉及对社会人伦的把握,后者同样关乎把握世界的方式。作为社会秩序的担保,礼既体现于多样的社会体制(包括政治体制),也包含广义的规范系统,后者以"应当

---

① 参见李泽厚:《说巫史传统》,上海译文出版社,2012年。

做什么"的规定为其内容。从现实的社会功能看，礼的作用首先体现为确立"度量分界"，亦即对社会成员做政治、伦理等层面的区分，使每一成员都各安其位，彼此互不越界，由此建立社会的秩序。具体而言，这里既涉及"别同异"，又关乎"明贵贱"，前者（"别同异"）与事实层面的社会区分相联系，并相应地包含认知内容；后者（"明贵贱"）则以价值层面的上下之别为指向，并相应地具有评价的意义。进而言之，行其当然（依礼而行）在逻辑上以知其当然（明其礼）为前提，然而对规范系统的把握，不仅仅限于对何为规范（何为礼）及规范内容（规范对行为的不同规定）的理解，它同时要求把握规范（礼）对社会生活的内在意义：唯有不仅把握规范的内容（知其当然），而且理解遵循规范的价值意义（了解当然之则在建构理想的社会生活中的作用），才可能在行动过程中自觉地依循规范。儒家区分"行仁义"与"由仁义行"，这里的仁义在包含规范意义方面与礼具有相通性。相对于"行仁义"的自发性，"由仁义行"更多地体现了自觉的品格，而行动的这种自觉的性质则基于对仁义规范的把握，后者不仅意味着知其当然，而且以理解行其当然的意义为内容。关于规范内容的理解，与"是什么"的认识具有相通性，把握规范对社会生活的意义则与"意味着什么"的评价相一致。

礼既有形式的规定，也包含实质的趋向。在宽泛的层面上，礼的形式规定首先体现了理性的程序，其实质趋向或内在精神则与情相联系。无论是礼乐文化，还是礼义要求，其中的"礼"都不仅关乎"理"，而且体现"情"。所谓"礼云礼云，玉帛云乎"，"人而不仁如礼何"，便既指礼包含内在的方面，而非仅仅形之于外，也意味着礼不仅具有理性的规定，而且包含仁爱之情。从具体的运作看，如果仅仅关注理性的程序，则"礼"往往容易成为虚文；唯有同时渗入内在之情，"礼"才具有现实的生命。谈"法"，可以只关注理性的程序；言"礼"则无法略去内在之情，"礼"不同于"法"的重要之点，便在于其运作同时涉及理与情。内在之情包含价值内涵，礼与内在之情的相关也使之难以远离评价性的认识活动。相对于此，与侧重于形式化的程序相联系，礼之中的理性规定则更多地关乎认知。"情"与"理"在礼之中的交织，从另一个方面引向认知与评价的互融。

自先秦以来，主流的中国文化对礼予以了特别的关注：就人自身的历史衍化而言，依礼而行被视为由"野"（前文明的存在形态）而"文"（文明的存在形态）、人禽之分的前提；就社会的运行、发展而言，合乎礼则被理解为由乱而治（社会秩序建立和维系）的保证。从政治实践到日常生活，礼的制约作用体现于社会领域的各个方面。礼的这种普遍影响也兼及认知之域，而把握礼的过程所内含的"别同异"与"明贵贱"、"是什么"与"意味着什么"等相关性，既从一个方面体现了中国文化对认知的理解，也构成了这种理解的内在根源之一。

礼作为社会体制和规范系统，主要从外在的社会背景等方面制约人的认知过程。从内在的方面看，认知活动同时又于语言的运用相联系。这里首先值得关注的是汉语的结构及运用规则对认知活动的影响。语言以思想为内容，思想通过语言而表达，认知过程则既涉及思想内容，又关乎语言形式。在现实的层面上，正如人并非先理解逻辑规则，然后再进行思维一样，人也非先学会语法，再运用语言。语法与逻辑即内含于语言和思维之中，在此意义上，形式（语法、逻辑）与内容（思维、言说）不可分离。就认知活动而言，获得认知内容需要借助语言的形式，语言的形式也制约着认知内容的生成。传统的认知内容主要通过自然语言加以表达、概括，作为自然语言的基本形态，汉语对传统的认知活动也具有较为直接的影响。

从汉语的衍化看，其特点之一是系词的出现较晚。尽管后来被用作系词的"是"在先秦已经出现，但在先秦"是"并不具有系词的意义，而是在是非之辨或指示代词的意义上使用；作为指示代词，其含义近于"此"。根据王力的研究，以"是"为系词是六朝以后的事。[①] 从语法功能看，系动词的作用在于连接主词与谓词；从认知的层面看，其意义则与"是什么"的追问相联系。以"是什么"的形式所展现的认识内容主要是对事实的断定，系动词"是"在此赋予这种断定以确定性、限定性。在缺乏系动词的背景下，对事实的认知诚然仍可形成，但这种认知往往不同于以"是"加以确认的认识形态，这种不同主要便体现在是否具有与"是"相联系的确定性、限定性。确定性和限定性往往与界限相关，基于"是"的认知形态在逻辑上确乎蕴含着某种界限：肯定其"是"什么，便意味着确认其"不是"什么，两者之间存在确定的区分。引申而言，在同一认识过程中，认知的内容与评价内容之间也常常彼此相分。与之有所不同，在"是"不在场的情况下，认识的形态每每具有更大的开放性：不仅"是什么"与"不是什么"或"既是"与"又是"并非截然相对，而且"是什么"与"意味着什么"也具有了相容的可能。

中国文化对"圣人"的看法，便体现了以上特点。圣人在中国文化中通常被视为拥有完美的人格，但具体而言，何为圣

---

① 参见王力：《汉语史论文集》，科学出版社，1958年，第235页。

人？对此往往有不同的理解和表述。孟子的界说是："圣人，人伦之至也。"① 这里的人伦首先涉及事实的形态（人与人之间的社会关系），但"人伦之至"则包含价值内涵：它意味着最完美地体现人伦原则。在此，对圣人的理解既与事实层面的认知相关（圣人与现实的人伦相联系），又渗入了价值层面的评价（人伦原则在圣人之中得到完美体现）；两者一方面关乎"是"什么的事实认定，另一方面又不限于事实层面的认知。《管子》从另一角度对圣人做了界说："圣人之所以为圣人者，善分民也。圣人不能分民，则犹百姓也。于己不足，安得名圣？"② 这里的"分民"，涉及实际的利益问题（在利益上与民共享）。对是否做到以上这一点的确认，属事实层面的认知；将其与百姓加以比较，则涉及价值的评价：不能分民，则在人格层面与一般人（百姓）无异。相对于孟子之注重伦理意义上的人伦关系和原则，《管子》诚然更多地将关注之点指向实际的利益，不过在不限于事实层面的"是"什么，而是同时兼及价值层面的评价意义这一方面，两者又呈现相通性。可以看到，汉语中"是"这一类系动词的晚出，使中国文化中的认知过程很难以"是什么"这种单一的认知形态呈现；不妨说，它从语言的表述形式这一层面，为中国文化中认知与评价的彼此相关提供了前提。

作为中国文化的内在特点，认知与评价的彼此交融既植根于中国文化，又对中国文化本身产生了多方面的影响。评价向认知的渗入，首先使认知过程显现出以人观之的向度。以人观之既体现为以人的需要为认知的出发点，也意味着以实现人的

---

① 《孟子·离娄上》。
② 《管子·乘马》。

价值目标为认知的指向。认知过程的这一趋向赋予认识过程以现实的关切和实践的向度，使之与思辨性、抽象性保持了某种距离。确实，就总体而言，中国文化对认知的理解，往往基于人自身存在过程的实践需要；以科学而言，即使是与具体的工程技术有所不同的数学，也每每引向实际的运用。如中国古代具有一定代表意义的数学著作《九章算术》，主要便不是侧重于普遍数学原理的分析、推绎，而是从实用的角度，划分为方田、粟米、衰分、少广、商功、均输、盈不足、方程及勾股九个方面的问题，并具体介绍了 246 个具有应用性的题目。这种数学的著述，无疑较为典型地体现了认知过程的现实关切与实践向度。在思想家们关于"学"的看法中，以上趋向得到了更普遍层面的概括。孔子在《论语》中开宗明义提出了"学而时习之"之说，其中的"习"即包含习行。陈亮后来对此做了进一步的引申，强调学"以适用为主"[1]。不难看到，认知与评价的交融，在逻辑上引向了知与行的统一。

就对象的理解而言，认知所指向的是对象在事实层面的属性，评价则关乎对象在价值层面的规定。对象在进入人的知行之域之后，便获得了现实的形态，现实的存在同时也是具体的存在。这种具体性的含义之一在于，对象不仅包含着"是什么"的问题所指向的规定和性质，而且也以"意味着什么"所追问的规定为其题中之意。从日常的存在看，水是常见的对象。当我们问水"是什么"时，我们试图澄明的，主要是水的化学构成。这种构成固然揭示了水在事实层面的性质，但它并没有包括其全部内涵。对水的更具体的把握，还涉及"意味着什么"

---

[1]《陈亮集·又乙巳春书之一》。

的问题；以此为视域，可以进一步获得"水是生存的条件""水可以用于灌溉""水可以降温"等认识，而维持生存、灌溉、降温等同时从不同的方面展示了水所具有的功能和属性。水的化学构成所体现的是狭义认知所把握的事实，但在这种单纯的事实形态下，事物往往呈现抽象的性质：它略去了事物所涉及的多重关系及关系所赋予事物的多重规定。事物的现实形态不仅表现为物理或化学规定，而且与人相关并呈现价值的性质。这种价值性质并不是外在或主观的附加，而是同样具有现实的品格。唯有在揭示事物于认知层面的事实属性的同时又把握事物的价值规定，才能达到事物的具体形态。

与注重认知与评价的关联相联系，中国文化对事物的把握不仅指向其事实层面的规定，而且关注其价值规定。《尚书大传·洪范》在对水、火等事物做界定时，曾指出："水、火者，百姓之求饮食也；金、木者，百姓之所兴作也；土者，万物之所资生也。是为人用。"从言说方式看，"水、火者"对应于"何为水火"的提问，它在广义上属于认知层面"是什么"的问题论域，但饮食、兴作、资生等解说所关注的却主要是"人之用"，这种"用"同时关乎评价之域的"意味着什么"。在这里，认知层面的"是什么"与评价层面的"意味着什么"之间呈现交错或互渗的形态，其特点在于从对象与人的联系中，把握事物的具体性和现实性。从认识世界的视域看，中国文化中认知与评价交融的意义，首先便体现在为把握世界的现实性和具体性提供了内在的根据。

以单一的事实认知为进路，往往趋向于追问对象的本然形态。这里所说的本然，主要表现为外在于人自身的知与行。在狭义的认知之域，"是什么"的问题首先追问事物本身具有什么规定或本来具有什么规定,事物本身或事物本来的规定未经人的作用,从而呈现本然的性质。在人的知行领域之外对事物本然形态的追问,在逻辑上以物自身或自在之物的预设为前提,这种预设容易进而引向超验的进路。事实上,追问本然的存在与走向超验的对象之间,常常具有理论上的一致性。相形之下,评价并非仅仅从对象本身出发,而是基于人与对象的关系。评价向认知的渗入,使认知难以仅仅以存在的本然形态或规定为指向,对物自身或自在之物的承诺也由此缺乏理论上的前提。以此为进路,对存在的超验把握将受到抑制。要而言之,认知与评价交融的总体趋向,在于联系人自身的存在以理解存在的意义。这种进路体现了以人观之的认知取向,并使中国文化与超验的认识旨趣保持了某种距离。

当然,尽管广义认识包含认知与评价,但认知仍有其相对独立的意义。如果忽视了认知的这种相对独立意义,则可能对如其所是地把握对象带来限制。认知与评价交融的背后,是明其真与求其善的互渗。在"真"与"善"合而不分的形态下,"真"的内在价值往往难以彰显,对"真"本身的追求也将由此受到抑制。中国文化固然并不否定明其真,从《易传》所确认的"类万物之情"到更普遍意义上"实事求是"的主张,都包含对明其真的肯定,但是"真"的意义常常又是通过"善"而得到确认,所谓"类万物之情"便被视为卦象(八卦)功能的体现。从某些方面看,在中国文化中,与认知过程相对独立意义的不彰相联系,明其真在认识意义上每每未能得到充分的关注。

明其真层面认知意义的淡化与评价层面价值意义的相对突出,往往相互关联,后者又进一步引向对知行过程现实之用的关注。在认识的领域，注重评价层面的价值常常导致突出具体之"术"而非普遍的原理。以前面提到的《九章算术》而言，尽管其中涉及一般的计算方法，但对这种方法的介绍更多地呈现"术"的意义，而有别于普遍数学原理的阐释。中国古代的科学技术固然早已萌生并发展，但后来却没有出现近代意义上的科学。这里的原因无疑是多方面的，但注重评价层面的求其善而相对忽视认知层面的明其真，似乎也构成其重要的原因。

二

认知与评价的互融既从认知的内容、旨趣等方面体现了中国文化对认知的理解，也从能知之维展现了以人观之的向度。与能知相关的是所知，就认知所指向的对象（所知）而言，中国文化同时又表现出以道观之的趋向，后者具体地渗入注重存在的关联性、整体性以及变动性、过程性等认知取向。

对中国文化而言，现实的对象首先以相互关联的形式存在。在社会的领域中，人与人之间的关系展现为不同形式的人伦，从亲子、兄弟、夫妇等家庭伦常到君臣之间的政治纲常，从长幼之序到朋友交往，人伦关系展开于道德、政治、日常社会生活各个方面，对人的理解相应地需要从这些社会关系入手。同样，在更广的对象领域，事物之间也彼此联系，所谓万物一体便可以视为对事物之间普遍关联的肯定。

事物的关系性质，规定了人的认知方式。肯定对象存在于关系之中，意味着肯定对象的多方面性：任何一种关系都涉及对象的不同属性。就对象与人的关系而言，它固然可能包含使人接受（可欲）之处，也往往有让人拒斥（可恶）的方面。就对象所涉及的时空关系而言，在空间上，有远近之异；在时间方面，有始终的不同，如此等等。事物在不同关系中的不同形态，要求从多重视域加以把握："圣人知心术之患，见蔽塞之祸，故无欲、无恶、无始、无终、无近、无远、无博、无浅、无古、无今，兼陈万物而中县衡焉。是故众异不得相蔽以乱其伦也。"① 所谓"无欲""无恶""无始""无终""无近""无远"，也就是超越单向度的视域，从不同的方面把握事物。值得注意的是，中国文化将认知意义上的多方面考察与避免"乱其伦"联系起来，"伦"所表示的即为不同意义上的关系。在此，存在的关系性质规定了认知的多方面性，与通过多方面的考察把握事物的真实关系表现出相关性和互动性。

从更为内在的方面看，事物之间的关系呈现为相互对立而又相互关联的两个方面。在中国文化看来，仅仅关注其中的一个方面，往往容易走向片面性。荀子在评论先秦诸子的思想时，曾指出："墨子蔽于用而不知文，宋子蔽于欲而不知得，慎子蔽于法而不知贤，申子蔽于势而不知知，惠子蔽于辞而不知实，庄子蔽于天而不知人。"② "慎子有见于后，无见于先；老子有见于诎，无见于信；墨子有见于齐，无见于畸；宋子有见于少，无见于多。"③ 这里涉及用（实质的功用）与文（形式的文饰）、欲（与意欲相关的目的）与得（达到目的手段或方式）、法（法律规范）与贤（内在德性）、天与人、先与后、齐（无别）与畸（有别）等关系。无论在社会领域，还是在更广意义上的世界，关系中的两个方面既相互区分，又彼此统一，由此构成了现实

---

① 《荀子·解蔽》。
② 《荀子·解蔽》。
③ 《荀子·天论》。

的存在。当人们仅仅限于一端时，便会产生"蔽"（片面之见），从而难以把握存在的现实形态。

基于关系所涉及的不同方面以把握事物，同时表现为从整体的角度考察对象。在整体中，事物的不同规定呈现统一的形态。如果与整体相分离，则事物的规定往往被赋予外在的性质。从整体的视域考察对象与外在于整体以理解对象，分别表现为两种认识方式，两者之别相应于"技"与"道"之分。"技"与"道"作为考察事物的不同视角，其各自的特点是什么？庄子曾以"庖丁解牛"作为事例，对此做了形象的说明。庖丁解牛的特点在于已由"技"提升到"道"。具体而言，他在解牛的过程中，一方面了解其不同的结构、部分，在此意义上，"目无全牛"；另一方面又把牛作为一个完整的整体来看待，而不是分别地执着或牵涉于牛之中互不相关的某一个部分，在此意义上，又"目有全牛"。在这里，"技"和"道"的区分体现在，仅仅限定于事物彼此区分的特殊规定，还是对事物做整体的、相互关联的理解。类似的看法也为儒家所肯定。前面提到，荀子在主张多方面地考察事物的同时，又特别提出"兼陈万物而中县衡"，"衡"即引导并判断认识的最高准则。具体而言，"何谓衡？曰，道。故心不可以不知道；心不知道，则不可道，而可非道"[①]。以道为衡，意味着将多方面的考察事物与基于道的整体把握结合起来。

从道的视域考察事物，在中国文化中常常被理解为"以道观之"。以道观之既涉及个体，又不限于个体。与认知和评价的互融相联系，中国文化所理解的认知，包括形上之域的认识，

---

① 《荀子·解蔽》。

后者所涉及的是更广意义上的世界。在形上之域，与"道"相对的，主要是"器"。道作为形而上者，体现了存在的整体性、全面性；器则表现为特定的对象。作为特定之物，"器"总是彼此各有界限，从而在"器"的层面，世界更多地呈现分离性，停留于此，往往将限定于分离的存在形态。由"器"走向"道"，意味着越出事物之间的界限，达到对宇宙万物统一层面的理解。

上述意义上的以道观之，与以人观之似乎呈现不同的向度。如前所述，评价与认知的互融，使认知过程同时呈现为以人观之。这既意味着在人与对象的关系中考察事物，而非仅仅指向本然或自在之物，又表现为从人的视域出发理解对象。后一层面的以人观之尽管与以道观之呈现相异的趋向，但两者并非彼此相悖。事实上，以道观之也是人的一种"观"：在其现实性上，这乃是"人"以道观之。荀子在谈到两者关系时，曾指出："圣人者，以己度者也。故以人度人，以情度情，以类度类，以说度功，以道观尽，古今一也。"① "以己度"也就是以人观之，"以人度人，以情度情，以类度类"与"以道观尽"（以道观之）则可视为"以己度"（以人观之）的不同形式。在荀子看来，"以己度"（以人观之）不仅可以取得"以人度人，以情度情，以类度类"等形式，而且也可以展开为"以道观尽"（以道观之）。这一看法既注意到人无法离开自身的存在对世界做抽象的思辨，同时也肯定了从不同角度理解对象与从整体上把握对象并非相互冲突。从认知的角度看，一方面，对事物的分别把握应当提升到整体的、统一的理解；另一方面，对事物的整体理

---

① 《荀子·非相》。又，"古今一"后原衍一"度"字，据王念孙说删。

解又需要基于对事物的多方面认识。前者有助于超越片面性，后者则为扬弃抽象性提供了前提。

在中国文化的视域中，道同时又体现于事物的变化过程，所谓"一阴一阳之谓道"便表明了这一点。这里的"一阴一阳"是指"阴"和"阳"两种对立力量之间的相互作用，"一阴一阳之谓道"所涉及的主要是世界的变迁、演化及其根源。作为现实的存在，世界不仅千差万别而又内在统一，而且处于流变过程之中，道便表现为发展、变化的一般原理。王夫之在谈到社会演化的历史特点时，曾指出："洪荒无揖让之道，唐虞无吊伐之道，汉唐无今日之道，则今日无他年之道者多矣。"① 这一看法从社会的层面，肯定了道与变化过程的联系。道与过程的相关性，同时也规定了以道观之的过程性。按中国文化的理解，对事物变化过程的把握，不仅限于社会领域，而且也指向自然对象。贾思勰在谈到谷物种植时，曾指出："谷田必须岁易。二月、三月种者为稙禾，四月、五月种者为稚禾。二月上旬及麻、菩杨生种者为上时，三月上旬及清明节、桃始花为中时，四月上旬及枣叶生、桑花落为下时。岁道宜晚者，五月、六月初亦得。凡春种欲深，宜曳重挞。夏种欲浅，直置自生。"② 谷物的生长随着季节、时间的不同而变化，就种植的适宜性而言，则有上时、中时、下时之别。人之种谷物，需要了解其变迁性，选择最适当的时间段。从认知的层面看，这里突出了把握事物变化过程的重要性，而对事物变迁性的把握又与人自身的实践

---

① 王夫之：《周易外传》卷五，《船山全书》第 1 册，岳麓书社，1988 年，第 1082 页。
② 贾思勰：《齐民要术·种谷》。

活动相关联。

　　作为中国文化的认知取向，从关联性、整体性、变动性（过程性）的维度考察对象，无疑具有某种辩证的性质。确实，相对于强调形式层面的严密性、程序性，中国文化在认知方面更注重思维的辩证性。从人自身的存在看，对关联性、整体性的关注，与中国文化突出人伦关系，注重从父子、兄弟、夫妇、君臣、朋友等社会关系中定位个体，无疑具有相关性。就语言与认知的关联而言，如前所述，汉语无论在形式结构，抑或实际运用方面，都具有关联性的特点。汉字首先关乎形，字形的组合所展现的关系便涉及空间性；汉字同时又与音无法相分，假借的运用便基于音，语音的作用则通过时间关系（时间中的前后绵延）而得到体现。汉字在总体上表现为形与音的交融，这种交融同时涉及空间关系与时间关系的统一；对汉字的掌握和运用，相应地离不开对形与形、音与形关系的关注。由此形成的语言习惯，也内在地影响着认知的方式：汉语构成的组合性、关联性，似乎也影响着运用汉语的认知过程对关联性、整体性的注重。

　　在更宽泛的层面，中国文化的以上认知取向与中国文化中的形上观念无法相分。如上所述，作为中国文化核心观念之一的道，便内在地包含着整体性、统一性的内涵。以此为范导性的原理，中国文化对万物之间、天人之际的考察，也更倾向于把握其中的关联性、统一性，所谓万物一体、天人合一等等，即体现了这一趋向。广而言之，传统的形上理论，从五行说到阴阳说，都既侧重关联性、统一性，也关注其中的动态性、过程性。在中国古典哲学的气论中，以上思维趋向得到了更综合的展现。气被理解为世界的基本构成，其形态不同于原子：原子彼此独立,气则无法相分。从时间上看,气具有绵延性、连续性;从空间上看,气又连为一片,难以分隔。同时,气不仅构成了物理世界的共同基础,而且往往既被规定为物质性的元气,又被理解为精神层面的志气、浩然之气等等。尽管对心与物的这种沟通带有某种思辨性,但这种理解本身又从更广的层面确认了存在的关联性、整体性。进而言之,气在形上之维又被赋予变动性、过程性。就气与万物的关系而言,一方面气聚而为物,另一方面万物又散而为气,气的聚散同时便体现了其变动性。与之相辅相成的是"气化流行",气的这种变化"流行"进一步突出了气的过程性。气论从本体论的维度体现了中国文化对世界的看法,气所具有的绵延连接、变化流行等品格,从形而上的层面制约着中国文化在认知上的相关取向。

就能知与所知的关系而言,作为认知的对象,事物本身以相互关联的形态存在,并展开为一个过程,事物的现实性也体现于其整体性、过程性。从这方面看,注重关联性、整体性以及变动性、过程性的认知取向,无疑为把握事物的现实形态提供了视域。然而当以上方面被不适当地强化时,往往也可能引发具有负面意义的趋向。在突出相互关联的背景下,事物之间或事物不同规定之间的关系每每成为首要的关注之点,而事物的具体规定、属性本身,即严复后来所说的"常寓之德"①则难以得到考察。以医学而言,传统的医学强调人体的整体性,并注重把握器官之间的关系。这无疑体现了整体的视域,但对不同器官的具体构造、性质,却未能做解剖学意义上的明晰考察,这对揭示人体的机理无疑也带来某种限定。

---

① 严复:《穆勒名学·部乙案语》。

对事物的认知，同时涉及因果性。关注对象的整体性、统一性，无疑有助于扬弃对因果关系的线性理解：事物联系的多方面性，决定了事物之间的因果联系难以单向地展开。然而在强调普遍联系、万物一体的前提下，事物之间具体的因果关联常常容易被掩蔽。对中国传统文化而言，阴阳之间的互动普遍地存在于事物之间。在对不同现象加以解释时，往往也诉诸阴与阳之间的这种普遍互动。以地震而言，何以会发生地震？早在先秦，伯阳父就从阴阳的关联加以解释："阳伏而不能出，阴迫而不能烝，于是有地震。"① 直到宋代，阴阳之间的关联仍被用来解释人与其他存在、夷与夏的差异所以形成的根源："独阴不生，独阳不生，偏则为禽兽，为夷狄，中则为人。"② 这一类解释显然没有深入事物的具体因果关联，它在相当意义上似乎主要给人提供某种形上的满足。确实，与注重整体性、关联性的认知取向有其形而上的根据相应，这种趋向的过度强化也有自身的形上限度。

三

以注重存在的关联性、整体性、过程性为形式的"以道观之"既基于对象的现实品格，又体现了具有辩证性质的认知方式。与辩证思维相关的是更广意义上的逻辑思维形式，后者在中国文化中首先与以类观之的认知取向相联系。

注重对类的把握，是中国文化的特点之一。从"五行"之说到《周易》的卦象，类都成为关注的对象。狭义上的五行与

---

① 《国语·周语》。
② 《二程集》，中华书局，1982年，第122页。

金、木、水、火、土等质料相涉，其中每一种质料都构成了特定的类，以五行说明世界，既涉及世界的构成（世界由什么构成），又关乎世界的分类（世界区分为哪些形态）。广义上的五行同时涉及精神世界，其内容包括仁、义、礼、智、信或仁、义、礼、智、圣①。这些规定既展现了德性的多样形态，也表现了规范的不同类别。与之相近，《易经》的卦象具有范畴的意义，每一卦象都分别涵盖不同类的现象，以卦象表示世界的不同方面，同时意味着以类观之。在科学的领域，类的观念同样渗入其中，以前面提到的《九章算术》而言，其中区分的方田、粟米、衰分、少广、商功、均输、盈不足、方程及勾股便涉及实践过程中的不同类别。广而言之，中国文化中所谓"物以类聚""人以群分"等等，也从日常思维的层面表现了对类的关注。

　　从认知的层面看，对类的关注具体表现为重视察类。考察类，侧重之点首先在于从类的角度把握事物的不同性质。荀子曾对水火、草木、禽兽、人做了比较②，其中同时涉及"类"的区分：从最广的视域看，以上四类存在都是由"气"构成的"物"，在这一层面，它们有相通之处，但同时这四者又各有不同的规定。这种不同规定使之形成类的差异，后者具体表现为无生命（水火）、有生命（草木）、有知觉（禽兽）、有道德意识（人）等方面的区分。每一层面的"类"都与其特定的规定相关，这种规定赋予对象以相应的性质。儒家所注重的人禽之辨，其着重之点也在于将人这一特定之"类"与人之外的其他"类"（禽兽）区分开来。这里固然存在类的不同层面之间的相关性：

---

① 参见郭店楚简《五行》。
② 《荀子·王制》。

无论是无生命（水火）、有生命（草木）、有知觉（禽兽）、有道德意识（人）等不同的对象之间，还是相对单一的人禽之间，都存在着"类"的关联，然而察类的重心却主要指向辨别不同的"类"。

与察类相联系的是以类论物。后期墨家已对此做了比较自觉的表述："夫辞，以故生，以理长，以类行也者。立辞而不明于其所生，妄也。今人非道无所行，唯有强股肱而不明于道，其困也可立而待也。夫辞，以类行者也，立辞而不明于其类，则必困矣。"①"辞"即命题或判断，它既是广义的立说形式，也具有认知的意义。包含认知内容的"辞"（命题或判断），需要论而有据（"以故生"），合乎规则（"以理长"），并基于相关之类（"以类行"）。"类"首先关乎同与异："类，谓同异之类也。"②物凡共具某种类的规定，则同属一类；不具有这种类的规定，则彼此相异。后期墨家特别强调"类"的重要，所谓"立辞而不明于其类，则必困矣"便表明了这一点。

从认知方式上加以分析，"以类行"同时意味着以"类"为推论的依据。在中国文化看来，推论应当建立在类的基础上，所谓同类相推，异类不比，也侧重于这一点：对象唯有在类的层面具有相同、相通或相似的规定，才能进行推论。这里的推论是就广义而言，包括演绎、归纳、类比。从逻辑的层面看，演绎涉及由一般到个别的推论，归纳的过程主要表现为从个别到一般，类比则关乎个别与个别之间或类与类之间。在推论方式上，演绎与归纳尽管推论的方向各异，但都基于个别与一般之

---

① 《墨子·大取》。
② 伍非百：《中国古名家言》，中国社会科学出版社，1983年，第426页。

间的纵向关系，类比则更多的是个别与个别或类与类之间的横向关联。作为推论的基础，类与个别、一般无疑具有相关性，但其间的关系又可以有不同的侧重。相对于关注蕴含于推论各项中的个别与一般以及它们之间的关系，中国文化对类本身予以了更多的注重。

就认知取向而言，从关注一般出发，往往容易引向普遍的理念或原理；以个别为关注之点，则可能进一步突出经验层面的个体或实体。在西方文化的衍化中，不难看到以上二重趋向。西方文化中的理念论，在理论上与突出存在的一般之维便存在内在关联，而西方科学对普遍原理的追求与之也具有逻辑的相关性。同样，在西方文化中的原子论背后，可以注意到对个别的关注，而西方科学对经验层面实质的规定或基质的重视，也体现了突出个体或个别的认知取向。比较而言，对"类"本身的注重，与突出一般和突出个别或个体都有所不同。相应于对"类"的注重，中国文化中既较少出现理念论这一类强化一般之维的理论趋向，也未能为普遍原理的追寻提供认知的前提；既没有使原子论这类与注重实体相关的理论趋向成为主流，也很少涉及对个体做穷尽性探究的实验科学。相对于纯粹形态的一般和个别，"类"一方面呈现普遍的涵盖性：多样的现象、规定都可归摄于某一种"类"；另一方面又具有某种可转换性，所谓"类与不类，相与为类"[①] 亦从一个方面表明了这一点。与之相联系的是："从其同者而综合之，不类者可以类。从其异者而分析之，类者可以不类。"[②] 较之一般与个别之间的界限性，"类"

---

① 《庄子·齐物论》。
② 伍非百：《中国古名家言》，第110页。

更多地表现出宽泛性和可过渡性：在宽泛的意义上，只要在某一方面或规定上相同、相近或相似，则可视为同一类；而不同的类从更高的层面看，又可归入同一类，这也就是所谓"不类者可以类"。从认知的层面看，对类的这种理解既蕴含开放性，从而避免将一般规定抽象化、绝对化或追求终极的实体，又可能导向不确定性、模糊性：当以类观之与类的相似（类似）相联系时，"是什么"的确定性追问便常常容易导向"似什么"的不确定比较。事实上，以明其类为认知的取向，以类的相通、相同、相近为推论的依据，确实在某种意义上使中国文化呈现以上二重特点。

以类观之不仅体现于推论，而且渗入更广视域中对事物的认知过程。对中国文化而言，从更本源的层面看，"类"的意义即体现于事物之间的关系，其具体形式表现为"物各从其类"："施薪若一，火就燥也；平地若一，水就湿也。草木畴生，禽兽群焉，物各从其类也。"① 火与燥、水与湿、草木的茂盛与禽兽的群聚之间，存在内在的关联，所谓"物各从其类"便指出了这种联系。在此，"类"主要被理解为事物之间的相关性，而察类或明其类则相应地意味着把握事物之间的联系。作为事物之间关联的体现，类在更内在的层面与理相涉："类不悖，虽久同理。"② 类的规定具有稳定性，即使经历时间的绵延，只要类的这种规定不变，则事物之间的联系也依然保持其稳定性。"理"本身即展现为事物的稳定联系，认知过程中的推论即基于"理"所体现的这种稳定联系：所谓"类不悖，虽久同理"，同时即构

---

① 《荀子·劝学》。
② 《荀子·非相》。

成了推论所以可能的前提,也正是在此意义上,中国文化强调"以类取,以类予","推类而不悖"①。

以"理"为内在规定,"类"同时体现了事物的内在秩序或条理。从认知的层面看,基于类的视域考察对象,则表现为对多样现象的整治:"以类行杂,以一行万;始则终,终则始,若环之无端也,舍是而天下以衰矣。天地者,生之始也;礼义者,治之始也;君子者,礼义之始也。为之,贯之,积重之,致好之者,君子之始也。"②所谓"以类行杂",也就是通过把握内在于"类"之理,使纷杂的现象呈现为有序的系统,由此进而作用于对象世界("为之,贯之,积重之,致好之")。这一过程也被理解为"举统类而应之":"法先王,统礼义,一制度;以浅持博,以古持今,以一持万;苟仁义之类也,虽在鸟兽之中,若别白黑;倚物怪变,所未尝闻也,所未尝见也,卒然起一方,则举统类而应之,无所拟作,张法而度之,则晻然若合符节。"③这里的"统类"体现了类之中的内在融贯性,"举统类而应之"不仅可以统摄、条贯已有的现象,而且能够从已知推断未知,并进一步应对"未尝闻""未尝见"的现象。在此,以类观之既表现为事物的条理化,也表现为依据对类的把握,作用于对象。

以类观之不仅涉及对事物的把握,而且与理解人自身相联系。在谈到自我与圣人的关系时,孟子曾指出:"故凡同类者,举相似也,何独至于人而疑之?圣人,与我同类者。"④根据这一看法,则从同一类中的不同个体都具有类的相似性,便可推

---

① 《墨子·小取》《荀子·正名》。
② 《荀子·王制》。
③ 《荀子·儒效》。
④ 《孟子·告子上》。

出:普通人与圣人作为人(相同之类),也具有这种相似性。这里的着重之点,在于肯定个体之间在类的层面上的相似或相通。对个体与类关系的以上理解,同时意味着将个体归属于类;所谓"圣人与我同类"便在肯定人性平等的同时,蕴含了个体以"类"相属之意。就人的存在而言,类的归属所指向的乃是群体的归属。从这方面看,以类观之与群体的观念无疑又存在内在的关联。

当然,圣人与我同类所体现的并不仅仅是群体归属的观念,它同时内在地包含实践的取向,并表现为成圣的价值追求。正是从圣人与同类的前提出发,中国文化形成了"人皆可以为尧舜"[①]的信念,这种信念又具体展开为成就圣人的道德实践过程。如前所述,类的观念所蕴含的实践取向,在前面提到的"以类行杂""举统类而应之"等思想中,已得到多方面的展现。由肯定自我与圣人在类的层面的相通性而强调"人皆可以为尧舜",进一步以人这一特定之"类"为视域,展开了以上思想。广而言之,与人这一特定之"类"相关的实践,不仅仅限于成圣的道德之域,它同时也体现于政治、法律等领域:"有法者以法行,无法者以类举。以其本知其末,以其左知其右,凡百事异理而相守也。庆赏刑罚,通类而后应。"[②]这里所说的"以类举""通类而后应",可以视为以类观之的实践趋向在治国或社会治理过程中的多样展现。

类既涉及不同层面的蕴含关系,也关乎同异关系。草木包含于植物这一"类",植物又包含于生物这一"类",其间体现

---

① 《孟子·告子下》。
② 《荀子·大略》。

的便是类的蕴含关系。水火不同于草木，草木不同于禽兽，这种不同则体现了类层面上的同异关系。从类的角度考察事物，既可以指向类的蕴含关系，也可以专注于类的同异关系。就逻辑推论而言，演绎的过程更多地涉及类的蕴含关系，类比则首先关乎同异关系。中国文化对类的考察固然同时兼涉以上二重向度，但相对而言，其关注之点往往更多地指向同异关系。以类的归属而言，尽管这种归属关系也关乎类的从属性、包含性，但在中国文化中，它通常又主要被置于同异之辨的论域，所谓"圣人与我同类"便表明了这一点。

在同异关系的视域中，以类观之涉及个体与类或个体与个体之间的关联。个体如何被归属于某一类？不同的个体如何被作为同一类加以把握？从认知方式的层面看，这里的前提在于发现个体之间或个体与类之间的相同、相近或相似之处，而对这种相同性、相近性或相似性的把握则离不开想象、联想。与之相关的是对类比的注重：尽管推类包含多重推论形式，而不能等同于类比，但类比无疑构成了中国文化认知世界的重要形式。从逻辑上看，作为同异关系体现形式的类比，与注重想象、联想具有更多的相关性。一般而言，演绎主要基于相关对象之间蕴涵性：它要求严格地限定于蕴涵关系，而非以想象等方式超出这种蕴涵关系。在此意义上，演绎需要的首先不是想象，而是对蕴涵关系的把握。比较而言，类比（analogy）的基础主要不是蕴涵关系，其侧重之点在于同异之辨。从后一方面看，类比不仅在于从已知对象在某些方面类似，推论两者在另一或另一些方面也类似，而且在于通过发现不同对象之间的相同、相近、相似之处，由相关对象的某一规定联想到另一对象的类似规定，由此或者在理论层面推进对相关对象的理解，或者在实践的层面更有效地作用于对象。在此，想象或联想具有重要的作用。在谈到人体器官的功能时，《黄帝内经》曾指出："心者，君主之官也，神明出焉。肺者，相傅之官，治节出焉。肝者，将军之官，谋虑出焉。胆者，中正之官，决断出焉。膻中者，臣使之官，喜乐出焉。脾胃者，仓廪之官，五味出焉。大肠者，传道之官，变化出焉。小肠者，受盛之官，化物出焉。肾者，作强之官，伎巧出焉。三焦者，决渎之官，水道出焉。膀胱者，州都之官，津液藏焉，气化则能出矣。凡此十二官者，不得相失也。"[①] 在此，作者根据君和臣在社会结构中的不同职责与器官在人体中不同作用的相似性，对后者的具体功能做了形象的概述。器官功能与社会职能本来属于不同的类，但通过联想或想象，又可看到两者的某种相近或相似之处，并在功能上被归入相近之"类"。不难看到，想象或联想在这里展现了重要的作用：实体上不同的类，通过想象，在功能上便可以作为相近或相似之类来把握。基于想象而达到的这种类比，既生动地推进了对人体器官的理解，又为诊断、治疗的实践活动提供了依据。

从类的视域考察，则不同事物或领域如果在某一方面具有相同、相近、相似之处，便可作为相近之类加以理解。韩非子在考察政治领域的实践活动时，曾有如下论述："宋人有酤酒者，升概甚平，遇客甚谨，为酒甚美，县帜甚高，著然不售，酒酸。怪其故，问其所知长者杨倩。倩曰：汝狗猛耶？曰：狗猛则酒何故而不售？曰：人畏焉。或令孺子怀钱挈壶瓮而往酤，而狗迓而龁之，此酒所以酸而不售也。夫国亦有狗，有道之士怀

---

① 《黄帝内经·素问·灵兰秘典论篇》。

其术而欲以明万乘之主，大臣为猛狗，迎而龁之，此人主之所以蔽胁，而有道之士所以不用也。"① 售酒之家若有凶猛之狗，则人们往往不敢前去买酒，这是日常生活领域的现象；朝廷若有类似猛狗的大臣，则有道之士便不敢前来向君主进言，这是政治领域的现象。两者虽属不同的领域（日常生活之域与政治实践之域），但在拒人于门外这一点上又有相近或相似之处。从认知过程看，尽管这里的推论不能简单地理解为从日常生活领域的某种关系（"狗猛"导致酒"不售"）引申出政治领域中的相关现象，但这里确实又涉及不同领域之间的类比。这种类比不同于基于蕴含关系的推绎，而是基于想象以彰显其中的"类同"关系；它对深化政治领域中关于相关实践的理解，无疑具有实质的意义。

　　基于某一方面的类似而做自由的联想，由此获得或推进对相关事物的认知，这种"以类观之"的形式与汉语言的构成和运用方式也存在某种相关性。关于汉字的构成与运用，《周礼》已提出六书之说。《汉书·艺文志》把六书解释为象形、象事、象意、象声、转注、假借。许慎的看法与之相近，其在《说文解字·叙》中，将六书具体表述为指事、象形、形声、会意、转注、假借。随着假借、转注、形声等成字方式的出现，汉字的"象形文字"意义在实质上已淡化。这里特别值得注意的是假借。假借亦即由某字之音，联想到与该音相关的其他字，它的运用乃是基于联想。从汉语的历史衍化看，假借与言语和文字之间的非同步性相关：某一语音符号一开始可能仅有语音，而无文字，亦即"有音而无字"，因而只能以同音的其他文字代为

---

① 《韩非子·外储说右上·说三》。

表示。假借既与表达相关,也与理解相联系。无论是以假借的方式表达某种意义,还是对假借意义的理解,都离不开想象或联想。在解释"武"的原始含义时,刘熙曾提出如下看法:"武,舞也,征伐动行,如物鼓舞也。"① 这是由"武"与"舞"在语音上的相近,追溯与军事活动相关的"武"与早先舞蹈活动的相关性,由此为理解"武"的原始含义提供了一种视域。从认知的角度看,这里渗入了基于"音"的相通而展开的联想,这种相通亦属广义的"类同"。类似的联想尚有"道,导也,所以通导万物也","义,宜也,裁制事物使合宜也",如此等等。②"道"与"导"、"义"与"宜"在此也呈现为假借的关系,而这种假借又都表现为根据音的"类同"而展开的联想。汉语运用中的联想当然不仅仅基于"音",事实上,汉语的特点首先在于与"形"相联系。其中既涉及早先的单体之"文",如"日""月",也关乎复合之"字",所谓"独体为文,合体为字"③。文字的意义常常可由"形"加以推想,包括从其偏旁推知其所属之"类",如由某字的"氵"之偏旁,联想该字表示之意与"水"相涉;由"犭"偏旁,联想该字与动物或动物品格相关联,等等。尽管汉字的运用一再要求与"望文生义"保持距离,但无论在识字抑或实际运用文字的过程中,基于"形"的联想依然发挥着重要作用。汉字构成、运用过程中所涉及的"类同"观念以及与之相关的联想性趋向,既可以视为中国文化注重以类观之的具体体现,又从语言的层面构成了这种认知取向形成

---

① 刘熙:《释名·释言》。
② 刘熙:《释名·释言》。
③ 郑樵:《通志·总序》。

的重要根源。

　　进而言之，如前所述，汉语的另一重要特点是系动词的晚出，以及系动词的非严格使用，这一语言特点同样对中国文化以类观之的认知取向具有内在影响。在非严格运用系动词（对以"是"连接主词与谓词的相对淡化）的背景下，类的区分与类的归属关系常常都呈现宽泛的特点，所谓"类同"每每基于某一方面或某一点的相似。与之相联系，认知过程往往满足于"似"什么（类似）的想象或联想，而不是追求对"是"什么的严格判定。同时，就类所涉及的不同关系而言，类的蕴含关系更多地与对"是"什么的确认相联系，同异关系则可基于"似"什么。系动词（"是"）的相对淡出，也使类的同异关系获得更多的关注，而类的蕴涵关系则难以被置于更为主导的地位。

　　"似"什么对于"是"什么的相对优先，一方面在一定意义上抑制了非此即彼的独断趋向，另一方面也容易引向强化对事物理解的主观视域，而弱化对事物本身的认知。以汉代董仲舒对天人关系的看法而言，其中确乎涉及对天的多重解释，诸如："以类合之，天人一也。"①"求天数之微，莫若于人……天之数，人之形，官之制，相参相得也。"②"天地之符，阴阳之副，常设于身，身犹天也，数与之相参，故命与之相连也。"③ 等等。这里无疑也体现了以类观之，但对天与人之间所做的这种类比主要基于外在的相似性，它所满足的主要是一定历史条件下特定主体对天人关系解释的需要。以上解释固然包含了某种实践的

---

① 董仲舒：《春秋繁露·阴阳义》。
② 董仲舒：《春秋繁露·官制象天》。
③ 董仲舒：《春秋繁露·人副天数》。

旨趣（被赋予目的性规定的天，同时被视为规范君主行为的最高主宰），但以类比为形式的如上解释并未实质地推进对天与人本身的认知。尽管中国文化很早已注意到类与理之间的关联，然而当外在的相似性被提到不适当的地位时，以类观之便可能离开对事物真实关系的理解，引向外在的比附。

四

以人观之通过认知与评价的交融，使认知过程不同于与人悬隔的抽象思辨；以道观之进一步趋向于整体和过程的视域；以类观之则既引向"类同"，也趋向于"类似"。前者（以人观之）体现了认知过程与人的相关性，后两者则以存在的具体形态为指向。与人的相关性，意味着认知意义的判定无法与人相分；关注具体的存在形态，则使认知意义的形成难以离开特定的知行之境。以此为背景，在中国文化中，认知过程进一步导向明其宜。

从语义的层面看，"宜"有适宜、应当、适当等含义。本然的对象不存在"宜"或"不宜"的问题，"宜"的内在意义乃是在人的知行过程中所呈现。当认知仅仅指向事物本身时，通常并不发生"宜"与否的问题，然而当广义的评价引入认知过程后，"宜"或"不宜"便成为认知过程难以回避的问题。就社会的运行而言，依礼而行构成了其中重要的方面。礼本身又基于理，后者与分辨、条理、秩序相联系，而如何由礼-理建立秩序，则关乎"宜"："礼者，因人之情，缘义之理，而为之节文者也。故礼者，谓有理也。理也者，明分以谕义之意也。故礼出乎义，义出乎理。理，因乎宜者也。"[①] 这里的"宜"不同于

---

① 《管子·心术上》。

抽象的原则，而表现为礼义行为的适当性，"因乎宜"意味着内含"理"的礼以适宜、适当为有效作用的前提。与"礼"相关的是"法"，后者在另一意义上与人的实践活动相联系并涉及规范的运用，而这种运用过程同样离不开"宜"，所谓"法异则观其宜"①便表明了这一点："法"属一般的规范，规范对实践的引导以"宜"为其指向，而是否为"宜"则取决于是否具有对于相关实践活动的适宜性。在这里，认知与评价的交融，具体便表现为把握实践过程之"宜"。

以知行过程为视域，"宜"首先与正当性相关。一般而言，人的活动过程是否具有正当性，在形式的层面取决于其是否合乎一定的价值原则。然而，一方面，行动本身展开于一定的实践情境，这种情境不仅具有变动的特点，而且呈现多样的形态；另一方面，价值原则本身非单一而抽象，而是表现为一种相关的系统。不同情境中展开的行动与不同价值原则之间的关系，往往难以限定于某种绝对不变的形式。在某一背景下缺乏正当性的行为，在另一条件下可能获得正当性。以先秦时代的交往方式而言，"男女授受不亲"是判断行为正当性的准则，但在某些特定的情况下，行为的正当性却并不以是否合乎以上原则来确定。例如，当兄嫂不慎落水之时，便可不受"男女授受不亲"这一原则的限制。事实上，此时如果拘泥于以上原则，倒将使行动失去正当性："嫂溺不援，是豺狼也。"②《中庸》所谓"义者，宜也"，也可以视为对上述观念的肯定："义"与"仁""礼"处于同一序列，关乎价值之域的"正当"，"义"（"正当"）与否

---

① 《墨子·经上》。
② 《孟子·离娄上》。

则因"宜"而定。在这里,"宜"具体表现为达到正当性的适当条件,而"明其宜"则意味着对这种条件的把握。对中国文化而言,在伦理、政治等领域,认知过程便以把握相关之"宜"为其重要指向。

"宜"不仅涉及正当性,而且关乎有效性。有效性主要与目的和手段之间的互动相联系,其意义也体现于达到目的的方式和过程。目的与手段本身有多样的表现形态,从实践活动到理论活动,知与行的过程在不同形式上都关乎目的与手段。如何确定目的实现过程的有效性?在这一方面,中国文化很少追求绝对不变的判断准则,而是更多地以"宜"为出发点。以此为视域,有效地实现相关目的,意味着选择适当的手段、以合乎特定情境的方式达到目的。质言之,有效性与适宜性之间呈现内在的一致性。以中医的治疗活动而言,按中医的治疗原则,不同个体如果患同一种疾病,其治疗的方式,包括用药的剂量,往往并不相同,这种不同主要基于个体身体状况(包括体质、性别、年龄等方面)的差异,治疗是否有效则取决于治疗的手段和方式是否适合于这种不同特点。在这里,实践的有效性与适宜性便难以相分,而从认知过程看,对两者关联的把握则表现为"明其宜"。

以上趋向同样体现在理论性的活动中。宽泛而言,理论性的活动既涉及立说,也包括论证。论证的有效性固然关乎论据的可靠性、论证过程的合乎逻辑,等等,但同时也与论证是否具有说服力相关,后者从另一个方面体现了"宜"。在中国文化中,立说和论证常常并不仅从逻辑的层面追求严密性,而是更多地注重相关论说是否具有实际的说服力。如果说,前者指向形式层面的普遍性、必然性,那么,后者则首先追求实质层面的有效性。从具体的论说方式看,其过程往往注重"机宜"(灵活)性:"其法有分有合,有释有证,有譬有喻,或偏举,或全举,不拘一格。"① 这里涉及不同方式的运用,究竟选择哪一种方式或哪几种方式,则视具体的需要而定。如上的论证过程当然也循乎规范,并相应地渗入了规范性,然而与实质的有效性与形式的有效性之分相应,规范性也有形式与实质的分野。以注重实质层面的有效性为内在趋向,中国文化在认知过程中往往更突出实质的规范性。就论证这种理论性的活动而言,规范性的意义在于提供更具有说服力的论说,这种论说同时构成了规范本身有效性的判断依据。在这里,不存在无条件的、普遍适用的论证模式,论证的有效与否以是否适合于不同的论证目的、论证背景为条件。论证与特定情境的适合性展现了另一重意义上的"宜",对其把握同时构成了"明其宜"的具体内容之一。

逻辑的论辩与语言相关联。从语言的运用看,中国文化区分了"名"与"谓",名家对此尤为关注:"关于名谓之分,古代名家极重视之。"② 名即形式的名称、概念,"谓"则是主体在一定条件下赋予"名"以意义。后期墨家对"名"与"谓"已做了明确区分:"名:达、类、私。""谓:移、举、加。"③ "达"即涵盖性较大的名词或概念,如"物";"类"表示某一类对象的名词或概念,如"马";"私"则类似专名,表示特定个体。"移"有命名之意,如"狗,犬",亦即将"狗"命名为"犬";

---

① 伍非百:《中国古名家言》,第64页。
② 伍非百:《中国古名家言》,第511页。
③ 《墨子·经上》。

"举"表示对象的形态,如"狗,吠";"加"则表示人的作用,如"叱狗"。①"名"的含义相对确定,"谓"的意义则与不同的运用背景相联系。"狗,犬"是以"犬"指称狗这一对象,通过这一指称,一方面作为对象的狗得到了指谓,另一方面"犬"这一名称也获得了具体含义;"狗,吠"表示狗的状态,通过这一描述,不仅作为对象的狗之特点进一步得到彰显,而且"狗"之名的含义得到进一步丰富;"叱狗"则从人与狗的关系中,显现狗这一对象的特点(如需要人对其加以管束)以及"狗"这一名称的价值含义("叱"内含某种价值意蕴)。通过"谓"而呈现的以上意义都离不开一定的情境,即使是"狗,犬"这样一种表述,也涉及特定主体对狗的理解。

可以看到,"名"与"谓"之分,关乎语言运用中形式层面的一般之名与具体情境中意义生成的关系。近人对名谓之分曾有如下阐释:"名与谓之分,一为言之所陈,一为意之所指。言陈,人人所同。意指,随时随地而异。又如'南'之名,指我所谓北之对方也,此名也。假如有人在中州,以燕为北,越为南。异时再过越之南,则以越南为南,越为北。"②"谓"作为意之所指,总是具有语境性。"南"作为一般的名,表示与北相对的方向,这一含义相对确定,但当人基于特定地点而以"南"加以指谓时,"南"的具体指谓便有差异。同样,"狗"这一名表示的是某种动物,这一含义也具有相对确定性,但在"狗吠""叱狗"等"谓"的过程中,与具体语境的不同相应,"狗"这

---

① 参见《墨子·经说上》。"狗,吠",原作"狗,犬",与前句重,据谭戒甫说校改。
② 伍非百:《中国古名家言》,第511页。

一名也分别与"吠"的主体、"叱"的对象相联系,获得了不同的意义。从明其宜的视域看,这里的重要之点在于通过"名"与"谓"的协调,以形成、把握名言的具体意义。"名之用在于静,谓之用在于动。"①"名"本身以静态形式呈现,当名仅仅停留于自身而未与不同语境相联系时,其意义往往具有抽象的特点,所谓"言陈,人人所同"即表明了这一点。"谓"则涉及多样的指谓,仅仅限定在"谓"的形态下,意义往往呈现相对性,所谓"意指,随时随地而异"便涉及此。在名言的实际运用中,一方面需要超越"名"的静态性,将其应用于特定语境中的指"谓"过程;另一方面又不能仅仅限定于特定情境,无视"名"的普遍内涵,而应运用"名"加以"谓"。"名"与"谓"的适当结合,便表现为语言运用过程中"宜",而名言的具体意义则生成于这一过程。

名运用于社会领域,便与礼相联系,先秦儒家提出的正名之说便体现了名与礼的关联。在礼的运作过程中,明其宜的要求得到了更具体的体现。礼作为规范系统,具有节文的作用。"文"即文饰,"节"则是对人的言行之调节。人的言行唯有合乎礼,才能不仅在实质的层面获得正当性,而且在形式的层面呈现得体、合适的形态。如前所述,作为规范系统,礼包含普遍的原则,然而与法不同,礼所包含的原则并不仅仅呈现绝对性,而是具有可变通性。中国文化所注重的经权之辩,便涉及礼所包含原则的绝对性与可变通性的关系:对"法"而言,不存在经与权的关系问题,礼的运用过程则面临并需要处理两者的关系。前文所提到的"男女授受不亲",即体现了原则的普遍性

---

① 伍非百:《中国古名家言》,第511页。

("经"),"嫂溺援之以手"则表现为原则的变通("权"):"明乎经变之事,然后知轻重之分,可与适权矣。"① 唯有当对普遍原则的制约与一定情境下对原则的变通得到恰当的协调,行为才具有合宜的性质。这里的合宜既指价值性质上具有正当性,也指行动方式上呈现得体性。对中国文化而言,依礼而行的前提是对经权之间适宜性的把握,完美的人格(圣人)的特点也体现于这一方面:"宗原应变。曲得其宜,如是然后圣人也。"②

在明其宜、得其宜的过程中,把握"时"构成了重要的方面。《易传》便将随时、因时提到了极为突出的地位:"应乎天而时行,是以元亨。"③"时止则止,时行则行,动静不失其时,其道光明。"④ 所谓"时行",也就是根据具体的时间条件和特定情景灵活应变。在此,能否因时而变、待时而动,直接涉及主体自身的成败安危。顺时则吉,失时则凶,"随时"被视为规范行为的基本原则。所谓"随时之义大矣哉"⑤,便多少反映了这一点。如果无视"时"的适当性,则将对实践活动带来危害:"动有害,曰不时。"⑥ 从另一方面看,正如"得其宜"构成了完美人格(圣人)的内在品格一样,注重"时"也被视为这种完美人格的重要特征。在评价孔子时,孟子便肯定:"孔子,圣之时者也。"⑦ 这里的"时"并不是外在于人的时间绵延,在"时行""随时"中,"时"的意义乃是在人的行动和存在过程中显现

---

① 董仲舒:《春秋繁露·玉英》。
② 《荀子·非十二子》。
③ 《周易·彖传·大有》。
④ 《周易·彖传·艮》。
⑤ 《周易·彖传·随》。
⑥ 《黄帝书·经法》。
⑦ 《孟子·万章下》。

出来的。以人的行动为背景,明其"宜"与把握"时"呈现了内在的一致性。"时"与"宜"的这种统一,在早期法家那里也得到了肯定,从如下论述中便不难看到这一点:"礼法以时而定,制令各顺其宜。"①

在生活、实践的过程中,明其宜构成了中国文化认知取向的重要内容。以中医的治疗活动而言,治病需要参照药方,然而药方所涉及的是普遍的治疗方案,而并未反映每一个体的特定状况,这样药方的运用总是有其限定:"诸方者,众人之方也,非一人之所尽行也。"② 在实际的运用中,需要根据个体之所宜,对普遍涵盖众人之状的药方做个性化的处理。病各有所宜,治病(包括针灸)需要"任其所宜":"皮肉筋脉各有所处,病各有所宜,各不同形,各以任其所宜,无实无虚,损不足而益有余。"③ 质言之,实践中的"任其所宜"以"明其所宜"为前提。对象之"宜"作为其存在的适当条件,诚然外在于人,然而通过人的认知过程,这种"宜"又能为人所把握,并进而引导人在践行中合其宜:"盖物之宜虽在外,而所以处之使得其宜者,则在内也。"④ 在此意义上,明宜与合宜的过程同时表现为内与外的互动。

广而言之,"宜"既涉及理,又关乎事。在中国文化中,"理"指必然与当然;"事"则不仅与实然相关,而且与多样的情境相联系。实践过程的合宜,一方面需要依循必然与当然,

---

① 《商君书·更法》。
② 《黄帝内经·灵枢·病传》。
③ 《黄帝内经·灵枢·九针》。
④ 朱熹:《朱子语类》卷五十一,《朱子全书》第 15 册,上海古籍出版社、安徽教育出版社,2002 年,第 1682 页。

另一方面又需要合乎具体的情境。与之相应，明其宜也以对事与理的双重把握为前提。实践过程之"宜"，同时表现为合乎一定的"度"：在达到相关实践过程的最适当形态这一点上，适"宜"与适"度"具有一致性，明其宜在此意义上则意味着走向度的智慧。基于理与事的统一，以明其宜、求其度为内容的广义认知过程在更内在的层面融合了以人观之、以道观之和以类观之的视域。

认识论中的盖梯尔问题[①]

一

知识的形成作为一个过程，以能知与所知之间的互动为其现实的内容。然而，对知识的理解往往存在抽象化的趋向。当代认识论中的所谓"盖梯尔（E. Gettier）问题"，便较为典型地体现了这一点。在当代西方哲学中，知识常常被理解为经过辩护或确证的真信念（justified true belief），这种知识观念的源头每每又被追溯到柏拉图。20世纪60年代，盖梯尔在《分析》（*Analysis*）杂志发表了《得到辩护的真信念是知识吗》（"Is Justified True Belief Knowledge?"）一文，对以上知识观念提出质疑。在该文中，盖梯尔主要通过假设某些反例来展开其论证。他所设想的主要情形为，假定史密斯和琼斯都申请某个工作，又假定史密斯认为自己有充分根据形成如下命题："琼斯将获得那个工作，并且琼斯口袋里有十个硬币。"（命题1）以上命题又蕴含如下命题："将获得工作的那个人口袋里有十个硬币。"（命题2）盖梯尔又进而假定，史密斯了解命题1蕴含命题2，并

[①] 原载《哲学动态》，2014年第5期。

且在相信命题 1 有充分根据的基础上接受了命题 2。这样，他对命题 2 的信念既是真的，又得到了辩护，而按照前面的知识定义（知识即经过辩护的真信念），这种得到辩护的真信念即应同时被视为知识。由此，盖梯尔又进一步假定，最后是史密斯而不是琼斯获得了那份工作，而史密斯碰巧也有十个硬币在口袋。根据这一最后的结果，则命题 1（琼斯将获得那个工作，并且琼斯口袋里有十个硬币）并不真，而从命题 1 中推论出的命题 2（将获得工作的那个人口袋里有十个硬币）则是真的，因为最终获得工作的那个人——史密斯本人——口袋里确有十个硬币。然而，尽管史密斯关于命题 2 的信念得到了辩护，但他实际上并不真正具有关于命题 2 的知识，因为在形成命题 2 之时，他既不知道最后获得工作的是他本人，也并不清楚自己口袋里有多少硬币。由此，盖梯尔对"经过辩护的真信念即为知识"这一知识观念提出了质疑。①

这里暂且不讨论被认为是源自柏拉图的知识界说是否合理，也先不议盖梯尔一连串假定的随意性（包括将"获得某种工作"与"口袋有多少硬币"这些外在事项随意地牵连在一起），而首先关注盖梯尔在知识论域中的以上推理过程。按其性质，被视为知识表现形式的信念同时可以被视为一种广义的意向。从意向的维度看，信念总是内含具体的指向性："将获得工作的那个人口袋里有十个硬币"这一知识信念，具体地指向特定背景中的事实或关系，在以上例子中，它以"琼斯将获得那个工作，并且琼斯口袋里有十个硬币"为具体的指向。同样，知识信念

---

① 参见 E. Gettier, "Is Justified True Belief Knowledge?", in *Analysis*, Vol. 23, No. 6 (June 1963), pp. 121 - 123。

中的相关概念、名称或广义的符号也总是指向具体的对象。在"将获得工作的那个人口袋里有十个硬币"这一信念中,"将获得工作的那个人"非泛指任何人,而就是指琼斯:所谓"将获得工作的那个人口袋里有十个硬币",其实质的内涵就是"琼斯将获得那个工作,并且琼斯口袋里有十个硬币"。既然琼斯实际上并没有获得那份工作,那么,命题1("琼斯将获得那个工作,并且琼斯口袋里有十个硬币")就并非真正基于充分根据之上。换言之,尽管史密斯"认为"自己有充分根据形成琼斯将获得工作的"真"信念,但这种信念一开始就缺乏可靠的基础,不能在现实的意义上赋予"真"的品格。与之相应,从没有真实根据的命题1推出的命题2,也无法真正被视为得到辩护的信念。

不难看到,盖梯尔对知识的讨论方式呈现明显的抽象性趋向:这不仅在于它基本上以随意性的假设(包括根据主观推论的需要附加各种外在、偶然的条件)为立论前提,而且更在于其推论既忽视了意向(信念)的具体性,也无视一定语境之下概念、语言符号的具体所指,更忽略了真命题需要建立在真实可靠的根据之上,而非基于主观的认定(如前面例子中史密斯"以为"自己有充分根据推断琼斯将获得工作)。从能知与所知的关系看,这种讨论方式基本上限定于能知之域,而未能关注能知与所知的现实关联。进而言之,在盖梯尔的以上例子中,"琼斯将获得那个工作,并且琼斯口袋里有十个硬币"与"将获得工作的那个人口袋里有十个硬币"被视为可以相互替换的命题,这种可替代性又基于"琼斯"与"将获得工作的那个人"的可替代性。然而,从逻辑上说,"琼斯"与"将获得工作的那个人"之可彼此替代,其前提即是两者所指为一:两者指涉的是同一所知。一旦将能知与具体的所知隔绝开来,则往往导向抽象的意义转换。盖梯尔将"将获得工作的那个人"之具体所指(琼斯)转换为琼斯之外的他人(史密斯),便表现为一种抽象的意义转换。从现实的形态看,无论就意向言,抑或从概念看,其具体的意义都不限于单纯的能知,而是同时关涉所知。忽略了能知与所知的真实关系,仅仅限定于抽象的能知之域,便将使信念(意向)和概念失去具体的所指,从而既无法把握所知,也难以达到对知识的确切理解。

二

如前文所提及的,将知识理解为经过辩护或确证的真信念(justified true belief)通常被归源于柏拉图,盖梯尔在上述论文中也蕴含着对这一点的肯定①。这种看法无疑有其依据,因为柏拉图在《泰阿泰德》篇中,曾借泰阿泰德之口,提及了当时关于知识的一种观点,即:"伴随解释(逻各斯)的真实信念(true belief)就是知识,未伴随解释的信念则不属于知识的范围。"② 然而在同一篇对话中,柏拉图又通过苏格拉底之口指出:"不论是知觉,还是真实的信念或真实的信仰加上解释,都不能被当作知识。"③ 不难看到,对泰阿泰德提及的以上知识观念,柏拉图并没有完全予以认同。柏拉图的正面看法体现于以下界说:"对'什么是知识'这一问题,我们的定义是正确的信念加

---

① 参见 E. Gettier, "Is Justified True Belief Knowledge?" 一文中的脚注 1。
② Plato, *Theaetetus*, 201d, *The Collected Dialogues of Plato*, Princeton University Press, 1961, p. 908.
③ Plato, *Theaetetus*, 210b, *The Collected Dialogues of Plato*, Princeton University Press, 1961, p. 918.

上对差异之知（correct belief together with a knowledge of a difference）。"① 尽管柏拉图也肯定后者（对差异之知）与解释相涉，但这一关于知识的定义与"经过辩护的真信念（justified-true belief）"的观念显然并不完全重合。就此而言，通常被视为柏拉图关于知识的界说，显然不能全然归之于柏拉图。

从更本源的层面看，将知识理解为"经过辩护的真信念"，在逻辑上意味着把知识归结为某种形态的"信念"。按其本来形态，"信念"更多地表现为主体的一种态度或心理倾向，以信念为知识的表现形态，似乎容易将认识论意义上的知识问题引向心理之域。同时，以"真"为知识的要素，在逻辑上则蕴含着将知识等同于真理的可能，由此便难以在认识论上将一般意义上的知识与真理加以区分。黑格尔在谈到真理与信念时，曾指出："客观真理跟我的信念仍然是不同的。"② 这一看法无疑已有见于真理与信念之间的分别。

在广义的视域中，知识无法与人的知行过程相分离；具体而言，它既关乎对象，也涉及人自身的观念活动和实践活动。从知识与对象的关系看，它首先表现为对所知（the known）的把握，这种把握通常取得断定或判断的形式。在感知的层面，单纯的感觉（如"红"这一类视觉）尚不构成知识，唯有形成某种判断（如"桃花是红的"），才表明形成了知识。理论层面的知识同样呈现以上特点，单纯的概念（如"马"）并不是严格意义上的知识，唯有取得判断的形态（如"马是动物"），才能

---

① Plato, *Theaetetus*, 210b, *The Collected Dialogues of Plato*, Princeton University Press, 1961, p. 918.
② 黑格尔：《法哲学原理》，商务印书馆，1982年，第160页。

呈现出真正的知识意义。康德认为普遍必然的知识以先天综合判断为其形式,无疑也注意到了知识与判断的以上关联。在认识论的论域中,以判断为形态的知识同时表现为命题性知识。这种命题性知识的特点之一,在于包含"真"或"假"的性质。

引申而言,知识同时与人的观念活动和实践活动相关联。命题性知识以知道什么(knowing that)为内涵,与人的观念活动和实践活动相关的知识则以知道如何(knowing how)为内容。所谓"知道如何",既涉及"如何知",也关乎"如何行",两者在知行过程中常常相互关联。与之相关的知识往往并非呈现为显性的命题,而是以隐默的形式体现于知行的具体过程之中。它的判断标准也相应地主要不是内容的"真"或"假",而是能否有效、成功地达到知或行的目的。当然,关于"如何知""如何行"(knowing how)之知并非与如其所是地把握相关对象和过程完全无涉。从终极的层面看,对相关对象的作用过程总是表现为以现实之道还治现实之身。在此意义上,知道如何(knowing how)与知道什么(knowing that)很难截然相分。不过,就其具体的内容而言,关于知道如何(knowing how)之知主要不是以对对象的描述、把握为目标,而是源于知行过程并以这一过程的有效展开为直接的指向。与之相关,它更直接地与实际的"做"和"在"相联系,而不是以言说和陈述为形式。在这方面,知道如何(knowing how)之知无疑有别于知道什么(knowing that)的命题性知识。

由以上背景考察则不难注意到,将知识视为"经过辩护的真信念",本身很难视为对知识的恰当理解。一方面,如前所述,以信念为知识的形态,在逻辑上容易导向主观的心理之域并在实质上略去了能知与所知的关系:尽管"信念"之前被加上了"经过辩护""真"的前缀,但在以上的知识论视域中,这一类规定往往更多地限于逻辑层面的关系和形式,而未能在"信念"与"所知"之间建立起现实的联系;另一方面,这种知识观念每每趋向于将知道如何(knowing how)意义上的知识置于视野之外:作为知识的"信念"总是同时被赋予命题的形式,而命题性知识则相应地被视为知识的主要存在形态。

上述形态的知识观念,既是盖梯尔责难的对象,又限定了盖梯尔本人对知识的理解:盖梯尔之所以未能超出能知而指向所知,与他的知识视域始终未超出西方哲学史中的以上知识观念不无关系。事实上,盖梯尔之设想诸种例子质疑"经过辩护的真信念"这一知识观念,并非旨在完全否定对知识的这种理解,而是试图通过提出相关问题,使他所概述和批评的这种知识观念在回应上述问题的过程中走向完善。历史地看,在盖梯尔提出问题之后,当代西方哲学中的认识论确实也做了种种努力,以完善以上知识观念。然而,这种知识论所内含的理论偏向与盖梯尔"问题"中自身所存在的问题,又决定了这种努力往往并不成功。

智慧、意见与哲学的个性化
——元哲学层面的若干问题

从实质之维看,哲学表现为对智慧的探求、对性道的追问;就形式的方面而言,"哲学"可以理解为概念的运用过程,其中包括概念的分析。进而言之,如果从狭义上的智慧追寻转向广义的智慧性思考,那么作为意见的哲学观念也可以融入哲学。在此意义上,作为智慧之思的哲学可以涵盖作为意见的哲学。同时,应当区分哲学的结论和哲学的定论。哲学需要有结论,但是结论不等于定论:定论往往只能接受,不可怀疑和讨论,但哲学的结论则可以放在学术共同体中做批判性的思考。对哲学的不同回答,同时与不同的哲学进路、哲学家的个性差异相联系。从根本上说,哲学本身便表现为对智慧的个性化追求。

一

"什么是哲学"这一问题的提出本身就是一种哲学的追问。如果对古今各种关于哲学的论说做一概览,便不难注意到,对"如何理解哲学"这一问题的讨论很多,相关的定义也不少,但迄今尚未形成完全一致的看法。罗蒂曾直截了当地对"什么是哲学"这一问题提出质疑①，这一立场从一个方面表明，对以上问题的提法本身就有不同理解，如果欲就这一问题给出一个普遍都能接受的回答，则更不是一件容易的事情。

不过，从另一角度看，"什么是哲学"这一问题本身又具有开放性。尽管定义式的回答很困难，但是每一个从事哲学思考的人从各自的立场出发，仍可就这个问题做出自己的理解。总体而言，对哲学的理解离不开哲学的历史，对"什么是哲学"这个问题的回答同样也需要基于哲学的历史：这里最适当的方式就是回过头去看一看，历史上的哲学家们——古希腊以来的西方哲学家们、先秦以来的中国哲学家们——是怎么说、如何思的，他们提出了一些什么问题，又以怎样的方式回答这些问题，真实的哲学就存在于哲学史的这一思与辨的过程之中。如果从以上角度加以考察，那么对于"什么是哲学"的问题，也许可以基于中国哲学和西方哲学这两种形态，形成一个大概的理解——虽然这不一定是严格的定义。

首先，追本溯源，哲学（philosophy）的含义与"智慧"相关，可以概括为"智慧之思"。这一事实表明，哲学的起源一开始即与"智慧"联系在一起。谈到"智慧"，便自然要考虑"智慧"与其他观念形式的区别，为什么哲学与"智慧"相关？作为智慧之学，哲学与其他学科到底有什么不同？这一问题涉及"智慧"与"知识"之间的关系。如所周知，"知识"主要与"分门别类"的学科相联系，它的典型形态可以说是科学，中国近代将"science"翻译成"科学"（分科之学）也有见于知识—科学的以上特点：作为一种知识性学科，"科学"以"分科"为

---

① 参见杨国荣：《思想的长河》，北京师范大学出版社，2010年，第12页。

智慧、意见与哲学的个性化

其特点，而分科则意味着分门别类地讨论、理解世界上各种不同的对象。在分科的同时，科学以及更广意义上的知识也包含自身的界限，从物理、化学、生物等自然科学到政治学、经济学、法学等社会科学，都有各自的界限。

然而，人类在理解这个世界的过程中，除了分门别类地了解不同的领域和对象之外，还需要一种整体的视域。事实上，世界在被各种知识形态分化之前，其本身并不仅仅以分化的形态出现，而是同时呈现为相互关联的整体。这样，要把握世界的真实形态，便不能限定在知识的界限之中，而需要跨越知识的界域。事实上，"智慧"最基本的特点便在于跨越知识的界限，从不同于分化了的知识的层面去理解真实的世界。从认识世界这个角度来看，这种理解无疑是不可或缺的。以上是就"philosophy"这一概念的源头而言。

从中国哲学来看，中国古代没有"philosophy"意义上的"哲学"这一概念：尽管"智"和"慧"古已有之，但是"philosophy"意义上的"智慧"，其出现则是近代以后的事。然而这并不是说，中国历史上没有前面提到的"智慧"这样一种观念。这里需要区分"观念"与"概念"。

就"观念"这一层面而言，可以说，中国古代很早就有与西方的智慧探索一致的追问，这一追问集中地体现在中国哲学关于"性与天道"的探索之中。"性与天道"的讨论在中国古代很早就已开始，尽管孔子的学生曾经感慨："夫子之言性与天道，不可得而闻也"①，但这一感慨并不是说孔子完全不讨论"性与天道"或与之相关的问题：反观《论语》就可知道，孔子

---

① 《论语·公冶长》。

关于"性"与"道"具有非常深沉的见解。这里的主要问题在于，他讨论问题的方式不具有思辨性，对性与天道也非离开人的具体而真实的存在加以追问。在"性与天道"之中，"性"在狭义上指的是"人性"，广义上涉及"人的存在"，"道"则关乎世界的存在原理，"性与天道"总体上就是关于人与世界的普遍原理。在中国哲学中，从先秦开始，指向以上问题的追问就绵绵不绝。中国哲学不仅实际地追问关于"性与天道"的问题，而且表现出自觉的理论意识。从先秦来看，儒家一系很早就区分"形而上之道"与"形而下之器"，"器"关乎知识、经验、技术层面的追问，与此相对的"道"则是区别于知识、经验、技术层面的总体上的原理。同样，在道家那里，很早就形成"技"与"道"之分，在"庖丁解牛"的寓言中，庄子便借庖丁之口，提出"技"进于"道"。其中的"技"属广义的知识、经验之域，"道"则超越于以上层面，这里已经比较自觉地将经验性的探求与"道"的追问区分开来。

在中国古典哲学与中国近代哲学之交，哲学家对"性与天道"方面的探求形成了更自觉的理论意识，这一点具体体现在龚自珍的思想系统之中。如所周知，龚自珍既是中国古典哲学的殿军，也是中国近代哲学的先驱。他在总结清代主流学术——乾嘉学派的特点时，对当时的主要学科做了分类，并具体区分了十个门类，其中大部分是特定经验领域的学科，如训诂学、校勘学、金石学、典章制度学等等；在此之外，他还特别列出与之不同的另一学科，即"性道之学"。可见，在中国哲学家那里，对"性道之学"作为一种不同于技术、经验、知识层面的追问，在近代以前已经有了自觉的意识。总之，作为现代意义上的"哲学"这一概念在中国诚然较为晚出，但是其中所隐含的观念，即作为一种理解世界的独特方式，则在较早时期就已出现了。

法国当代哲学家德勒兹曾与人合著《何为哲学》（What is Philosophy），该书也表达了对哲学的理解，其基本的看法是哲学首先表现为一种创造概念（creating concepts）的活动。这里的"创造概念"主要指出了哲学在形式层面的特点。本文前面所说的哲学对智慧的探求、对性道的追问，则主要是就实质内容上而言。从形式的层面看，也可以把"哲学"理解为概念的运用过程，其中包括概念的构造和概念的分析。现代西方哲学中的分析哲学主要便侧重概念的分析，其他一些学派如现象学则更多地侧重于概念的创造，不管具体形态如何不同，两者都涉及概念的运用过程。概而言之，从把握世界这一视域看，哲学在形式层面的特点在于通过概念的运用展开智慧之思，由此走向真实、具体的世界。

二

前面提到，就其本源而言，哲学不能离开哲学的历史：我们无法悬置以往的历史，凭空构想一套观念，说"这就是哲学"。换言之，谈论哲学的时候，需要以哲学本身的发展历史为根据。正是以此为背景，前文指出了哲学与智慧之思或智慧追寻之间的关联。然而关于智慧，我们也可以从不同的角度来理解。一些学人把哲学主要归于"意见"，这与本文在前面对哲学所做的理解显然有一些区别。但这两者并非绝对地相冲突。从一开始提到的对哲学的理解——哲学与智慧具有相关性，涉及对智慧的探求——出发，可以对哲学思考做进一步的理论区分。英国哲学家威廉姆斯（B. Williams）曾提出过两个概念，一个是真或真实（truth），另一个可视为真实性（truthfulness）。① 宽泛而言，"真"或真实是比较确定的东西，如果你有充分根据说某一现象或观念真，那就不能随意怀疑；"真实性"则可以理解为一个不断向真趋近的过程。在某种意义上，有关智慧的问题也不妨做类似的理解：我们可以区分"智慧"之思和"智慧性"的思考。就广义而言，智慧性的思考都可归入哲学，在这种智慧性的思考过程中，知识、意见都可以视为哲学之思的题中应有之义，都应该允许被纳入其中。哲学不是独断的，任何特定学派、任何特定个体，都不能宣称唯有其理论、观念是智慧的探求，而其他都不是。哲学本身可以允许多方面的看法，如果我们从狭义的智慧追寻转向广义的智慧性思考，那么作为意见的哲学观念也可以融入进来。在此意义上，作为智慧之思的哲学可以涵盖作为意见的哲学。

这里可以简略提及，对哲学本身可以有两个层面的理解。追本溯源，从历史角度来看，哲学是与智慧的探求、性与天道的追问相联系的，但是近代以来尤其是当哲学进入大学教育系统，成为专门的学习科目之后，它在相当意义上也取得了学科性和知识性的性质。按照本源意义，作为智慧的探求、性与天道的追问，哲学不是学科：学科属知识、科学之域。但是在近代以来大学的学科体系中，哲学渐渐成为招收学生、授予学位的一个专业，在这一意义上，它已取得学科性的形式。作为一种专业，哲学也涉及很多知识性的东西，比如说古希腊有多少哲学家，有多少哲学学派，他们各自有什么观点；中国古代从先

---

① B. Williams, *Ethics and the Limits of Philosophy*, Fontana Press, London, 1985, pp. 198 - 202.

秦以来有多少哲学家、多少学派，某一哲学家如孔子生于何地、何时，等等。对这些方面的把握，都带有知识性。以此为背景，我们对哲学的理解也可以稍微宽泛一点，这也就是我曾多次提到的，可以把它理解为学科性和超学科性的一种融合：在本源的意义上它是超越学科的，在近代以来的形态下它又取得了某种学科的性质。作为包含知识之维的学科，哲学的追问、探求过程同样允许大家有不同意见。从这方面看，在广义的哲学——趋向于智慧或智慧性的思考中，确实可以融入不同意见。

进而言之，当我们将哲学观念同时理解为一种意见时，这种看法的实质性的含义之一在于承认哲学是一种自由思考：意见不同于独断的教条，在此意义上，以哲学为意见意味着从事哲学思考的人们可以自由地提出自己的看法，而不是独断地定于一尊。在这里，同时要区分哲学的结论和哲学的定论。哲学需要有结论，提出一种意见便表明了自己的一种主张，这同时意味着给出某种结论。但是，结论不等于定论：定论往往只能接受，不可加以怀疑和讨论，但哲学的结论则可以放在学术共同体中做批判性的思考。从更广的视域看，结论不等于定论还隐含另一重含义，即哲学作为一种趋向于智慧化的思考，同时展开为一个过程：它不是一蹴而就地、静态地止于某一个阶段。

肯定哲学观念具有某种意见的性质，是不是会导向相对主义？对此可以给出不同层面的理论回应。首先，认为哲学是一种意见，具有自由思考的形式，并不是说它可以没有任何依据，可以天马行空式地、随意地提出任何观点。按照中国传统哲学的看法，哲学思考至少基于两个条件：言之成理、持之有故。言之成理、持之有故的核心含义，就是要进行逻辑论证。作为一种概念性的活动，哲学的思考不是给出一个意见就完事了，而是必须进行理论的论证：为什么这样说，依据何在？给出理由和根据的过程，也就是说理和论证的过程。一定的学术共同体可以按以上前提，判断某一意见是不是站得住脚：如果其整个论证是合乎逻辑、有根据的，那么至少可以在形式的层面肯定，这一意见可备一说。总之，哲学作为开放的系统，可以允许各种不同意见，但以意见的形式展开的自由思考需要言之成理、持之有故。

哲学同时涉及经验层面的验证。前面已提到，哲学作为一个与学科相关的系统，包含着知识性的内容，如哲学史上某一个哲学家诞生于某地，提出了某种学说，等等。这些都是经验性的东西，可以用经验知识的层面（如历史考证）来证明。当然，哲学之中还包含形而上层面的问题，对这些问题的论证相对而言比较困难。但对这类问题，也并不是绝对或完全不能加以任何论证。历史上的哲学家曾提出如下一类问题：我现在看到房间里有桌子，但如果我出去以后再回来，桌子还存在吗？这涉及"存在"问题，属形而上之域。对这一类形而上层面的问题，常识无须加以理会，但哲学却需要加以关注。有关这一类形而上的问题，同样不能完全随心所欲地立论，而是应当做哲学的论证，这种论证往往需要诉诸人的生活实践或人的生活过程本身。事实上，对于个别事物存在与否的问题，我们可以用日常的生活过程来确证。一个陷入思辨幻觉的哲学家，可以完全否定这个杯子的存在。但是一旦他感到口渴，要喝水了，他就会意识到眼前盛水的杯子不是虚幻的，而是实实在在可以满足其饮水需求的东西。进一步说，对于更广意义上的"存在"问题，便需要用人类总体生活加以不断验证。人类的存在展开为一个历史过程，一些形而上问题也需要通过人类总体生活的不断延续来加以验证。生活实践的过程诚然包含相对性，但同时也具有确定性和绝对性，后者从一个方面为拒绝相对主义提供了根据。当然，在哲学层面，仅仅诉诸日常经验是不够的，同时需要基于具体的理论和逻辑论证。历史地看，哲学家确实也试图从不同方面提供这种论证。

三

如果对"什么是哲学"以及诸如此类问题进一步加以追溯，便可注意到哲学领域中的不同进路以及哲学思考的不同方式。当人们试图对哲学给出不同界说的时候，这种界说实际上已体现了思维以及思考者本身的个性差异。对哲学的不同理解，与不同的哲学进路、哲学家的个性差异往往相互联系。与此相应，哲学本身事实上可以被视为对智慧的一种个性化追求。谈到个性化的追求，只要回过头去看一看古希腊哲学、先秦哲学以及古希腊以来到现代的西方哲学、先秦以来到今天的中国哲学，就可以注意到，没有千人一面的哲学家，每一个哲学家都有鲜明的个性——只要他是真正的哲学家。

以近代哲学而言，康德与黑格尔便展现了两种不同的哲学进路。康德哲学的重要特点之一是"划界""区分"：现象与自在之物，感性、知性与理性，理论理性与实践理性，以及真、善、美之间，都存在不同形态的界限。尽管他似乎也试图对不同领域做某种沟通，但在其哲学中，划界无疑表现为更主导的方面。相对于康德之趋向于划界，黑格尔似乎侧重于扬弃界限、再现世界的整体性，他本身由此更多地关注世界的统一、综合、具体之维。当然，黑格尔在总体上表现出"以心（精神）观之"的取向，对现实的存在以及现实的知、行过程往往未能真切地加以把握，这种终始于观念的基本哲学格局使黑格尔难以达到现实的统一。

　　要而言之，从智慧的追求这一方面来看，哲学的探求本身并非只有一条道路，而是呈现多样化和个性化的趋向。从智慧之思的如上展开中，既可以看到哲学系统的多样性，也不难注意到哲学家本身的不同个性特点。

如何做哲学[①]

如何做哲学？这一问题涉及哲学研究的方式和进路。哲学在考察世界的同时，也不断进行自我反思，"如何做哲学"的追问与"何为哲学"的省思则彼此相关。从一般方法论的意义上看，作用于对象的方式和对象本身的规定之间具有一致性：可以说，对象的性质从存在的层面决定了人作用于对象的方式，同样哲学作为把握世界的独特形态，也规定了我们做哲学的方式。

一

就其表达形式而言，"哲学"一词属现代汉语。从西方思想的背景看，"哲学"以"philosophy"来表示；从中国传统的文化背景看，与"哲学"相应者则为"性道之学"。事实上，龚自珍已经把"性道之学"与其他专门之学（知识学科）区分开来，将其列为把握世界的独特方式。从实质的层面看，不管是西方的"philosophy"，还是中国的"性道之学"，作为"哲学"这一现代汉语概念的对应者，都表现为对"智慧"的追求。按其内

[①] 本文内容基于作者2015年12月在上海中西哲学与文化研究会年会上的发言，后刊于《哲学动态》2016年第6期。

在的品格，智慧不同于对世界的知识性把握：知识主要以分门别类的方式展开，其典型形态表现为科学。分门别类意味着对经验世界不同对象、不同方面、不同领域的追问，与之相关的特定知识领域往往彼此相分，由此常常形成各种界限。对真实的世界，不能仅仅限定于互有界限的层面之上，而是需要跨越界限，后者构成了哲学意义上的"智慧"区别于"知识"的内在特点。

在哲学的如上形态中，哲学的研究和思考过程与哲学家的生活过程往往相互交融。无论是先秦时代的孔子，还是古希腊的苏格拉底，其哲学思考和生活过程都呈现彼此重合的特点。对于这一时期的哲学家而言，哲学的探索和日常的生活实践难以截然相分，以中国哲学的观念表述，即为学与为人无法分离。此所谓"为学"，包括广义上的智慧追求或哲学探索，"为人"则涉及具体的践行过程。孔子很注重为"学"，《论语》首篇《学而》便从不同方面讨论有关"学"的问题，其中的"学"也关乎智慧的追求。对孔子来说，真正意义上的"学"（包括广义的智慧追求）并不是闭门思辨的过程，如果一人能够做到"敏于事而慎于言，就有道而正焉"，便可以称之为"好学"。"敏于事而慎于言，就有道而正焉"属具体的做事、生活过程，以此为"好学"，表明包括智慧追求的"为学"过程即融入实际生活中的为人过程。按孔子的理解，一个人只要对相关的人生理念身体力行，并实际地处理好各种人伦关系，则"虽曰未学，吾必谓之学矣"。[1] 从如何做哲学的视域看，以上观点意味着宇宙人生智慧的探索即展开于多样的社会生活过程。

---

[1] 参见《论语·学而》。

近代以后，哲学开始进入大学的教育系统，成为诸多学科中的一种。哲学曾被视为科学之母，但到了近代，各门科学逐渐分化出来。与这一分化过程相伴随的是知识与智慧之间愈益明显的分野：在学科没有分化之前，知识与智慧之间的区分往往隐而不彰，但是随着学科的分化，两者之间的区分便逐渐显性化。分化的各种学科主要关乎知识领域，与之相对的则是智慧之域。从实质的方面看，近代的哲学在取得学科形态的同时，又进一步展现了哲学作为智慧之思的品格，并以此区别于分门别类的知识进路。

从形式方面看，哲学在取得学科形态之后，往往更为自觉地表现为运用概念来展开思维的过程。这种概念性的活动每每取得不同的形式。它可以是对概念的理性化运用，与之相应的是逻辑层面的思维活动，在笛卡尔、斯宾诺莎、莱布尼茨等近代哲学家那里，概念的运用都与逻辑思维的过程联系在一起。概念运用也可以以非理性化的方式展开，哲学史上的直觉主义、意志主义便往往以非理性的方式运用概念。这里需要注意的是，直觉主义、意志主义固然不同于理性主义，但却依然离不开概念的运用，如作为意志主义代表人物的尼采便提出并运用了"权力意志""永恒轮回"等概念，在柏格森这样的直觉主义者那里，其思想则与"绵延""创造进化"等独特的哲学概念相联系。

即使哲学论域中的神秘主义，也并非与概念完全相分离。按照罗素的说法，神秘主义的特点在于拒斥分析性的知识，强调不可分的统一[①]。这一意义上的神秘主义固然常常与个体性的

---

① 参见 Bertrand Russell, *Mysticism and Logic*, Doubleday & Company, 1957, pp. 8 - 11。

体验、领悟、感受等相联系,但当它作为哲学共同体中的一种形态而呈现时,也总是要诉诸某种概念,如"大全""太一"等。当然,直觉主义、意志主义和神秘主义总是试图与程序化的逻辑思维保持某种距离,其概念的运用也有别于逻辑的推绎,而与直觉、意志以及神秘体验等非理性的规定联系在一起。

要而言之,在取得学科形态之后,哲学一方面在实质意义上越来越呈现出以智慧追求为指向的特点,另一方面在形式层面上则更为自觉地表现为运用概念而展开的理论思维活动。以上趋向当然并非仅仅存在于近代以来"做哲学"的过程中,在取得学科形态之前,哲学探索同样关乎以上方面。但是在传统的形态中,实质意义上的智慧之思和形式意义上的概念的活动这两个方面与哲学家的生活过程往往融合在一起,从而与之相关的"做哲学"方式与哲学取得学科形态之后有所不同。

就当代而言,哲学的进路呈现出不同的趋向。首先可以关注的是20世纪初以来的分析哲学,其特点在于将语言的逻辑分析作为"做哲学"的主要方式。从历史的角度看,这种哲学进路所强化的,乃是哲学作为概念活动这一形式层面的规定。由此,它进而趋向以语言的逻辑分析为哲学活动的全部内容。20世纪以来另外一个重要哲学思潮是现象学,在一定意义上可以说,它从实质的层面上强化了哲学作为智慧之思这一规定,这种强化同时又与突出意识联系在一起:相对于分析哲学之关注语言,现象学更为注重意识。尽管现象学的奠基者胡塞尔早期以所谓反心理主义为旗帜,但实质上现象学乃是以意识为本,从意向性到本质的还原、先验的还原,再到纯粹意识、纯粹自我,等等,现象学的这些观念都与意识的考察相联系。胡塞尔追求作为严格科学的哲学,而达到作为严格科学的哲学形态又以确立最本源的根基为前提,这种根基具体表现为通过本质的还原、先验的还原而达到的纯粹意识或自我意识。对胡塞尔而言,"纯粹意识"或"纯粹自我"既具有明证性,又呈现直接性:它没有中介,不可再加以追溯,从而表现为最原始的基础。可以看到,现象学的进路基于对意识的关注,而与本源意识相联系的,则是智慧之思的思辨化、抽象化趋向:如果说,分析哲学从强化形式层面概念活动出发而导向了实质层面智慧之思的弱化,那么,现象学则由赋予意识以本源意义而使智慧之思趋于抽象化、思辨化。

在更宽泛的层面上,当代哲学中同时可以看到智慧的知识化趋向。与哲学取得学科形态,成为某种专门之学相联系,哲学往往趋向于知识化。今天哲学的划分方式,也在某种意义上体现了这一趋向,从事哲学研究的学人成为某一领域的"专家"。对哲学的这种分门别类的、专家式的把握形态,从一个方面具体地表现了哲学的知识化趋向。这些现象从不同的层面表明,哲学正在疏离于智慧的形态而趋向于专门化、知识化,而哲学家也逐渐成为专家、职业工作者。

尼采已开始注意到哲学的如上趋向。尽管他主要生活在19世纪后期,并没有看到20世纪以后哲学在以上方向上的具体变化,但对哲学在近代以来所出现的知识化和专门化趋向,已有较为敏锐的察觉。在《善恶的彼岸》一书中,尼采指出:哲学家往往"让自己限定于某处并使自己专门化,从而他不再达到他应具有的高度,不再具有超越限定的视域,不再环顾四周,不再俯视一切"。[1]"专门化"无疑涉及学科意义上的知识化,"超

---

[1] Friedrich Nietzsche, *Beyond Good and Evil*, §205, *The Philosophy of Nietzsche*, Random House, 1927, p. 501.

越限定的视域"则意味着哲学的本然形态。这里已注意到专门化对哲学本然形态的偏离。

海德格尔在后期喜欢讲"思"而不是"哲学",在他看来,我们之所以未思,是因为所思离我们而去。① 他把"思"与一般意义上的"知道"特别地区分开来。这些看法,在一定意义上可能也是有鉴于近代以来主流哲学越来越倾向于知识形态,而海德格尔本人则似乎试图用不同于知识化的"思"来表示其心目中对哲学本来形态的理解。当然,把"思"与哲学完全区分开来,并不能理解为一种合理的进路:事实上,作为哲学内在形态的智慧追寻,同样可以展现为"思"。

在当代哲学中,塞拉斯(Wilfrid Sellars)对此也已有所关注。在谈到哲学与其他学科的不同之点时,塞拉斯曾指出:"哲学在重要的意义上没有特定的对象,如果哲学家有这种特定的对象,他们就会转而成为一批新的专家。"② 与特定的知识不同,"哲学活动的特点,就是注目于整体"。由此,塞拉斯对仅仅将哲学理解为对已有思想进行分析的观念提出了批评,认为与综合相对的单纯的分析,将导致"琐碎"(a triviality)。③ 如果说,对哲学与特定对象、哲学家与专家的区分以反对哲学的知识化为前提,那么,对哲学琐碎化的批评则有见于哲学知识化所引发的消极后果。

在今日中国,同样可以看到类似的趋向。具体而言,智慧

---

① Martin Heidegger, *What is Called Thinking?*, Harper Perennial, 1976, p. 7.
② Wilfrid Sellars, Philosophy and the Scientific Image of Man, in *In the Space of Reasons: Selected Essays of Wilfrid Sellars*, edited by Kevin Scharp and Robert Brandom, Harvard University Press, 2007, p. 370.
③ Ibid., pp. 371 - 372.

的知识化在这里往往表现为研究的还原,即哲学的研究还原为哲学史的研究,哲学史的研究进一步还原为思想史的研究,思想史的研究最后还原为学术史的研究,学术史的研究又主要关乎文献的疏证、史实的考察等等。这种还原的直接后果,是哲学的思辨消解于历史的考辨,与之相应的则是智慧之思的退隐。

  智慧知识化的另一重表现是道流而为技。以疏离形而上学为总的背景,向具体的知识性学科趋近成为哲学中的一种进路,其关注之点往往指向经验领域的各种特定问题,如基因、克隆、人工智能等。哲学固然需要关注现实及其变迁,但如果主要限定于特定的领域和对象,则又难以使向道而思的智慧旨趣与经验层面的技术关切真正区分开来。

二

  以上考察,从不同方面展现了哲学之思的历史进路,它同时构成了今天思考"如何做哲学"的前提和背景。哲学的形态当然可以具有个性的特点,哲学的探索也需要展现不同的风格,但从普遍的视域和方式上看,"做哲学"总是涉及若干基本的关系和问题。

  (一)以人观之和以道观之

  以人观之既关乎所"观"的对象,也与"观"的主体相涉。哲学的追问指向人和人的世界,所谓人和人的世界,具体而言也就是进入人的知、行领域中的存在。这种存在不同于本然意义上的自在之物,也非与人完全不相干的洪荒之世。就"观"的主体而言,以人观之表现为"人"之观。这一意义上的以人观之,既有别于以宗教论域中的上帝之眼来看存在,也不同于从人之外的动物来考察世界。宗教论域中的上帝被赋予绝对、超验的性质，人则不是宗教意义上的绝对者，也并非如宗教所理解的上帝那样全知全能。人无法像上帝那样去理解世界，只能从自身出发去考察这个世界。同时，从人的视域理解这个世界，也区别于以动物的眼光去看外部存在。动物的特点之一在于受到自身物种的限制：每一种动物都归属于某一类的存在，并受到它所从属之物种的限制而无法超越。尽管今天经常看到动物的权利、动物的解放之类的提法，似乎动物可以以自己的眼光来看待这个世界，但事实上，所谓动物的权利、动物的解放并未超出以人观之的眼光：按其实质，这是人从自身的角度赋予动物以某种地位。换言之，这乃是人给动物立法，而不是动物自身为自己展现的一幅世界图景。总之，人既不是以上帝之眼去考察存在，也不是以动物之眼去看世界，而是从人自身的存在境况出发去理解这个世界。这种存在境况包括人的需要、人的能力、人的历史发展，以及这种历史发展所形成的社会形态。以上述背景为前提去理解和考察世界，具体即展现为以人观之的过程。从根本上说，本然的存在、自在的世界并没有意义，意义乃是相对于人而言的，意义的生成也与人自身的知、行过程无法分离。人对世界意义的敞开，归根到底基于人自身的视域。

哲学对世界的理解既表现为以人观之，又展开为以道观之。以道观之意味着非停留于经验的层面，而是源于经验又升华于经验。与之相联系，对世界的这种把握方式也不同于知识层面的理解。知识总是指向世界的某一个领域、某一个方面，并有自身特定的对象和界限。哲学作为具有超学科性品格的思想形态，则以智慧的追寻为其内在旨趣。这一进路同时也规定了哲学无法限定于某一特定对象和领域,而总是试图把握事物之间、不同领域之间的关联,并追求对世界的整体性的理解。在这方面,"做哲学"的过程展现了不同于知识性或经验性的进路。从存在之维看,在真实的世界被知识划分为不同领域和对象之前,其本身是统一和相互关联的,从而把握真实的存在不能仅仅限定于彼此相分的状况,而需要进一步把被知识分离开的方面沟通起来。在前述智慧知识化的背景之下,"以道观之"同时可以视为向智慧的回归。

作为哲学视域的体现,"以道观之"也意味着追问人和世界中本源性的问题。科学追求"真",哲学则进一步追问"何为真""如何达到真";道德追求"善",哲学则进一步追问"何为善""如何达到善";艺术追求"美",哲学则进一步追问"何为美""如何形成审美的意识",如此等等。就人的日用常行而言,其形态主要表现为人的实际生存过程,哲学则进一步追问这种生活过程的意义,以及如何达到理想的人生。日常生活中的人对人生意义往往"日用而不知",一旦人开始自觉地反思生活的意义,哲学的意识便开始萌发。

概要而言,治哲学需要有大的关怀,从传统论域中的"性与天道"到今天面临的"社会正义",等等,这些根本性的问题都应当成为哲学关注的对象。如果仅仅停留在技术性的关切或特定的知识经验之上,哲学便会自限于具体学科的层面,其作为智慧之思的意义亦将不复存在。把哲学加以知识化、技术化和应用化,从对象的角度来看意味着存在的碎片化,从哲学的层面来看则意味着智慧的消解。"以道观之"所要克服的,便是此种趋向。中国哲学很早就提出"下学而上达"的要求,其中亦涉及以上视域:"下学"关乎对世界的知识性、经验性理解,

"上达"则意味着由日常的经验知识，进一步引向"性与天道"的终极性关切。

作为"做哲学"的两个方面，"以人观之"与"以道观之"并非相互隔绝。所谓"以道观之"，归根到底乃是人自身"以道观之"。人一方面从自身出发去考察世界，另一方面又努力以道的视域去理解世界。正是人自身在广义的认识过程中不断跨越知识的界限，追问世界中本源性的问题，由此实现"下学而上达"。

（二）理论思维与概念性活动

以人观之和以道观之的统一，主要在实质的层面体现了哲学之思的特点。从形式的层面看，哲学又以理论思维的方式把握世界，并相应地表现为运用概念的活动。以概念活动为形式，赋予哲学以不同于艺术和科学的特点。艺术首先借助于形象，科学主要基于实验和数学的运演，哲学的思想则总是凝结于概念之上：新的哲学思想的形成或者通过新概念的提出而实现，或者通过对已有概念的重新阐发而展现出来。

哲学作为运用概念而展开的理论思维活动，首先涉及概念的生成和辨析。概念的生成可以取得两种形式，其一是"新瓶装新酒"，也就是通过新的概念的提出以表达新的思想；其二为"旧瓶装新酒"，亦即通过对已有概念的阐发来发展某种哲学的观念。从历史上看，庄子提出"齐物"之论，便是以新的概念阐发其形而上及认识论方面的独特思想。孔子则以"仁"这一概念为其儒学系统的核心，尽管"仁"在《诗经》《尚书》中都已出现，但孔子却通过对"仁"的创造性阐发而提出了新的哲学思想。与概念生成相关的是概念辨析，后者主要表现为对概念的界定和解说。哲学的概念不能停留于模糊、混沌的形态之中,需要对此做确定的界说;唯有如此,才能既成为哲学共同体中可以批评、讨论的对象,又在实质的层面展现思想的发展。

概念的运用同时展开于判断和推论的过程。正如知识通过判断而确立一样,哲学的观点也以判断或命题为表现形式。单纯的概念往往并未表明具体的哲学立场,唯有将概念运用于判断之中,哲学的观点才得到具体展现。同时,基于概念、通过判断而表达的哲学观念,其展开过程又离不开推论。宽泛而言,观点的论证过程也就是说理的过程。哲学在实质的层面表现为对智慧的追寻,在形式的层面则离不开说理。在哲学领域,提出一个观点需要加以论证,并提供相关观念所以成立的根据。中国哲学家很早就提出,论辩过程应"言之成理,持之有故",这同时也是哲学作为概念活动的基本要求。哲学不应当是独断的教条,也不能仅仅表达个人的感想和体验。无论是肯定某种观念,抑或质疑、否定某种观点,都需要给出理由,提出根据,经过论证。从形式的层面看,推论以一定的判断为前提,其结论也表现为某种判断,判断本身则涉及概念之间的连接。在此意义上,判断与推论都表现为概念的运用。

一方面,智慧的追求需要经受概念的分析;另一方面,概念的分析又需要有智慧的内涵。以说理与智慧的关系而言,缺乏智慧的内涵,说理将导向空泛的语言游戏或纯然的逻辑论辩;悬置说理的过程,智慧之思则容易流于独断的教条或个体性的感想。哲学之思既要追求经过概念分析的智慧,又要接纳包含智慧的概念分析。表面看来,概念分析与智慧沉思似乎彼此相斥:分析注重"分",趋向于划界,关注局部的分析研究;智慧则要求"合",注重对整体的把握。而在创造性的哲学研究中,以上张力应当加以化解。所谓让智慧之思经受概念的分析,赋予逻辑分析以智慧的内涵，其实质的意义便是扬弃以上张力。从当代西方哲学看，现象学和分析哲学往往主要抓住或侧重形上智慧和概念分析中的一个方面，由此相应形成了其各自限定。以此为背景，智慧之思与概念分析的统一则同时意味着对现象学和分析哲学做双重的超越。

需要指出的是，概念性的思考不能等同于抽象的思辨。按照黑格尔的看法，概念本身可以区分为具体概念和抽象概念。如果所运用的概念包含具体规定，那么与之相关的思考过程便具有现实的内容，而不能简单地归入抽象的思辨。在这方面，值得注意的是如下趋向，即把具体的形象性叙事和概念性思考对立起来，以经验性的品味代替概念性的思考，赋予想象的诠释以优先性，并专注于所谓"古典生活经验"或"古典思想经验"，等等。对哲学的这种理解不仅仍流于前述的思想还原——"古典生活经验"或"古典思想经验"均未越出思想史之域，哲学则相应地被还原为哲学史和思想史，而且在更实质的意义上表现为疏离于概念性的思考。黑格尔曾对他那个时代的类似现象做如下评论："现在有一种自然的哲学思维，自认为不屑于使用概念，而由于缺乏概念，就自称是一种直观的和诗意的思维"，由此形成的是"既不是诗又不是哲学的虚构"。[1] 对概念性思考的这种疏离，在逻辑上往往可能导向哲学的叙事化：哲学本身成为一种思想的叙事，而其修辞则可能由此压倒对现实世界和观念世界的理论把握。哲学当然也关乎叙事和修辞，但叙事和修辞不应当取代通过概念而展开的思与辨，否则哲学就可能流于抒情性论说或哲理性散文，后者也许确实可以带来某种美

---

[1] 黑格尔：《精神现象学》，商务印书馆，1981年，第47页。

感,但它们提供的也仅是想象性的文学美感,而无法使人从智慧的层面以理论思维的方式来理解世界和人自身。

(三) 回到存在本身

哲学以把握具体、真实的世界为指向,回到存在本身首先体现了哲学的这一基本使命。就当代的哲学思考而言,这一要求又以20世纪以来的哲学衍化趋向为背景。如前所述,20世纪主流的哲学思潮是分析哲学,以语言的逻辑分析为主要取向,分析哲学在关注语言的同时,往往又趋向于限定在语言的界限之中,不越语言的雷池一步。这一意义上的概念的分析,常常流于形式化的语言游戏。分析哲学习惯于运用各种思想实验,这种思想实验常常并非从现实生活的实际考察出发,而是基于任意的逻辑设定(to suppose),做各种抽象的推论,从而在相当程度上表现为远离现实存在的语言构造。当哲学停留在上述形态的语言场域时,便很难达到真实的世界。以此为背景,回到存在本身首先意味着走出语言,回到语言之后的现实存在。哲学当然需要关注语言,语言分析的重要性也应予以肯定,但不能由此囿于语言之中,把语言作为与存在相隔绝的屏障。语言应该被视为达到存在的途径和工具,回到存在本身,意味着不再将语言作为终极的存在形态,而是通过语言走向真实的世界。21世纪的哲学未来发展,将表现为不断地超越"语言中心"的观念。

"回到存在本身"中的"存在本身",不同于现象学所说的"事物本身"。现象学曾提出"回到事物本身"的口号,回到存在本身似乎容易混同于此。然而从实质的方面看,这里所说的"存在本身"与现象学论域中的"事物本身"在含义上相去甚远。现象学所说的"事物本身"以存在的悬置为前提,其终极层面的意义与经过本质还原、先验还原而达到的所谓"纯粹的意识"或"纯粹自我"具有相通性,这一意义上的"事物本身"并不是现实世界中的真实存在。事实上,由存在的悬置,往往将进一步导向存在的疏离①。在当代哲学中,如果说,分析哲学侧重于语言,那么,现象学则始终把"意识"作为根基。早期胡塞尔试图使哲学成为"严格的科学",其具体进路即是从意识入手。哈贝马斯曾区分了20世纪以来的两种哲学形态,其一为语言分析哲学,在他看来这种哲学主要存在于从弗雷格到后期维特根斯坦的衍化过程;其二则是意识哲学,他把现象学作为后者的重要代表。这一看法也有见于现象学与意识的关联。

从中国哲学的演进看,宋明时期的理学往往比较多地关注"心性"之域,当代新儒家则提出由内圣开出外王,其中也蕴含以心性(内圣)为本的趋向。可以说,从理学到当代新儒家,心性构成了其核心的方面。在关注心性的同时,其亦往往表现出限定于心性的趋向。晚近的哲学中还可以看到"情本体"论,尽管这一理论的哲学基本立场与理学及当代新儒家有着重要的差异,但就其将作为精神世界的情提到本体的位置而言,似乎也表现出强化意识的趋向,这种趋向与"心理成本体"的主张在理论上彼此呼应。以人和人的世界为指向,哲学当然离不开对意识和精神世界的考察,然而不能如现象学、心性之学那样,仅仅停留在心性、意识的层面之上。21世纪的哲学既需要走出"语言中心",也需要扬弃"意识中心",唯有如此,才能实现对分析哲学和现象学的双重超越。

---

① 参见杨国荣:《哲学的视域》,生活·读书·新知三联书店,2014年,第392—396页。

从正面看,哲学所应回归的"存在本身"究竟所指为何?概要而言,"存在本身"也就是具体、现实的存在。儒家曾有"本立而道生"之说①,其中包含值得注意的观念。此处之"道",可以理解为哲学的智慧;"本"在不限于文本的引申意义上,可以视为存在的具体、现实形态。在以上意义域中,"本立而道生"表明哲学的智慧和存在的具体形态不可分:前者(哲学的智慧)基于后者(存在的具体形态)。存在的这种具体形态体现于对象和人自身两个方面。从对象看,世界本身表现为道与器、理与事、体与用、本与末之间的统一,进而言之,这种统一并不仅仅呈现静态的形式,而是同时展开为一个过程。正是道与器、理与事、体与用、本与末,以及过程与实在的统一,构成了对象意义上的真实存在或"存在本身"的具体形态。从历史上看,哲学家们往往主要关注或突出现实存在中的一个方面,如经验论比较多地强调"用""器""事",理性主义则相反,更多地突出了"体""道""理"。在片面突出某一方面的形态之下,存在本身或真实的存在每每会被掩蔽起来。

就人而言,其存在具体表现为身、心、事多方面的交融。"心"涉及综合性的精神世界,这里特别需要关注其"综合性",后者包括知、情、意和真、善、美的统一,以及个体能力和境界的互融。"身"既表现为有血有肉的感性存在,又是渗入了理性的感性、体现了社会性的个体性,这一意义上的"身"不同于生物学视域中的躯体。"事"在中国哲学中往往和"物"相对而言,并与实践、行相关联,所谓"事,为也";另一方面,"事"又不同于自然对象而表现为社会领域中的具体存在,这种

---

① 参见《论语·学而》。

存在也可以视为社会实在；合起来，"事"具体表现为社会实践和社会实在的统一。历史上，心性之学主要突出了人在精神世界方面规定。主张"食色，性也"的经验主义以及今天的所谓"身体哲学""具身知识论"等等，常常强调了人之"身"；现代的实用主义、行为主义则更为关注人的存在中的"事"之维。以上哲学趋向固然有见于人的存在中的某一规定，但对"心""身""事"的统一则未能给予充分的关注。真实地把握人本身，便要回到人的存在本身，而回到人的存在本身则意味着从心、身、事的关联和统一去理解人，而不是仅仅关注其中一个方面。事实上，传统哲学已经注意到这一点。荀子曾对"学"做了多方面的考察，他所理解的"学"既在广义上包括智慧追求的过程，也与人自身的存在相涉。在荀子看来，"君子之学"的特点在于"入乎耳，著乎心，布乎四体，形乎动静"①。"入乎耳"突出了感性的通道，"著乎心"关乎广义上的精神世界，"布乎四体"涉及人之"身"，"形乎动静"则表现为人的做"事"过程。按照以上理解，与人相关的"学"总是涉及心、身、事多重方面，对人自身存在的具体把握也无法离开以上方面。

(四) 史与思

从内在的思维过程看，哲学的研究既涉及哲学的历史，也关乎哲学的理论，与之相关的是史和思的交融。今天被作为哲学史对象来考察的哲学系统，最初是历史中的哲学家所形成的创造性理论，孔子的儒学系统便是孔子在先秦所建构的哲学系统，柏拉图、亚里士多德的哲学是他们在古希腊时代所建构的理论。这些思想系统首先是哲学的理论，而后才逐渐成为哲学

---

① 《荀子·劝学》。

的历史，这是一个基本的事实。另一方面，任何新的哲学系统的形成，都是基于对以往人类文明、文化成果的反思、批判。如孔子思想的形成，便与他整理六经这一背景以及更广意义上对殷周以来文化发展成果（包括礼乐文明）的把握和反思无法分开。苏格拉底、柏拉图、亚里士多德思想传统的形成，与他们对前苏格拉底思想的反思和批判性总结也无法相分。就近代哲学而言，冯友兰"新理学"系统的形成，同样无法与其哲学史的工作相分离。海德格尔作为一个创造性的哲学家，对康德、尼采甚至是前苏格拉底的哲学等思想都有深刻的理解和造诣，其思想也离不开对以往这些思想的把握。从这方面看，真正创造性的哲学思考，无法离开历史中的思想。

引而申之，哲学研究的重要特点之一，就在于其问题往往"古老而常新"。在这方面，哲学与科学之间亦呈现差异：科学的问题往往具有相对确定的答案，在科学的发展过程中，已经被解决并有了确定答案的问题常常不再被提出来加以讨论。在哲学的领域，问题很少有可以一劳永逸解决的答案，先秦、古希腊哲学家讨论的问题今天我们依然在讨论，每个时代的哲学家也每每站在他们所处的特定背景之下，对历史中的问题做出新的理解、回应。问题的这种历史延续性，也从一个方面展现了哲学的历史和哲学的理论之间的相关性、互动性。以上事实从不同的方面表明，创造性的哲学研究总是无法离开史与思之间的相互作用。

（五）理论与经验、智慧与知识的互动

哲学固然以理论思维为形式并表现为对智慧的追问，但并非隔绝于经验和知识。事实上，理论与经验、知识与智慧之间，总是展开为互动的过程，这种互动具体呈现为"技进于道"和

"道达于技"的统一。"技进于道"意味着在理解和作用于世界的过程中,知识升华为智慧;"道达于技"则展现为哲学的智慧运用于对经验世界的理解和变革,这既使智慧在具体的知、行过程中得到确证,也使智慧在以上过程中进一步丰富和深化,理论和经验、知识和智慧由此扬弃了彼此的分离。

从具体的哲学思考来看,知识和智慧的互动同时表现为大处着眼和小处入手的交融。如前所述,哲学需要有大的关怀,并进行本源性的追问,但是这一过程不能流于泛泛的空论和抽象的思辨,而应当从现实存在出发,并通过对事与理的具体考察和严密分析而展开。忽略大处着眼,将导致智慧的遗忘;无视小处入手,则容易引向智慧的抽象化。

知识与智慧的互动,同时表现为理论与现实世界和现实生活之间的交融。理论既需要基于现实、关注生活,也应当规范现实、引导生活。从知识与智慧的关系看,智慧一方面跨越知识的界限,另一方面又不能游离于知识之外。智慧的沉思如果不基于各学科形成的多样的认识成果,往往会流于空疏、思辨、抽象。与知识经验相关的具体对象,则包括社会存在。一般而论,哲学的发展有两重根据,其一为观念的根据,其二则是现实的根据。前者包括多方面的思想成果,后者则首先展现为社会存在。哲学思考需要对社会发展所提出的问题做出回应,也需要对社会的进一步发展做出引导、规范,两者都涉及哲学和现实存在之间的关系。对后者的关注同样也构成了今天哲学思考的重要方面。

当然,从哲学的层面关注现实,应避免流于庸俗化。哲学对现实的关切和引导,并不表现为提供具体的操作性方案,这种关注乃是通过理论思维的方式而实现的。黑格尔的《精神现象学》在这方面便提供了值得注意的范例。该书形式上虽然非常思辨,但在实质的方面却涉及很多具有现实社会内涵的问题,如其中讨论的主奴关系便折射了现实的社会关系,并构成了今天政治哲学讨论"承认"问题的重要思想资源。可以看到,即便是在总的进路上终始于观念的思辨哲学,其哲学思考也难以完全隔绝于现实。当然,哲学家乃是以他们独特的方式体现对社会问题的关切的,而并非简单地提供技术性的方案:提供这种技术性、操作性的方案,往往涉及实证性、经验性的活动,这与哲学之思具有不同的规定。要而言之,一方面,创造性的哲学思考无法离开知识经验与现实存在;另一方面,知识与智慧的互动又并不意味着将理论思维的方式还原为经验科学的方式。

基于现实与规范现实、关注生活与引导生活的如上统一,在某种意义上意味着在更高的层面上回到传统哲学所注重的哲学探索和生活过程、为学和为人之间的统一。当然,这是经过分化之后的回归,其中蕴含着对说明世界与规范世界双重哲学向度的肯定。在此意义上,古典哲学不仅是吸引我们向之回顾的智慧之源,而且其"做哲学"的方式也是一种可以在更高的层面向之回归的形态。

世界哲学视域中的智慧说[①]

"智慧说"是冯契先生晚年形成的哲学系统,而他对智慧的探索则可追溯到其早年的《智慧》一文。[②] 作为长期哲学沉思的凝结,"智慧说"并不是没有历史根据的思辨构造,而是以中西哲学的衍化为其出发点。这里着重以世界哲学为视域,对"智慧说"的理论意义做一概览。

一 背景与进路

冯契哲学思想的发生和形成以广义的"古今中西"之争为其背景,对此,冯契有着自觉的意识,在《智慧说三篇·导论》中,他便明确肯定了这一点。"古今中西"之争既涉及政治观念、政治体制方面的争论,也关乎思想文化(包括哲学理论)上的不同看法。近代以来,随着西学的东渐,中西思想开始彼

[①] 本文内容基于作者 2015 年 9、10 月在华东师范大学哲学系博士讨论班的系列讲座,原载《学术月刊》2016 年第 2 期。
[②] "智慧说"主要体现于《认识世界和认识自己》《逻辑思维的辩证法》《人的自由和真善美》三部著作,冯契先生将此三书称之为"智慧说三篇"。《智慧》系冯契先生在西南联大学习期间(20 世纪 40 年代)所撰哲学论文,刊于《哲学评论》1947 年第 10 卷第 5 期。

此相遇、相互激荡，与之相伴随的是古今之辩。从哲学层面考察"古今中西"之争，可以注意到近代思想衍化的两种不同趋向。首先是对中国哲学的忽视或漠视，这种现象虽显见于现代，但其历史源头则可以追溯得更远。如所周知，黑格尔在《哲学史讲演录》中已提到中国哲学，而从总体上看，他对中国哲学的评价并不高。在他看来，孔子"是中国人的主要的哲学家"，但他的思想只是一些"常识道德"，"在他那里思辨的哲学是一点也没有的"。《易经》虽然涉及抽象的思想，但"并不深入，只停留在最浅薄的思想里面"。[①] 黑格尔之后，主流的西方哲学似乎沿袭了对中国哲学的如上理解，在重要的西方哲学家那里，中国哲学基本上没有在实质的层面进入其视野。今天欧美受人瞩目的大学，其哲学系中几乎不讲授中国哲学，中国哲学仅仅出现于东亚系、宗教系、历史系。这种现象表明，主流的西方哲学界并没有把中国哲学真正看作他们心目中的哲学。从"古今中西"之争看，以上倾向主要便表现为赋予西方哲学以主导性、正统性，由此出发来理解中国哲学及其衍化。在这样的视野中，中国哲学基本处于边缘的地位。

与上述趋向相对的，是"古今中西"之争的另一极端，其特点在于仅仅囿于传统的中国思想（特别是儒家思想）之中。从19世纪后期的"中体西用"说到现代新儒家的相关观念，这一倾向在中国近代绵绵相续。在价值和思想的层面，"中体西用"的基本立场是以中国传统思想为"体"，西方的器物、体制、观念为"用"；前者同时被视为"本"，后者则被理解为"末"。新儒家在哲学思辨的层面上延续了类似的进路，尽管新

---

① 黑格尔：《哲学史讲演录》第1卷，商务印书馆，1981年，第118—132页。

儒家并非完全不理会西方哲学，其中一些人物对西方哲学还颇下功夫，如牟宗三对康德哲学便用力甚勤（他对康德哲学的理解是否确切，则是另外一个问题）。然而，尽管新儒家努力了解西方哲学，在研究过程中也试图运用西方哲学的概念和理论框架来反观中国哲学，但从根本的定位看，他们依然以中国哲学特别是儒家哲学为本位：在其心目中，哲学思想的正途应归于儒学，即广义上的中学。在更为极端的新儒家（如马一浮）那里，西方的哲学理论概念和思想框架进而被悬置，其论著中所用名词、术语、观念仍完全沿袭传统哲学。

以上二重趋向，构成了哲学层面"古今中西"之争的历史格局。如果说，第一种趋向以西方思想观念为评判其他学说的标准，由此将中国哲学排除在哲学之外，那么，第二种趋向则以中国哲学为本位，将哲学的思考限定在中国哲学之中。这二重趋向同时构成了当代中国哲学衍化的背景。

冯契的哲学思考，首先表现为对"古今中西"之争的理论回应。在《智慧说三篇·导论》中，冯契指出古今中西之争的实质在于"怎样有分析地学习西方先进文化，批判继承自己的民族传统，以便会通中西，正确地回答中国当前的现实问题"。① 可以看到，他在"古今中西"之争问题上既非以西拒中，也非以中斥西，而是着重指向会通中西：通过会通中西来解决时代的问题，构成了他的基本立场。

具体而言，会通中西包含两个方面。一是比较的眼光，即对中西哲学从不同方面加以比较。在这里，比较的前提在于把比较的双方放在同等位置，不预先判定何者为正统，何者为非

---

① 冯契：《认识世界和认识自己》，上海人民出版社，2011年，第2页。

正统，而是将之作为各自都具有独特意义的思想对象加以考察。这一视野背后蕴含着对"古今中西"之争中不同偏向的扬弃。二是开放的视野，即把中国哲学和西方哲学都看作当代哲学思考的理论资源。从历史角度看，中国哲学和西方哲学固然因不同缘由而形成了各自的传统，但两者都是人类文明发展的成果，也都具有自身的理论意涵。任何时代的哲学思考都需要以人类文明已经达到的理论成果作为出发点，而不可能从无开始。中国哲学和西方哲学作为人类文明发展的成果，都为当代的思考提供了理论资源，这一事实决定了今天的哲学建构不能仅仅限定在西学或中学的单一传统之中。当然，历史的承继与现实的论争常常相互交错，基于以往思想资源的哲学理论，总是通过今天不同观点之间的对话、讨论而逐渐发展。当冯契提出哲学将"面临着世界性的百家争鸣"这一预见时，无疑既展现了哲学之思中的世界视域，也肯定了世界视域下中西哲学各自的意义。

　　从更广的思维趋向看，中西哲学在具体的进路上存在不同特点。冯契在进行中西哲学比较时，对两者的不同侧重和特点给予了多方面的关注。宽泛地看，西方哲学一开始便对形式逻辑做了较多的考察，中国哲学固然并非不关注形式逻辑，但比较而言更侧重于思维的辩证之维。在认识论上，冯契提出了广义的认识论。这一认识理论既涉及感觉能否给予客观实在、普遍有效的规律性知识是否可能等问题，也包括逻辑思维能否把握具体真理、自由人格或理想人格如何培养等追问。按冯契的理解，在以上方面中西哲学也呈现不同特点：如果说，西方哲学在认识论的前两个问题（感觉能否给予客观实在，普遍有效的规律性知识是否可能）上做了比较深入、系统的考察，那么，中国哲学则在逻辑思维能否把握具体真理、自由人格如何培养等问题上做了更多的考察。

不同的哲学传统蕴含不同的哲学进路和趋向，这是历史中的实然。对冯契而言，从更广的哲学思考层面看，这些不同的哲学进路和趋向都是合理的哲学思考的题中应有之义，既不必拒斥其中的某一方面，也不应执着于某一方面。以逻辑分析与辩证思维的关系而言，哲学研究以及更广意义上思想活动既离不开逻辑的分析，也无法与辩证思维相分，对这两者不必用非此即彼的态度对待。同样，广义认识论中的前两个问题（感觉能否给予客观实在，普遍有效的规律性知识是否可能）固然需要重视，后两个问题（逻辑思维能否把握具体真理，以及自由人格如何培养）也应该进入我们的视野。对于中西哲学在历史中形成的不同进路，应该放在更广的视域中，从沟通、融合的角度加以理解。

就西方哲学而言，近代以来，可以注意到另一种意义上的不同进路。从德国哲学看，康德比较侧重知性，除了对知性本身的深入考察之外，从总的哲学进路看，康德哲学也趋向于知性化。知性的特点之一是对存在的不同方面做细致的区分、辨析和划界。康德便往往倾向于在对象和观念的不同方面之间进行划界：现象和物自身，以及理论理性、实践理性、判断力等，在康德那里都判然相分，其哲学本身也每每限于相关的界限之中。比较而言，黑格尔更注重德国古典哲学意义上的理性。他不满于康德在知性层面上的划界，而是试图通过辩证的方式超越界限，达到理性的综合。以上不同的哲学进路对尔后的哲学思考也产生了重要的影响：从西方近代哲学的衍化看，后来的实证主义、分析哲学在相当意义上便循沿着康德意义上的知性进路，马克思的哲学思考与理性或辩证思维的进路则存在更多的关联。

在当代西方哲学的衍化中，有所谓分析哲学和现象学之分。分析哲学以语言作为哲学的主要对象，注重语言的逻辑分析；现象学则关注意识，其哲学思考和意识有内在关联。在分析哲学与现象学的以上分野中，一个突出对语言的逻辑分析，一个强调对意识的先验考察，其间确乎可以看到不同的哲学进路。

从哲学关注的对象看，则有各种"转向"之说。在这种视域中，近代哲学首先与所谓"认识论转向"相涉，其特点在于从古希腊以来关注形而上学、本体论问题，转向注重认识论问题。当代哲学则涉及所谓语言学转向，这一转向以分析哲学为代表，其特点在于把语言分析作为哲学的主要工作。这种不同"转向"背后体现的是不同的哲学进路：在认识论转向发生之前，哲学主要以关注形而上学问题、本体论问题为主要进路；在认识论转向发生之后，哲学则转向对认识论问题的考察：从欧洲大陆的笛卡尔、斯宾诺莎、莱布尼茨到英国的培根、洛克、休谟，以及尔后的康德，等等，其哲学重心都被归诸认识论问题；语言学转向则将哲学的关注之点从认识论问题进一步转向对语言的逻辑分析。在分析哲学中，认识论（epistemology）衍化为知识论（the theory of knowledge），认识本身则主要被归结为基于语言的静态考察，而不是对认识过程的动态研究。

相对于以上诸种进路，冯契的智慧说无疑展现了更为开阔的视野。从知性和理性的关系看，其哲学的特点首先在于扬弃两者的对峙。一方面，冯契注重与知性相联系的逻辑分析；另一方面，他又强调辩证思维的意义。智慧说的构成之一《逻辑思维的辩证法》，便较为集中地体现了以上两个方面的融合。就哲学"转向"所涉及的不同哲学问题而言,"转向"在逻辑上意味着从一个问题转向另一个问题。在所谓认识论转向、语言学转向中,哲学的关注之点便主要被限定于认识论、语言哲学等方面。按冯契的理解,转向所关涉的本体论、认识论、语言学等问题,并非分别地存在于某种转向之前或转向之后,作为哲学问题,它们都是哲学之思的题中应有之义,都需要加以考察和解决。将本体论、认识论、语言哲学问题截然加以分离,并不合乎哲学作为智慧之学的形态。以智慧为追寻的对象,哲学既应考察本体论问题,也需要关注认识论、语言学问题。事实上,在人把握世界与把握人自身的过程中,这些方面总是相互交错在一起,很难截然分开。换言之,这些被当代哲学人为地分而析之的理论问题,本身具有内在关联。冯契的"智慧说"即试图扬弃对哲学问题分而论之的方式和进路,回到其相互关联的本然形态。

在哲学进路分化的格局下,治哲学者往往不是归于这一路向就是限于那一路向,不是认同这一流派就是执着那一流派,由此形成相互分离的哲学支脉,在实证主义、传统的形而上学、分析哲学、现象学之中,便不难看到这种哲学趋向。与之相异,冯契的智慧说更多地表现出兼容不同哲学进路的视域。通过对不同哲学进路的范围进退,以彼此沟通、融合的眼光去理解被分离的哲学问题,智慧说在努力克服当今哲学研究中各种偏向的同时,也在哲学层面展现了其世界性的意义。

进而言之,冯契在扬弃不同的哲学进路、展现世界哲学的眼光的同时,又通过创造性的思考建构了具有世界意义的哲学系统。也就是说,他不仅从方式上扬弃了不同的偏向,而且在建设性的层面,提出了自己的哲学系统。后者具体体现于其晚年的"智慧说"之中。在《智慧说三篇·导论》中,冯契指出:"中国近代哲学既有与自己传统哲学的纵向联系,又有与西方近代哲学的横向联系。与民族经济将参与世界市场的方向相一致,中国哲学的发展方向是发扬民族特色而逐渐走向世界,将成为世界哲学的一个重要组成部分。"① 20世纪初,王国维曾提出"学无中西"的观念,认为在中西思想相遇后,不能再执着于中西之分。从近代哲学思想的衍化看,冯契进一步将"学无中西"的观念与世界哲学的构想联系起来,并且通过自身具体的哲学思考努力建构具有世界意义的哲学系统。这一哲学系统既以理论的形式实际地参与了"世界性的百家争鸣",也将作为当代中国哲学的创造性形态融入世界哲学之中。

二 回归智慧:扬弃智慧的遗忘与智慧的抽象化

以世界哲学的视野沟通不同的哲学传统,主要与哲学思考的方式相联系。从哲学思考的目标看,冯契所指向的是"智慧"的探索。从早年的《智慧》,到晚年的"智慧说",其哲学思想始于智慧,终于智慧。这一哲学追求究竟具有何种意义?回答这一问题,需要进一步考察近代哲学的演进。

19世纪以后,实证主义开始登上历史舞台,作为一种哲学思潮,实证主义的核心原则是"拒斥形而上学"。在实证主义看来,超越经验的形而上学命题没有意义,只有可以验证的有关经验事实的判断,以及作为重言式的逻辑命题式才有意义。实证主义从早期形态到后来的所谓逻辑经验主义,这一基本精神贯穿始终,其影响至今没有完全消除。与西方差不多同时,近

---

① 冯契:《认识世界和认识自己》,第3页。

代中国也出现了类似的趋向。"拒斥形而上学",意味着关于世界的统一性原理、发展原理的研究都没有任何意义。从知识和智慧的区分看,被拒斥的形而上学问题大致归属于广义的智慧之域。智慧与知识是把握世界的不同观念形态。知识以分门别类地理解世界为指向,每一种知识的学科都对应着世界的特定领域或方面。作为知识的具体形态,科学(science)便表现为"分科之学":从自然科学中的物理学、化学、生物学、地质学,到社会科学中的社会学、经济学、政治学,都表现为分科之学。就认识和把握世界而言,将世界区分为不同的方面无疑是必要的。然而,世界在被科学区分或分离之前,本身乃是以统一的形态存在的,要真实地理解世界,仅仅停留在分而论之的层面显然不够。如何跨越知识的界限,回到存在本身?这是进一步把握世界所无法回避的问题。智慧的实质指向便在于超越知识的界限,以贯通的视野去理解世界本身。实证主义在拒斥形而上学的同时,往往忽略了以智慧的方式去理解真实的世界。

20世纪初,分析哲学逐渐兴起。以语言分析为哲学的主要方式,分析哲学试图在哲学中实现语言学的转向。对分析哲学而言,哲学的工作无非是对语言的逻辑分析,所谓认识世界也就是把握语言中的世界,而对进入语言中的事物的考察,本身始终不超出语言之域。从反面说,哲学的工作就在于对语言误用的辨析或纠偏。维特根斯坦就曾把哲学的主要任务规定为"把字词从形而上学的用法带回到日常用法"。[①] 在他看来,语言最正当的运用方式就是日常用法,形而上学则每每以思辨的方

---

① 维特根斯坦:《哲学研究》,生活·读书·新知三联书店,1992年,第67页。

式运用语言,由此使语言偏离其日常的意义。基于以上看法,维特根斯坦认为:"哲学是以语言为手段对我们智性的蛊惑所做的斗争。"① 根据这一理解,人的智性总是借助于语言来迷惑人本身,而哲学则要对这种迷惑做斗争。在把哲学的主要任务限定于语言分析的同时,分析哲学也往往以语言层面的技术性分析取代了对真实存在的探究。他们只知道一种存在,即语言中的存在,语言之外的真实世界基本上处于其视野之外。

可以看到,实证主义和分析哲学尽管表现形式不同,但都呈现出将哲学技术化、知识化的倾向。实证主义首先关注经验以及逻辑,并以类似科学的把握方式为哲学的正途;分析哲学则把语言作为唯一的对象,以对语言的技术化分析取代旨在达到真实存在的智慧追问。借用中国哲学的概念来表述,智慧的探索以"道"的追问为指向,以上趋向则执着于知识性的进路,以"技"的追寻拒斥"道"的追问。这种由"道"而"技"的进路,在实质的层面蕴含着智慧的遗忘。

与智慧的遗忘相辅相成的,是智慧的思辨化、抽象化趋向。从当代哲学看,现象学在这方面呈现比较典型的意义。相对于分析哲学,现象学不限于对经验和语言的关注,从胡塞尔追求作为严格科学的哲学到海德格尔的基础本体论,都体现了以不同于知识的方式理解存在的要求。以建立作为严格科学的哲学这一理想为出发点,胡塞尔将"本质还原""先验还原"作为具体的进路,而通过还原所达到的则是所谓"纯粹意识"或"纯粹自我",后者同时被理解为以哲学的方式把握世界的基础。对"根基""本源"等终极性问题的关切,同时也蕴含了智慧的追

---

① 维特根斯坦:《哲学研究》,第66页。

问。然而，另一方面，以"纯粹自我""纯粹意识"作为哲学大厦的基础，又明显地表现出思辨构造或抽象化的趋向。海德格尔提出"基础本体论"，并按照现象学的方式考察存在。这种本体论的特点在于把考察的对象指向"Dasein"（此在），其进路则表现为关注个体的生存体验，如"烦""畏"。"烦"主要与日常生活中的各种境遇相关，"畏"则表现为由生命终结的不可避免性而引发的意识（畏死）。在海德格尔看来，人是一种"向死而在"的存在，只有在意识到死亡的不可避免性时，才能够深沉地理解个体存在的一次性、不可重复性、独特性，由此回归本真的存在。

从现实形态看，人的存在固然包含海德格尔所描绘的各种心理体验，如烦、畏等，但又不仅限于自我的体验，而是基于社会实践的人与人的交往、人与物的互动过程，后者构成了人存在的实质内容。离开了以上过程，人本身便缺乏现实性品格。与之相对，海德格尔趋向于把这一过程看成对本真之我的疏远。在海德格尔对技术的批判中，人与物互动的过程往往被理解为技术对人的主宰，人与人交往的过程则被视为共在（being-with）的形式。对海德格尔来说，共在并非人的真实存在形态，而是表现为人的"沉沦"：个体在共在中同于大众，变成常人，从而失去本真自我。这种观念悬置了人的存在之社会品格，从而难以达到存在的真实形态。可以看到，尽管海德格尔试图寻求本真之我，但是以上的思辨进路却使这种"本真之我"恰恰远离了真实的存在。概而言之，就其追问哲学的根基、提出"基础本体论"并试图对存在做本源性的考察而言，胡塞尔与海德格尔似乎没有完全遗忘智慧，然而他们的总体进路又带有明显的思辨化的形态，这一进路在实质上表现为智慧探求的抽象化。

相对于当代哲学中智慧的遗忘这一偏向,冯契表现出不同的哲学走向。在早年的《智慧》一文中,冯契便区分了意见、知识、智慧三种认识形态,他借用庄子的表述,认为"意见是'以我观之',知识是'以物观之',智慧是'以道观之'",并指出智慧涉及"无不通也,无不由也"之域[1],表现出对智慧追求的肯定。同时,在《智慧》一文中,冯契特别批评当时的哲学末流,称其"咬定名言,在几个观念上装模作样,那就是膏肓之病,早已连领会的影子也没有了"[2]。不难看到,这种批评在相当意义上指向当时方兴未艾的实证主义,特别是分析哲学。通过数十年的智慧沉思,冯契在晚年形成了以《智慧说三篇》为主要内容的智慧学说,从而以实际的哲学建构克服了对智慧的遗忘。

在超越智慧遗忘的同时,冯契对智慧的抽象化趋向同样给予了自觉的回应。上承马克思的哲学,冯契把实践的观念引入哲学的建构,并将自己的智慧说称为实践唯物主义。在这样的视野之中,智慧所探寻的不再是抽象的对象,而是现实的存在。所谓现实的存在,也就是进入人的知行过程、与人的知行活动无法相分离的具体实在。早期儒家曾肯定人可以"赞天地之化育",由此形成的世界已不同于知行活动尚未作用于其上的本然存在,这里已包含现实世界乃是通过人的知行过程而建构之意。冯契基于实践的观念,更自觉地强调了这一点。智慧说的主干是《认识世界和认识自己》一书,这里的"世界"区别于本然的、玄虚的对象而展现为真实的存在,"自己"也不同于海德格

---

[1] 冯契:《认识世界和认识自己》,第263、264页。
[2] 冯契:《认识世界和认识自己》,第278页。

尔的此在，而是表现为现实的个体。质言之，作为智慧追寻对象的存在，无论是世界，抑或自我，都是具有现实性品格的真实存在，这一视域中的存在既不同于本然之物，也有别于现象学意义上的超验对象。就以上方面而言，"智慧说"同时表现为对智慧抽象化的超越与扬弃。

可以看到，冯契一方面以智慧的追寻、智慧学说的理论建构克服了智慧的遗忘；另一方面又把智慧的探求放在真实的基础之上，由此扬弃了智慧的思辨化、抽象化趋向。冯契对当代哲学中智慧遗忘与智慧抽象化的双重扬弃，内在地呈现出世界哲学的意义。

三 广义认识论：认识论、本体论和价值论的贯通

在冯契那里，作为智慧追寻结晶的"智慧说"同时又体现于广义认识论之中：广义认识论可以看成其"智慧说"的具体化。前文已提及，在冯契看来，认识论需要讨论四个问题：第一，感觉能否给予客观实在？第二，理论思维能否达到科学法则，或者说，普遍有效的规律性知识何以可能？第三，逻辑思维能否把握具体真理？第四，人能否获得自由？自由人格或理想人格如何培养？[1] 前面两个问题属一般认识论或狭义认识论讨论的对象[2]，后两个问题则不限于一般所理解的认识论。在"逻

---

[1] 参见冯契：《认识世界和认识自己》，第47—48页。
[2] 康德在认识论上也涉及第二个问题，但在具体提法上，冯契与康德有所不同。康德关注的是"普遍必然的知识如何可能"，冯契先生则以"规律性知识"取代了"必然知识"。这里涉及冯契对真理性认识的理解，他认为真理性认识不仅和必然的法则相关，而且与具有或然性的存在规定相联系，这种或然性不同于因果必然性，可以视为统计学意义上的法则。在冯契看来，认识论应该把与此相关的内容也纳入自身之中。

辑思维能否把握具体真理"这一问题中，所谓具体真理是指关于世界统一性原理和世界发展性原理的认识，即通常所谓形而上学、本体论方面的理论。按冯契的理解，对形上智慧的把握同样也是认识论的题中应有之义。最后一个问题进一步指向自由人格（理想人格）如何培养的问题。对认识论的如上理解与通常对认识论的看法不同：一般的认识论主要讨论前两个问题（感觉能否给予客观实在，普遍必然的知识如何可能）。如果我们把这一形态的认识论看作狭义认识论，那么，包含后两个问题（逻辑思维能否把握具体真理，自由人格或理想人格如何培养）的认识论则可理解为广义认识论。从哲学演进的层面看，冯契对认识论的这种广义理解包含多方面的意蕴。

在广义形态下，认识论首先开始扩展到对如何把握形上智慧这类问题的研究。以世界统一性原理和世界发展性原理为指向的具体真理，其认识内容更多地表现为形上智慧，把这一意义上的具体真理纳入认识领域，同时意味着以形上智慧作为认识论研究的对象。在以上形态中，形上智慧所涉及的具体内容是如何理解存在的原理，在此意义上，广义认识论同时需要考察和讨论本体论的问题。进一步看，在广义认识论中，认识世界与认识自己彼此相通：自由人格（理想人格）如何培养的问题便涉及人对自身的认识和自身人格的培养，用中国哲学的概念来表述，也就是成就自己。成己（成就自己）的前提是认识人自身：如果说，对具体对象及形上智慧的把握涉及认识世界的问题，那么，自由人格的培养便更多地和认识人自身相联系。在冯契看来，广义的认识论即表现为认识世界和认识自己的统一。具体而言，认识过程不仅面向对象，而且也是人自身从自在走向自为的过程。所谓从自在到自为，也就是人从本然意义上的存在，通过知行过程的展开，逐渐走向具有自由人格的存在。成就自己（理想人格的培养）同时涉及价值论的问题：人格的培养本身在广义上关乎价值领域，理想、自由等问题也都是价值领域讨论的对象。在这一意义上，认识论问题又与价值论问题相联系。前面提及，冯契把形上智慧引入认识论中，意味着肯定认识论问题和本体论问题的联系，而认识世界和认识自己的沟通，以及由此引入"成己"问题，则进一步把认识论问题和价值论问题联系在一起。这些看法从不同方面展现了广义认识论不同于狭义认识论的具体特点。

把认识论问题和本体论问题联系在一起，这一进路包含多方面的含义。从认识论角度看，它不同于对知识的狭义考查；从本体论角度看，它又有别于思辨意义上的传统形而上学。传统形而上学的主导趋向在于离开人自身的知行过程去考察存在，由此往往导致对世界的思辨构造：或者把存在还原为某种终极的存在形态，诸如"气""原子"等，或者追溯终极意义上的观念或概念，由此建构抽象的世界图景。与完全离开人自身的存在去思辨地构造存在模式的这种传统形而上学不同，冯契对本体论问题的考察始终基于人自身的知行过程。

这里可以具体地对冯契所论的本然界、事实界、可能界、价值界做一考察，在冯契那里，这四重界同时表现为认识过程中的不同存在形态。所谓本然界，也就是尚未进入认识领域的自在之物。在认识过程中，主体作用于客观实在，通过感性直观获得所与，进而形成抽象概念，以得自所与还治本然，从而使本然界化为事实界。事实是为我之物，事实界是已被认识的本然界，在冯契看来，知识经验就在于不断化本然界为事实界。

相对于本然界的未分化形态，事实界已取得分化的形式，具有无限的多样性。不同的事实既占有特殊的时空位置，又彼此相互联系，其间具有内在的秩序。冯契考察了事实界最一般的秩序，并将其概括为两条。其一是现实并行不悖，其二为现实矛盾发展。冯契吸取了金岳霖的观点，认为从消极的方面说，现实并行不悖是指现实世界没有不相融的事实，而所谓相融则是指空间上并存、时间上相继的现实事物之间不存在逻辑的矛盾：我们可以用两个命题表示两件事实而不至于矛盾；就积极的方面说，并行不悖便是指一种自然的均衡或动态的平衡，这种均衡使事实界在运动变化过程中始终保持一种有序状态。冯契认为，事实界这种并行不悖的秩序既为理性地把握世界提供了前提，也为形式逻辑提供了客观基础：形式逻辑规律以及归纳演绎的秩序与现实并行不悖的秩序具有一致性。在此，本体论的考察与认识论始终联系在一起。

与并行不悖相关的是矛盾发展，后者构成了事实界的另一基本秩序。自然的均衡总是相对的，事物间的并行也有一定的时空范围。事实界的对象、过程本身都包含着差异、矛盾，因而事实界既有以并行、均衡的形式表现出来的秩序，又有以矛盾运动的形式表现出来的秩序，正如前者构成了形式逻辑的客观基础一样，后者构成了辩证逻辑的现实根据。不难看出，冯契对事实界的理解始终与人如何把握世界本身联系在一起，具体而言，他乃是将事实界的秩序作为思维逻辑的根据和前提来把握。

进一步看，事实界的秩序体现了事实间的联系，是内在于事的理。事与理相互联系：事实界的规律性联系依存于事实界，而事实之间又无不处于联系之中，没有脱离理性秩序的事实。理与事的相互联系使人们可以由事求理，亦可以由理求事，换言之，内在于事的理既为思维的逻辑提供了客观基础，又使理性地把握现实成为可能。

思维的内容并不限于事与理，它总是超出事实界而指向可能界。从最一般的意义上看，可能界的特点在于排除逻辑矛盾，即凡是没有逻辑矛盾的，便都是可能的。同时，可能界又是一个有意义的领域，它排除一切无意义者。两者相结合，可能的领域便是一个可以思议的领域。冯契强调，可能界并不是一个超验的形而上学世界，它总是依存于现实世界。事实界中事物间的联系呈现为多样的形式，有本质的联系与非本质的联系、必然的联系与偶然的联系等等，与之相应，事实界提供的可能也是多种多样的。冯契认为，从认识论的角度看，要重视本质的、规律性的联系及其所提供的可能，后者即构成了现实的可能性。现实的可能与现实事物有本质的联系，并能够合乎规律地转化为现实。可能的实现是个过程，其间有着内在秩序。从可能之有到现实之有的转化既是势无必至，亦即有其偶然的、不可完全预知的方面，又存在必然的方面，因而人们可以在"势之必然处见理"。与对事实界的考察一样，冯契对可能界的理解，始终没有离开人的认识过程。从事实界到可能界的进展，现实的可能与非现实的可能之区分、由可能到现实的转化，都在不同意义上对应于人的认识秩序。

事实界的联系提供了多种可能，不同的可能对人具有不同的意义。现实的可能性与人的需要相结合便构成了目的，人们以合理的目的来指导行动，改造自然，使自然人化，从而创造价值。事实界的必然联系所提供的现实可能（对人有价值的可能），通过人的实践活动而得到实现，便转化为价值界，价值界也可以看作人化的自然。价值界作为人化的自然，当然仍是一种客观实在，但其形成离不开对现实可能及人自身需要的把握。在创造价值的过程中，人道（当然之则）与天道（自然的秩序）是相互统一的，而价值界的形成则意味着人通过化自在之物为为我之物的实践而获得了自由。

作为广义认识论的构成，对本然界、事实界、可能界、价值界的考察无疑具有本体论意义，但它又不同于思辨的本体论：它的目标并不是构造一个形而上的宇宙模式或世界图景，而是以认识世界为主线，阐明如何在实践的基础上以得自现实之道还治现实，从而化本然界为事实界；通过把握事实界所提供的可能以创造价值，在自然的人化与理想的实现中不断达到人的自由。冯契在认识世界的过程中谈存在，并把这一过程与通过价值创造而走向自由联系起来，这一本体论路向无疑有其独到之处。

以上主要着眼于关联认识过程的本体论。从认识论本身看，广义认识论又不同于疏离于本体论的知识论，而是以本体论为其根据。自分析哲学兴起以来，当代哲学对认识论的考察往往主要以抽象形态的知识论（theory of knowledge）为进路，冯契则不主张仅仅把认识论（epistemology）归为知识论（theory of knowledge）。知识论的进路每每回避了对世界本身的把握问题，从哲学的角度看，这种回避背后常常隐含着消解客观性原则的趋向。这种趋向较为明显地呈现于当代认识论的传统，从所谓观察渗透理论到拒斥真理的符合论，都不难看到这一点。观察渗透理论本身无疑不无合理之处：它注意到观察过程中并不仅仅包含感性活动，其中也渗入了内在的理论视域。然而，在当代的知识论中，观察渗透理论着重突出的是人的主观背景对认识过程的作用，包括认识者所具有的观念框架对其进一步展开认识活动的影响，这种作用和影响主要突显了认识过程中的主观之维。在真理问题上，当代知识论往往趋向于否定和批评符合论。符合论根据认识内容和认识对象是否符合，判断认识是否具有真理性。这种理论本身的意义以及可能存在的内在问题，无疑都可以讨论。但肯定认识和对象的符合，同时隐含对认识过程客观性的追求，拒绝这一追求则意味着对客观性的疏离。

在另一些哲学家如哈贝马斯那里，主体间关系往往被提到了重要的位置。哈贝马斯注重共同体中不同主体间的交流和沟通，强调通过以上过程达到某种共识，其中所关注的主要是主体间性。主体间性涉及不同主体之间的讨论和对话，这种对话和讨论在认识过程中无疑具有重要的意义。事实上，冯契也非常注重这一方面，他把群己之辩引入认识过程中，所侧重的便是不同主体间的交流、讨论对认识过程的意义。但是，冯契同时又肯定不能以主体间性拒斥客观性。从逻辑上看，仅仅关注主体间性，认识每每容易限定在主体之间，难以真正达到对象。在疏远、忽略客观性方面，单纯强调主体间性与前面提到的仅仅注重主体性，显然有其相通之处。

在认识论与本体论的关系方面，还存在一种比较特殊的形态，这种形态可以从康德哲学与现代新儒家的相关进路中窥其大概。在康德那里，从知性到理性的进展构成了其批判哲学的重要方面。知性的讨论主要关乎先天的范畴或纯粹的知性概念，其涉及的问题则包括先天的形式如何与感性提供的质料相结合，以形成普遍必然的知识。理性的讨论则指向超验的理念，包括灵魂、世界、上帝，这些理念关乎形而上之域。如果说，知性涉及的主要是狭义上的认识论之域，那么，理性则关乎形而上问题，后者在实质上已进入广义的形而上学领域。康德批判哲学的整个构架是从知性到理性,而在由知性到理性的进展中,知性与理性本身似乎也被分为前后两截。从逻辑的层面上看,这种分离的背后同时蕴含着认识论和形而上学的相分。

与康德的进路有所不同,作为现代新儒家代表人物之一的牟宗三提出了"良知坎陷"说。"坎陷"的本来意义是后退一步或自我否定,"良知"则是道德形而上学视域中的本体,大致可归入康德意义上的理性之域。所谓"良知坎陷",也就是作为理性本体的良知后退一步,进入知性领域之中,由此发展出中国传统哲学中相对较弱的认识论、科学理论,等等。这一思路与康德正好相反:康德是从知性到理性,牟宗三则是从理性到知性。但是无论其中哪一种进路,都内在地隐含着认识论和本体论的分离:不管是从知性到理性,还是从理性到知性,其前提都是两者非彼此融合,而是分别存在于不同领域。这种进路从另一个方面体现了认识论和形而上学的分离。

可以看到,近代以来,哲学衍化的趋向之一是认识论与本体论的彼此相分,与此相联系的是对"客观性原则"的拒斥。与这种哲学趋向相对,在"广义认识论"的主题之下,冯契强调"认识论和本体论两者互为前提,认识论应该以本体论为出发点、为依据"。这一观点明确肯定了认识论问题和本体论问题的联系。在他看来,"心和物的关系是认识论的最基本的关系,它实际上包含着三项:物质世界(认识对象)、精神(认识主体),以及物质世界在人的头脑中的反映(概念、范畴、规律),即所知的内容"[①]。心物关系涉及人的概念、意识和对象之间的关系,同时也属本体论所讨论的问题。按冯契的理解,认识论

---

① 冯契:《认识世界和认识自己》,第60、37页。

不能像分析哲学中的一些知识论进路那样，仅仅封闭在知识领域中，关注知识形态的逻辑分析，而不问知识之外的对象。在此，冯契的侧重之点在于将知识论和本体论的问题联系在一起，并由此重新确认认识的客观性原则。从肯定"所与是客观的呈现"，到强调认识过程乃是"以得自现实之道来还治现实之身"，认识的客观性之维在不同层面得到了关注。宽泛而言，认识过程就在于通过知行活动作用于现实，由此把握关于现实本身的不同规定，形成合乎事与理的认识，然后进一步以此引导新的认识过程。在这里，客观性首先体现在认识的过程有现实的根据，引而申之，概念、命题、理论作为构成知识形态的基本构架，也有其本源意义上的现实的根据，而非思辨的构造。

从广义认识论的角度看，把握存在的形上智慧同时制约着认识世界的过程。形上智慧更多地涉及广义上的本体论问题，与之相应，两者的相关性从另一个方面肯定了本体论是认识论的前提。通过确认认识论的本体论基础，肯定认识过程中主体性、主体间性和客观性不可相分，冯契的广义认识论既扬弃了近代以来认识论隔绝于本体论、能知疏离于所知等立场，也超越了仅仅强调认识领域的主体性、主体间性而排斥客观性的趋向。

认识过程同时涉及"得"（获得）和"达"（表达）的关系。"得"关乎知识的获得过程，"达"则涉及知识的表述或呈现形式。引申而言，知识的获得又与认识（包括科学研究）中的发现过程相关，知识的表述或呈现则与论证或确证（justification）过程相涉。从现代哲学看，主流的西方认识论趋向于将认识论限定在论证或知识的辩护过程中，而把知识的获得或科学发现过程归结为心理学的问题。知识的论证或辩护无疑是重要的，认识在最初可能只是某种思想的洞见或直觉。这种洞见或直觉往往仅朦胧地内在于个体之中，无法在主体间传递、交流，因而还很难视为严格意义上的知识。唯有经过论证过程（广义上的"达"），才能使之获得学术共同体中可以交流、批评的逻辑形态，从而被归入知识之列。不过，离开了知识的获得过程，知识之"达"也就失去了前提。与这一事实相联系，冯契的广义认识论在注重知识的确证（包括逻辑论证和实践验证）的同时，也将关注之点指向知识如何获得的问题。在认识出发点上，冯契把"问题"引入认识过程，以"问题"为具体的认识过程的起点。认识论领域的"问题"有多方面的含义，其特点之一在于"知"与"无知"的统一：一方面，主体对将要认识的对象尚处于无知状态；另一方面，他又意识到自己处于无知之中，亦即自知无知，由此便发生了"问题"。冯契同时肯定，从主观方面看，问题往往和疑难、惊异等心理状态相联系。疑难和惊异显然包含着情感、意愿等方面，从而不同于单纯的逻辑形式；与之相联系，把"问题"引入认识过程并以此为认识过程的开端，表明认识过程不可能把心理的问题完全排斥在外。以上看法与分析哲学中的知识论重逻辑、轻心理的立场显然不同。从认识的方式看，冯契特别提到理论思维的作用，在他看来，理论思维是人的思维活动中最重要的东西，认识过程无法与思维过程相分离。思维过程同样也涉及意识和心理的方面，这一事实进一步表明，广义上的认识不可能和心理、意识的方面完全摆脱关联。最后，冯契还具体讨论了理性直觉的问题。直觉往往被理解为非理性的方面，但在冯契看来，这种认识形式并非与理性截然相分，所谓"理性直觉"便肯定了非理性意义上的直觉与理性之间的关联。在广义的认识过程中，从科学的发现到后文将论述的转识成智,理性的直觉都构成了不可忽视的方面。

从问题到理论思维,再到非理性意义上的直觉,这些环节内在于认识过程,构成了科学发现、获得新知以及达到智慧的重要方面。由此,冯契把如何获得、发现的问题与如何论证、表达的问题结合起来,使认识过程回归到现实的形态。按其本来内涵,认识过程的展开并不仅仅限于对知识形式的单纯逻辑论证或对知识确证度的断定,知识的论证与知识的获得难以完全分离。被分析、被确证的知识内容首先有一个如何获得的问题,深层的论证总是与此关联。冯契的广义认识论通过肯定"得"和"达"的统一,将认识过程中获得(发现)的环节和论证的环节结合起来,由此扬弃了现代知识论中仅仅关注形式层面论证的偏向。

从更广的意义看,单纯的论证过程往往和静态的逻辑分析相联系,而科学"发现""获得"知识的过程总是展开为动态的活动。冯契在总体上把人的认识过程看作从"无知"到"知"、从"知识"到"智慧"的进展,无论是从"无知"到"知",抑或从"知识"到"智慧",都表现为动态的过程。作为这一广义过程的内在体现,"得"和"达"的统一在肯定认识展开为过程的同时,也进一步扬弃了仅仅关注静态逻辑分析的知识论进路。

综而论之,就其联系人的知行过程考察存在而言,广义认识论可以视为基于认识论的本体论;就其以本体论为认识论的出发点而言,广义认识论又表现为基于本体论的认识论。进一步看,在广义认识论中,对自由人格(理想人格)的把握,同时展现了认识论与价值论的关联,这种关联可以看作事实认知与价值评价相互统一的展开。在这里,广义认识论之"广",即展现为认识论、本体论、价值论的统一。这种统一既是智慧说的具体化,也是对近代以来认识论趋向于狭义知识论的回应。

四 转识成智如何可能

如前所述,作为智慧说的体现,广义认识论的特点在于其中包含形上智慧的探索和追寻。形上智慧本身又有是否可能的问题,当冯契把"逻辑思维能否把握具体真理"作为广义认识论的问题之时,便已涉及这一方面,而在广义认识论的展开中,这一问题首先得到了肯定的回答。与"是否可能"相关的是"如何可能",两者都涉及转识成智的问题。从源头上看,转识成智与佛教唯识宗相联系。在唯识宗那里,"识"主要表现为分别、区分,其特点是仍停留于我执、法执的层面上;"智"则超越执着,表现为由迷而悟的认识状态。冯契不限于佛教的视域,把转识成智理解为从知识到智慧的飞跃过程,而这一过程如何可能与形上智慧如何可能的问题在实质上呈现一致性。对此,冯契从不同方面做了探索。

首先是理性直觉。前已提及,直觉与理性的分析、逻辑的推论相对,通常被看作非理性的认识方式,其特点在于对事物内在规定和本质的直接把握,理性则更多地表现为以逻辑思维的方式来理解和把握对象。在冯契看来,非理性意义上的直觉与理性不可截然相分。这一看法的背后,蕴含着对人类认识世界过程(包括对形上智慧的把握过程)中理性的方面和非理性的方面彼此交融的肯定,后者赋予"转识成智"以独特的认识论内涵。关于"转识成智",一些研究者往往持怀疑态度;在他们看来,这一过程似乎包含某种神秘主义的趋向。此处的关键在于,对冯契而言,理性和非理性无法完全分离,"转识成智"

也不仅仅是非理性意义上的体悟过程:"理性直觉"这一提法,本身即表现了将理性和非理性加以沟通的意向。

在认识论意义上,直觉往往表现为认识中的飞跃。作为飞跃的实现形式,直觉需要理性的长期准备;没有理性的积累、准备,飞跃无法达到。从以上角度看,冯契所说的"转识成智"同时表现为渐进和顿悟、过程和飞跃之间的统一。一般而言,如果仅仅专注于飞跃、顿悟,直觉每每容易流于神秘的体验,然而把飞跃和领悟与理性的长期积累、逻辑思维的逐渐准备联系起来,直觉之上的神秘形式便可以得到某种消解。

在当代哲学中,牟宗三曾对智的直觉做了考察。牟宗三所说的智的直觉,首先与康德哲学相联系。康德区分现象与物自体,认为人的感性直观只能把握物自体对人的作用,亦即现象,至于物自体本身,则无法由感性直观把握:在逻辑上它只能诉诸理性直觉或智的直观。既然人无法直观到事物的本然形态(物自体)而只能直观事物呈现于人的形态(现象),因而不具有理性直观的能力。牟宗三批评康德否认人具有智的直觉,认为这是对人的认识能力的限制。与康德不同,牟宗三强调人具有理性直观,而这种直观主要又被理解为对形上的道德本体的把握或道德意识(良知)的当下呈现。就其内涵而言,康德视域中的智的直观或理性直观与牟宗三的智所理解的直觉显然有所不同:康德的智的直观或理性直观主要对应于物自体,牟宗三的智的直觉则主要指向形上的道德本体或当下呈现的道德意识(良知)。从形式的层面看,牟宗三所说的智的直觉似乎近于理性直觉,然而以形上的道德本体或道德意识(良知)的当下呈现为智的直观之内容,无疑在突出直觉的超验性和当下性的同时,既淡化了直觉与理性的联系,也疏远了直觉与现实之间的关联,这一意义上的直觉在相当程度上表现出思辨、抽象的性质。与之相异,冯契不仅在理性直觉中对非理性与理性做了沟通,而且强调理性直觉与现实存在的不可分离性:"在实践中感性活动给予客观实在感是全部认识大厦的基础,理性的直觉无非是理性直接把握这种客观实在感,于是感性呈现不只是作为知识经验的材料,供抽象之用,而且更呈现为现实之流,呈现为物我两忘、天人合一的境界。"① 对理性直觉的如上理解,无疑使之进一步区别于神秘的体验而展现现实的品格。

按冯契的理解,通过理性直觉而达到对形上智慧的领悟,同时需要经过辩证综合的过程。辩证综合在某种意义上可以理解为逻辑的分析和辩证思维之间的结合,它既以逻辑的分疏、辨析为前提,也意味着超越分辨,把握事物之间的联系,达到整体上的领悟和把握。在辩证的综合中,包含着范畴的运用:"利用'类'的同异,我们讲相反相成的原理;利用'故'的功能、作用,我们讲体用不二的原理;利用'理'的分合,我们讲理一分殊的原理,这些原理都是辩证的综合。"② 这里的类、故、理,属普遍层面的范畴,其中不仅包含多样性的统一,而且以同异、体用、分合之间的相互作用为更深层的内容。进一步看,辩证的综合同时表现为从抽象到具体的运动,并展开为历史与逻辑的统一。在这里,综合的辩证性质既意味着超越单纯划界、执着分离的视域,从整体、统一的层面把握世界,又意味着扬弃静态规定,从过程的层面把握世界。

在冯契那里,形上智慧如何可能的问题同时与智慧的实践

---

① 冯契:《认识世界和认识自己》,第247页。
② 冯契:《认识世界和认识自己》,第249—250页。

向度联系在一起，"转识成智"同样涉及智慧的实践层面。智慧的实践向度首先体现于冯契所提出的"化理论为方法""化理论为德性"这两个著名观念。理论既得之于现实，又还治现实。所谓"化理论为方法"，主要与人作用于对象的过程相联系：广义上的方法既关乎对事物的认识和把握，也涉及对事物的作用，两者都离不开实践过程。"化理论为德性"，则体现于人自身的成长过程，其形式表现为以理论引导实践过程，由此成就人的德性。以中国哲学的概念来表述，以上两个方面具体表现为成己与成物。形上智慧来自实践过程，又进一步运用于实践过程；通过"化理论为方法""化理论为德性"，形上智慧既落实于现实，又不断获得新的内容，由此得到进一步的深化和丰富。

可以看到，在体现于实践的过程中，智慧同时取得了实践智慧的形式。事实上，与"化理论为方法""化理论为德性"相联系的"转识成智"，内在地包含着对实践智慧的肯定。这一意义上的"转识成智"不同于智慧的思辨化，相反，它赋予形上智慧以实践的品格。从最一般的层面看，实践智慧以观念的形态内在于人自身之中，同时又作用于人的知行过程或广义的实践过程。这里既内含与一定价值取向相应的内在德性，又渗入人的知识经验，两者又进一步融入人的现实能力之中，并且相应地具有规范的意义。从具体作用看，实践智慧的重要特点在于将实践理性和理论理性、说明世界和改变世界沟通起来：从逻辑上说，纯粹的理论理性仅仅关注于说明世界，而单纯的实践理性则主要侧重于变革世界。在实践智慧中，以说明世界为指向的理论理性与以改变世界为指向的实践理性彼此关联，智慧的实践意义也由此得到体现。

正是基于"转识成智"的实践之维，冯契在肯定理性直觉、辩证综合的同时，又提出了德性自证。德性自证侧重于在实践过程中成就自我，它既涉及凝道而成德，也关乎显性以弘道："我在与外界的接触、交往中使德性得以显现为情态，而具有感性性质的事物各以其'道'（不同的途径和规律），使人的个性和本质力量对象化了，成为人化的自然，创造了价值。这便是显性以弘道。"① 这里的"本质力量对象化"便表现为广义的实践过程，它使自我的成就、德性的提升不同于单纯的自我反省和体验。如果说，理性直觉、辩证综合较为直接地与智慧的理论意义相涉，那么，德性自证则更多地突显了智慧的实践意义。在变革世界的过程中成就自我，同时从实践的层面为"转识成智"提供了现实的担保。

对"转识成智"的如上理解展现了走向形上智慧的多重方面。在理性和非理性的沟通、过程和飞跃的统一中，交错着逻辑分析和辩证综合之间的互动，德性的自证则进一步使智慧的实践意义得到彰显。通过理性直觉、辩证综合、德性自证以实现转识成智，不仅是主体走向智慧的过程，而且也是智慧现实化的过程。在此意义上，冯契的以上看法既体现了对形上智慧如何可能的具体思考，也从更深的层面上展现了对遗忘智慧与智慧思辨化的超越。

五 人格学说与价值原则

"转识成智"以德性自证为题中之意，德性自证则涉及自我成就，后者更直接地关联着人格培养的问题。从更广的角度看，

---

① 冯契：《认识世界和认识自己》，第253页。

冯契的广义认识论已将理想人格如何培养作为追问的内在问题，这同时意味着智慧说以人格理论为其题中之意。以此为逻辑前提，冯契具体提出了平民化自由人格的学说。在中国传统文化中，人格培养的目标往往被规定为成就圣贤，理想人格则相应地表现为圣贤、君子，这种人格形态与等级社会结构存在某种历史的联系。平民是近代视域中的社会成员，"平民化"表现为人格形态从传统意义上的圣贤、英雄向普通人转化，这一转化同时意味着人格形态从传统走向近代。事实上，平民化的人格便可以视为理想人格的近代形态。

与"平民化"相联系的是人格的"自由"规定，"平民化自由人格"在总体上突出了理想人格和自由之间的关联。按照冯契的理解，自由是人的本性，人区别于动物的根本之点在于人具有追求自由、实现自由的品格，自由人格可以看作自由的本性在人格之上的体现。从价值层面看，人的这种自由品格与真善美联系在一起。冯契从三个方面对自由做了解释："从认识论来说，自由就是根据真理性的认识来改造世界，也就是对现实的可能性的预见同人的要求结合起来构成的科学理想得到实现。从伦理学来说，自由就意味着自愿地选择、自觉地遵循行为中的当然之则，从而使体现进步人类要求的道德理想得到实现。从美学来说，自由就在于在人化的自然中直观自身，审美的理想在灌注了人们感情的生动形象中得到实现。"[①] 在此，作为人存在的本性以及人追求的理想，自由的实质内涵具体表现为真善美的统一。这一意义上的自由具有现实的价值内涵，而非空

---

① 冯契:《人的自由和真善美》，华东师范大学出版社，1996年，第27—28页。

洞、无内容的思辨预设。可以看到，以平民化的自由人格为理想人格的内容，既体现了人格形态的近代转换，又赋予它以自由的品格，并使之与真善美的理想紧密地联系在一起，从而避免了人格的抽象化。

人的理想存在形态与现实存在形态无法分离，对理想人格的规定同时基于对人的现实存在的理解。在这一意义上，"何为人"与"何为理想之人"具有内在关联。从历史上看，儒家很早就辨析人禽之分，对人与动物加以区分的背后，便蕴含着何为人的问题。在近代，康德提出了四个问题，即"我可以知道什么"，"我应当做什么"，"我可以期望什么"，"人是什么"；其中，"人是什么"构成了康德哲学追问中带有总结性的问题。

关于何为人、何为理想之人，冯契主要从三个方面做了考察。首先是个体性和社会性的关系。在传统儒学中，人禽之辨与肯定人的社会性、群体性具有内在关联。孟子特别强调"圣人与我同类者"[1]，亦即从类的角度，肯定圣人与自己属于同一类。总体而言，人的群体性品格在传统儒学中被置于重要位置之上，后来荀子在考察人与动物的区别时，也把"人能群，彼不能群"作为两者不同的根本之点。相对而言，康德在提出何为人之时，突出的首先是人的自由意志。自由意志总是与一个一个的个体联系在一起，从而在自由意志之后，蕴含着对人的存在中个体性品格的肯定。广而言之，近代以来主流的哲学都把人的个体性品格放在突出的位置之上，个体性原则同时也构成了近代启蒙思想的重要价值原则。可以看到，中国传统哲学和西方近代以来的哲学分别强化了人的存在规定中的一个方面：

---

[1] 《孟子·告子上》。

传统儒学把群体性放在首要地位，西方近代以来的主流哲学则首先侧重于人的个体性规定。

在冯契看来，真实、具体的人一方面具有社会性的品格，另一方面又具有独立性（这种独立性与近代以来所注重的个体性具有相通之处）；对于理解人的真实存在来说，社会性和独立性都不可或缺。有鉴于中国传统哲学把群体性放在比较突出的位置之上，冯契对自由个性给予了比较多的关注。按冯契的理解，自由个性具有本体论的意义，可以视为精神创造的本体。所谓精神创造的本体，也就是广义文化创造的内在根据。人的创造活动不仅基于物质层面的资源，而且以创造者本身的精神形态为内在根据，自由个性即与之相关。从何为人与何为理想之人的统一看，人的社会性品格和自由独立个性既是实然，也是应然：就实然而言，社会性品格和自由个性的统一表现为人的现实存在形态；从应然的角度考察，这种形态同时也具有理想的特点，是人应当追求并使之实现的人格之境。冯契的以上看法，可以视为对历史上群己之辩的某种总结，其内在的趋向在于扬弃群己之辩上的不同偏向，走向两者之间的沟通。

人的存在规定同时关乎理和欲的关系。在传统哲学中，特别在宋明理学那里，理欲之辩是重要的论题。从人的存在这一角度看，"理"更多地与人的理性本质相联系，"欲"则与人的感性欲求、感性存在形态相关。传统哲学中的理欲之辩，主要便讨论感性存在与理性本质两者之间应该如何定位，与之相关的实质问题则是何为真实的人。一些哲学家往往把感性的方面放在突出的位置，所谓"食色，性也"，便体现了这一点。根据这一看法，食、色这些基本的感性需求便构成人之为人的本质，它所强调的是感性存在对于人的优先性。与之不同，主流的儒学将人的理性本质视为人之为人的根本方面,从先秦儒学到宋明儒学,人的理性本质往往被放在首要的位置。在宋明儒学中,理欲之辩便与心与性、道心与人心等论辩联系在一起:人心主要与人的感性欲求相联系,道心则可以看作天理的化身。关于两者的关系,正统理学的基本理解是:"须是一心只在道上,少间那人心自降伏得不见了。人心与道心为一,恰似无了那人心相似。只是要得道心纯一,道心都发见在那人心上。"① 这一看法的内在意向即净化人心、以理性的本质为人的主导规定。在强调理性优先的同时,正统化的理学对于人的感性存在以及与此相关的感性需求往往表现出某种虚无主义的趋向。理学所追求的理想人格是"醇儒",所谓"醇儒",即以内化的天理为人格的内容,其中剔除了表现为"人心"的感性规定,这种看法显然未能使人的存在中的感性之维获得合理的定位。

在西方哲学中也可以看到类似的哲学趋向。一方面,从柏拉图到黑格尔,主流的西方哲学把理性方面放在突出地位,理性主义往往成为主流的哲学形态。怀特海所谓全部西方哲学不外乎柏拉图哲学的一个注脚,也涉及这一趋向。后现代主义在批评、反思西方文化之时,常常把拒绝理性主义、解构逻各斯作为它的旗帜,而拒绝理性主义、解构逻各斯的历史前提,就是理性主义曾在西方文化中占据主导地位。另一方面,人的存在中非理性的规定也以不同的形态在西方哲学中得到了关注和强调。近代以来,从尼采、叔本华到存在主义以及后现代主义等,都在不同意义上突出了人的存在中的非理性方面。在这里,

---

① 《朱子语类》卷七十八,《朱子全书》第16册,上海古籍出版社、安徽教育出版社,2002年,第2666页。

同样不难注意到理性和非理性（包括感性）之间的张力。

可以看到，无论是在中国哲学的衍化过程中，抑或在西方哲学史上，都存在如下现象，即一些哲学家比较多地突出了人的存在中理性这一维度，另一些哲学家则更为强调非理性（包括感性）的方面。如何适当地定位理性和非理性（包括感性），始终是哲学史中需要面对的一个问题。哲学衍化的以上历史构成了冯契考察和理解人的前提。按冯契的理解，理和欲在广义上关乎感性、理性和非理性。对人而言，感性、理性和非理性本身是相互统一的，理和欲在人的成长过程中都应加以关注。理欲之间的这种统一，同时也表现为人自身的全面发展：理欲统一与人的全面发展在冯契看来是两个相互关联的问题。对理欲统一与人的全面发展之间联系的确认，意味着在理论上克服仅仅强调"理"或单纯突出"欲"的不同偏向。在这里，何为人与何为理想之人同样相互关联：从"何为人"的层面看，人的现实存在表现为理（理性本质）与欲（感性存在）的统一；从"何为理想之人"的角度看，理欲统一以及与之相关的人的全面发展，则应当成为理想人格的目标。

与理欲关系相关的是天人关系。从中国哲学看，广义上的天人之辩既涉及人与外部自然的关系，也关乎人的天性和德性。这里的德性表现为人化的品格，天性则与人的自然之性相关联。历史地看，早期儒家已提出"赞天地之化育"（《中庸》）、"制天命而用之"（荀子），其侧重之点在于人对自然的作用。就天人关系而言，儒家的以上观念把人的作用放在更突出的地位："赞天地之化育"意味着现实的世界并不是本然形态的洪荒之世，其形成过程包含人的参与。换言之，人的活动在现实世界的生成过程中不可或缺。从人自身的存在看，儒家反对停留于本然的天性，要求化天性为德性，后者意味着通过人的知行过程，使人性中的先天可能转换为合乎伦理规范的德性。不难看到，无论是"赞天地之化育"，还是"化天性为德性"，天人关系中的人道之维都被提到更为优先的层面。与之相对，道家一方面强调道法自然：从人的作用与自然法则的关系看，合乎自然、顺乎自然是其更为根本的主张；另一方面，又强调"无以人灭天"，即反对以人为的规范、教条去束缚人的天性。以上两者构成了道家对天人关系的基本理解，其中与天相联系的自然原则被放在突出的位置上。

　　天人关系上的不同趋向，同样存在于西方思想的衍化过程。一方面，古希腊的普罗泰戈拉已提出："人是万物的尺度，是存在的事物存在的尺度，也是不存在的事物不存在的尺度。"① 在此，人被视为判断万物的基本标准。近代以来总的趋向是强调人对自然的征服，在人对自然的主导、支配过程中，逐渐形成了人类中心主义的观念。从人是万物的尺度到人类中心主义，都把人放在突出、主导的位置上。另一方面，西方思想中也存在推崇自然的传统，即使在近代，也可以看到这一点，卢梭便对自然给予高度的注重。按照卢梭的看法，"凡是来自自然的东西，都是真的"。"我们的大多数痛苦都是自己造成的，因此，只要我们保持大自然给我们安排的简朴的，有规律的和孤单的生活方式，这些痛苦几乎全都可以避免。""这种情况（指奴役——引者）在自然状态中是不存在的。"② 如此等等。在这里，

---

① *Ancilla to the Pre-Socratic Philosophers*，Harvard University Press，1983，p. 125. 参见《古希腊罗马哲学》，商务印书馆，1982年，第138页。
② 卢梭：《论人与人之间不平等的起因和基础》，商务印书馆，2007年，第48页、第53—54页、第81—82页。

自然被赋予理想、完美的形态，它构成了西方对天人关系看法的另一面。在当代哲学中，依然可以注意到这一趋向。以海德格尔而言，他曾批评人道主义，认为人道主义本身即是形而上学，其特点在于关注存在者而遗忘了存在。按海德格尔的理解，整个西方传统形而上学的最大问题就是仅仅关注存在者而遗忘了存在，人道主义也没有离开这一传统。与批判人道主义相联系的是对技术的批判，后者意味着拒绝技术的专制、反对技术对人的自然天性的扭曲，等等。这种批评与海德格尔追求所谓"诗意地栖居"彼此呼应："诗意地栖居"意味着超越技术统治，从人走向天，重新回到合乎自然（具有诗意）的生活。现代的一些环境伦理学进一步从批评人类中心主义走向另一个极端，并由此趋向于将人与人之外的其他存在等量齐观：相对于其他存在，人并没有自身的内在价值。可以说，近代以来，广义上的启蒙主义趋向于人类中心主义，而广义上的浪漫主义则强调自然的价值，在这些不同趋向之后，是天与人之间的对峙。

不难注意到，无论是中国传统哲学，还是西方哲学，在如何理解天人关系的问题上，都包含着某种张力。与哲学史上天道与人道相互对峙的趋向不同，冯契认为，"人根据自然的可能性来培养自身，来真正形成人的德性。真正形成德性的时候，那一定是习惯成自然，德性一定与天性融为一体了。就是说，真正要成为德性，德性一定要归为自然，否则它就是强加的东西，那就不是德性"①。这里一方面肯定不能忽视人的价值创造、人自身的存在价值，以及人的尊严，其中确认的是人道原则；

---

① 冯契：《认识世界和认识自己》，第223—224页。

另一方面又从两个角度强调尊重自然法则，关注人自身的天性：德性的培养需要基于天性所蕴含的自然的可能性，德性的完成则应当归于自然（亦即使之成为人的第二自然），其中体现了对自然原则的肯定。在冯契看来，天人关系上合理的价值取向，就是人道原则与自然原则的统一。这种统一的内在意义，在于扬弃天与人、自然法则与人的价值创造之间的对峙和紧张。价值观上自然原则与人道原则的如上统一，既可以看作对中国传统哲学中天人之辩的总结，也可以视为对西方近代以来强调自然价值的广义浪漫主义与突出人的力量和价值的广义启蒙主义的回应。从对人的理解看，自然原则与人道原则的统一同样构成了基本前提：唯有从天人统一的观念出发，才能把握人的真实形态。具体而言，对人的内在天性不能忽视，对人之为人的存在价值也应予以肯定。

要而言之，在冯契那里，对何为人、何为理想之人的理解与合理价值原则的把握联系在一起。自由个性和社会性的统一、理与欲的统一、自然原则与人道原则的统一，既是理解人的基本出发点，也是实现理想人格应当依循的基本价值原则。

自由人格同时具有实践的向度。就其现实形态而言，人格并非仅仅呈现为内在的精神性规定，而是与道德实践的过程相联系，并具体地体现于其中。作为人格的体现形式，道德实践本身应该如何理解？在这一问题上，哲学史上有规范伦理和德性伦理的分野。从西方哲学史上看，亚里士多德通常被看作德性伦理的代表，其伦理学则被理解为属于德性伦理的系统。德性伦理的重要之点，在于注重人的内在德性和品格，以成就人（to be）作为成就行为（to do）的前提。与之相对，康德所建构的义务论则被视为属于规范伦理的系统，其特点在于强调普遍的道德原则对道德行为的制约意义。当然，康德哲学有其复杂性，前面曾提到，康德对人的自由意志给予较多关注。然而，在康德哲学中，自由意志同时又被理解为理性化的意志或实践理性："意志不是别的，就是实践理性。"① 这种理性化的意志与普遍的规范具有内在的相通性，事实上，对康德来说，规范本身即理性所立之法。与之相应，出于自由意志的实质含义，便是服从内在的理性规范，而对理性规范的服从则被视为道德行为的重要的担保。

在中国哲学中，儒家比较注重普遍原则对人的行为的制约，儒家所倡导的仁义礼智信，等等，便既是德目，又是规范；作为规范，它们同时构成了道德实践中应当自觉遵循的普遍准则，这一进路侧重的是道德实践中的自觉原则。相对而言，道家强调行为应出乎自然、合于天性，合于天性同时意味着合乎人的内在意愿，与之相联系的是道德实践中的自愿原则。进一步看，在儒家内部也有不同趋向，以宋明理学而言，朱熹比较注重天理对行为的制约，天理即形而上化的普遍规范；与之有所不同，王阳明从心体出发，肯定好善当如好好色，由此更多地侧重于人的内在意愿对行为的影响。

在哲学史上的如上衍化中，道德行为的自觉原则与自愿原则呈现相互分离的形态。对冯契而言，这种分离显然未能把握道德行为的合理形式。按冯契的理解，真正的道德行为一方面展现为遵循道德原则的过程，具有自觉的性质；另一方面又出于主体的内在意愿，从而具有自愿的品格。仅仅依从道德原则，

---

① Kant, *Grounding for the Metaphysics of Morals*, Hackett Publishing Company, 1993, p. 23.

行为往往容易引向外在强制；完全以内在意愿为出发点，则行为常常流于自发或盲目的冲动，两者都很难视为完美的道德行为。有鉴于此，冯契将合理的道德行为原则概括为自觉原则和自愿原则的统一，并把两者的这种统一视为达到道德自由的前提。

从人格学说的层面看，自觉与自愿的统一突显了自由人格的实践向度。就伦理的形态而言，自觉原则体现了与规范伦理的某种一致性，自愿原则则更直接地关乎德性伦理。在此意义上，肯定自觉原则与自愿原则的统一既赋予理想人格以更现实的品格，也表现为对德性伦理和规范伦理的双重扬弃。作为智慧说的一个重要方面，以上看法进一步展现了智慧说在哲学史中的意义。

六　语言、意识与存在

前面所论转识成智以及自由人格的学说，都属智慧说的具体内容。从整体上看，无论是智慧的"得"与"达"，还是自由人格的培养或与自由人格相联系的价值系统的把握，等等，都关乎广义的语言和意识。语言和意识有其独特性，它们首先是人这一存在的基本品格：人常常被称为语言的动物，这种看法从一个侧面表明了语言与人的存在之间的内在关联。同时，语言又是人把握存在的手段和形式。与此相近，意识也既与人的存在息息相关（无论从理性的层面看，抑或从非理性层面说，意识都与人的存在无法分离），又和人把握存在的过程紧密联系在一起。这样，在讨论智慧的生成、智慧的得与达等问题之时，语言与意识都是无法忽略的方面。

历史地看，关于语言，既有正面肯定其作用的哲学进路，又存在着对语言能否把握存在的质疑。道家提出"道可道，非常道；名可名，非常名"，并一再强调"道常无名"，便突出了道与一般名言之间的距离。在老子、庄子那里，可以一再看到对名言能否把握道的存疑。王弼由得象而忘言，得意而忘象，引出"得意在忘象，得象在忘言"的结论，亦即将放弃名言视为把握普遍原理的前提。禅宗进一步提出"不立文字"的主张，其中亦蕴含着消解文字作用的趋向。在当代哲学中，同样存在着对语言能否把握形而上原理的质疑，维特根斯坦便区分了可说与不可说，认为对不可说的东西，"必须保持沉默"。所谓可说的东西，主要关乎逻辑命题、经验陈述，不可说的对象则涉及形而上的原理。依此，则语言只能止步于形上之域。

对以上立场，冯契始终保持理论上的距离。在他看来，当禅宗说"不立文字"之时，实际上已经有所"立"：提出"不立文字"，同时即借助文字表达了相关的主张和观念。在此意义上，不立文字事实上难以做到。冯契明确地指出，理论思维离不开语言，"理论思维主要要用语言文字作符号"。"正是词，使人得以实现由意象到概念的飞跃。"[1] 作为理论思维借以实现的形式，语言的作用不仅表现在对经验对象的把握之上，而且同样涉及对道的理解。冯契一再确认言、意可以把握道："我们肯定人能够获得具体真理，那就是对言、意能否把握道的问题做了肯定的回答。"[2] 对语言与道（具体真理）的关系的如上看法，与道家的"道常无名"、禅宗的"不立文字"，以及维特根斯坦的"沉默"说，形成一种理论上的对照。

---

[1] 冯契：《认识世界和认识自己》，第88、89页。
[2] 冯契：《认识世界和认识自己》，第50页。

肯定名言不仅可以把握经验对象，而且也能够把握道，这一看法有其哲学史的渊源。在先秦，荀子对名言的性质和作用已做了多方面的考察，概括起来，这种考察体现在两个方面。其一，以名指实（或"制名以指实"），即名言可以把握经验领域的具体对象和事物；其二，以名喻道（或以名"喻动静之道"），即名言能够把握形上原理。（参见《荀子·正名》。）王夫之更明确提出："言者，人之大用也，绍天有力而异乎物者也。"① 对王夫之而言，语言作为人区别于其他存在的规定，其作用不仅限定于经验生活，而且也表现在它们与道的关系之中。关于后者，王夫之做了如下概述："言、象、意、道，固合而无畛。"② 畛即界限，"无畛"意味着言、意、象与道之间没有截然相分的界限。冯契关于语言和概念既可以把握具体对象，也能够把握普遍之道的看法，无疑上承荀子、王夫之等哲学家关于名言与物、名言与道关系的观念。

在肯定语言作用的前提之下，冯契对语言的表达方式做了进一步辨析。在这方面，值得关注的是他对语言的意义和意蕴的区分。意义更多地与语言所指称的对象相联系，"命题的意义就在于命题和事实之间相一致或不相一致"③。意蕴则与主体意愿、情感的表达相关联，包括意向、意味等。以当代分析哲学为背景，便不难看到这种区分的理论意义。分析哲学对语言的研究，往往表现出某种逻辑行为主义的趋向，其特点体现在语言表达和意识过程的分离。在这方面，后期维特根斯坦具有一

---

① 王夫之：《思问录·内篇》，《船山全书》第12册，岳麓书社，1996年，第424页。
② 王夫之：《周易外传·系辞下》，《船山全书》第1册，第1040页。
③ 冯契：《人的自由和真善美》，第84页。

定的代表性。与前期的图像说相对,后期维特根斯坦将语言的意义与语言的运用联系起来,并把语言的运用理解为一个在共同体中展开的游戏过程。作为共同体中的游戏过程,语言首先被赋予公共性的品格:维特根斯坦之拒斥私人语言(private language),也表现了这一点。然而,由强调语言的公共性,维特根斯坦又对主体内在精神活动的存在表示怀疑。在他看来,内在的过程总是需要外部的标准:人的形体是人的心灵的最好图像;理解并不是一个精神过程(mental process),遵循规则(如语法规则)也主要是一个实践过程(共同体中的游戏),而与内在的意识活动无关。语言及其意义无疑具有公共性,但另一方面,在不同个体对语言的表达和理解过程中,又可以具有意味的差异。在这里,需要对意义和意味加以区分。语言符号的意义固然包含普遍内涵,但这种普遍的意义在个体的表达和理解过程中又往往存在某种差异:同一语词所表达的意义,在不同的个体中每每引发不同的意味。以"牛"这一语词而言,对动物学者来说,其含义也许主要是"偶蹄的草食动物";而在以牛耕地的农民心目中,"牛"则首先呈现为劳动的伙伴,后者赋予该词以独特的情感意味。后期维特根斯坦所代表的分析哲学仅仅强调意义的普遍性,而对意味的如上差异则未能给予充分关注。从这一前提看,冯契区分意义和意蕴,无疑对当代分析哲学在语言问题上的偏向(注重语言的普遍形式而忽视其多样意蕴)做了理论上的扬弃和超越。

进一步看,在当代分析哲学中,同时存在着另一种趋向,即仅仅限定在语言的界域之中,不越语言的雷池一步。维特根斯坦比较早的时候就提出:"我的语言的界限意味着我的世界的界限。"① 界限意味着区分,在此语言似乎不再表现为达到外部世界的通道,而是构成了走向外部存在的屏障,人对世界的理解无法超越这一屏障。"当存在被限定于语言或语言被规定为存在的界限时,则语言之外的真实存在便成为某种'自在之物'。确实,在语言成为界限的前提下,主体显然难以达到'界限'之外的真实存在。按其本来形态,语言似乎具有二重性:作为一种有意义的符号系统,它本身既是特定形态的存在,又是达到存在的方式。如果过分强化语言所体现的存在规定,便可能将这种特定的存在形态不适当地夸大为终极的乃至唯一的存在;另一方面,语言的后一功能(即作为达到存在的方式这一功能),则隐含着如下可能:手段或方式本身被赋予本源的性质,或者说,达到对象的方式,被等同于对象本身。不管处于以上何种情形,都可能导致对真实存在的掩蔽。"② 20 世纪的所谓"语言哲学转向"衍化到后来,确乎逐渐使语言成为人自我设定的牢笼,与之相关的是仅仅关注语言中的存在形式、忽视语言之外的真实世界这一类偏向。在分析哲学所热衷的思想实验中,亦不难看到这一点。思想实验是一种理想化的方式,理想化意味着抽象化。在理解世界时诚然可以借助各种抽象的手段,在此意义上,无论人文科学还是自然科学,思想实验都有其意义。但思想实验本身应基于现实根据,同时作为研究手段,其最终目的在于说明现实世界,亦即以得自现实之道,还治现实本身。然而在分析哲学那里,思想实验往往表现为以逻辑的方式构造

---

① L. Wittgenstein: *Tractatus Logico-Philosophicus*, 5・6, Dover Publication, 1999, p. 88. 参见《逻辑哲学论》5・6,商务印书馆,1996 年,第 79 页。
② 杨国荣:《道论》,北京大学出版社,2011 年,第 160—161 页。

现实中不存在的关系或场景，以此展开逻辑层面的分析。在这一过程中，现实的出发点和现实的指向往往被忽略或模糊，而思想实验本身似乎主要表现为以语言的游戏，满足思辨的兴趣。它从一个方面表明，限定于语言所构造的世界，往往导致疏离于真实的存在。

与以上倾向相对，冯契明确地肯定语言与客观存在或客观世界之间的关联。在他看来，由语言而形成的概念结构"既是客观事物之间联系的反映，又积淀着社会的人们的经验与传统"①。也就是说，以语言来表述的概念系统所把握的是客观事物本身，而不仅仅是语言本身的构造物。这一观点的内在旨趣，在于重建语言和真实世界之间的联系：以语言为存在的界限，在实质上导致语言与存在的分离；相对于此，冯契肯定语言和实在之间的关联，则使语言与真实世界由分离重新走向沟通，后者同时从一个方面折射了冯契智慧说在20世纪所呈现的哲学意义。

前面提到，在20世纪哲学中，与语言相关是意识的问题。从当代哲学来看，较之分析哲学关注于语言的问题，现象学对意识做了更多的考察。尽管现象学的奠基人胡塞尔早期持"反心理主义"的立场，但这并不意味着其哲学与意识、心理完全隔绝。事实上，胡塞尔的整个哲学工作的基点，没有离开对意识的哲学分析和把握。胡塞尔的理想是使哲学走向严格科学的形态，并将整个哲学大厦建立在可靠的、具有明证性的基础之上。在胡塞尔那里，这一基础乃是通过本质还原、先验还原而达到的所谓"纯粹意识"或"纯粹自我"。可以看到，一方面，其整个哲学的出发点表现为纯粹的意识，尽管胡塞尔一再强调

---

① 冯契：《认识世界和认识自己》，第89页。

这种意识与一般经验意识、日常心理不同，具有先验性质，但相对于语言而言，"纯粹意识"又属意识之域；另一方面，通过多重"还原"过程而达到的纯粹意识，本身带有明显的思辨和抽象性质。

在肯定精神、意识的意义方面，冯契与现象学呈现某种相通之处。作为智慧说的体现，广义认识论以认识世界和认识自己为指向，对冯契来说，所谓"认识自己"也就是认识作为精神主体的人类本性，而精神主体就是心灵。认识自己具体而言就是认识自己的心灵、德性以及这两者之间的关系，也就是心与性之间的关系。在以上方面，冯契不同于疏离意识及其过程的分析哲学①，而更接近于关注意识的现象学。

不过，在肯定心灵和意识的研究意义的同时，冯契又致力于"精神去魅"，后者同时表现为扬弃现象学对意识的思辨化、抽象化。冯契首先上承黄宗羲关于本体和工夫关系的看法。黄宗羲曾指出："心无本体，工夫所至即是本体。"② 这里的本体不是指外在的物质实体，而是人的精神本体或精神形态。按黄宗羲的看法，精神本体不是先验的存在，而是在人的工夫展开过程中逐渐形成的；所谓工夫，可以理解为基于认识世界和改变世界过程的精神活动。冯契肯定了以上观念，并进一步认为："能动的精神活动中确实形成了一种秩序、结构，有种一贯性的

---

① 分析哲学尽管也包含对心的哲学（philosophy of mind）的研究，但这种研究往往被还原为语言分析，其具体内容不外乎辨析表示心（mind）的语言和概念，以上进路与分析哲学的逻辑行为主义趋向似乎也呈现某种彼此呼应的关系。
② 黄宗羲：《明儒学案·序》。

东西，我们所以把它叫作'心之体'。"① 根据这一理解，心之体并不具有任何神秘、先验的形式，而是形成于现实的精神活动过程。冯契同时认为，自由的德性不仅与时代精神为一，而且"与生生不已的实在洪流为一"②，后者意味着人的自由德性和实在过程之间并非彼此分离：两者通过成己与成物的现实过程而相互关联。这种看法确认了意识和实在世界之间的关联，从而不同于现象学"悬置存在"的进路。关于德性的具体形成过程和作用过程，冯契以"显性以弘道"和"凝道以成德"加以概括，其中突出的是心和物之间、德性和存在的法则之间，以及根据法则而展开的具体活动之间的相互作用。质言之，德性作为内在的精神品格，其生成过程离不开心物之间以及知行之间的互动，这一意义上的精神本体显然不同于现象学视域中的纯粹意识。

　　基于以上看法，冯契进一步对心和性的关系做了具体的辨析。历史地看，对心性问题的考察是中国哲学的重要内容，心性之学本身逐渐成为宋明以来哲学的内在构成。当然，在对心性的理解方面，理学又包含不同的进路。以程朱为代表的理学将"性"提到重要的地位，由此突显了"性体"（普遍的本质），这种"性体"在某种意义上可以视为"天理"的化身；在陆王为代表的心学那里，"心体"则被置于更为优先的地位，较之"性体"，"心体"更侧重于个体意识。冯契对心和性做了独特的分析。在他看来，"心"即作为精神主体的自我，其特点在于有"灵明觉知"。在知识经验的领域中，主体意识主要表现为思维

---

① 冯契：《认识世界和认识自己》，第204页。
② 冯契：《认识世界和认识自己》，第260页。

能力，这种思维能力属理性的功能。在人的知行活动中，理性与情感等非理性的方面相互关联，从"灵明觉知"的角度看，理性在其中处于主导性的地位。所谓"性"，主要指人的本性、本质，包括天性和德性。按冯契的理解，一方面，以"性"而言，人的本质并非仅仅通过理性而展现，而是同时体现于非理性和社会性的方面；另一方面，以"心"而言，理性的作用不仅在于把握人性，而且也指向天道（自然秩序和自然法则）。

对心性的以上看法，有其不可忽视的意义。在宋明理学，特别是程朱理学那里，对人的理解每每限于理性（"理"）的方面而漠视其非理性（包括"欲"）之维，人性由此被看作天理的化身，而理性的规定和非理性之维则呈现相互对峙的形态；"心"所具有的"灵明觉知"、理性的功能则主要地被理解为把握人道（包括伦理规范）的能力，而自然秩序和自然法则意义上的天道则疏离于其外。冯契对心和性的阐释则一方面避免把人性仅仅归结为单一的理性，另一方面也拒绝将理性仅仅限定在人性和伦理的狭隘领域之中。这一理解既扬弃了理性和非理性的相互对峙，也在理性的层面上沟通了天道与人道，由此超越了将理性仅仅限定于人道的偏向。从逻辑上看，当理性主要与人道相联系时，其价值层面的评价性功能往往得到更多的关注；而当理性以自然法则意义上的天道为指向时，其事实层面的认知功能常常更为突显。通过在理性层面上沟通天道与人道，冯契使理性不再主要囿于人道领域而同时指向自然法则意义上的天道，由此人道层面理性的评价功能与天道层面理性的认知功能，也由分离走向统一。

以智慧的追寻为进路，冯契关于言意、心性的以上看法既源于中国传统哲学中的言、意、道之辩，又参与了当代哲学关于语言、意识、存在关系的讨论。如果说，普遍层面的语言意义向多样之维的语言意蕴的扩展、重建语言与真实世界的联系等，可以视为从不同方面对语言学转向的理论回应，那么，精神本体的去魅、以认识世界与认识自己以及成己与成物为精神及其活动的实质指向，则展现了心物之辩的当代视域。名实、心物问题上的这种论辩既具体地参与了"世界范围内的百家争鸣"，也从更内在的层面展现了回归智慧的哲学主题。

哲学对话的意义[①]

马克思主义哲学、中国哲学、西方哲学曾各有自身的话语系统，长期不相往来。当哲学还停留在中、西、马等不同学科的彼此分界时，其本身便难以摆脱近于知识的分化形态，这与哲学跨越知识界限的内在旨趣显然难以相容。从以上前提看，中国哲学、西方哲学、马克思主义哲学对话的实质指向，在于走出学科界限，展现哲学作为智慧之思的内在意蕴。哲学所指向是现实的世界，这一现实世界既不同于本然形态的存在，也有别于哲学家思辨构造的超验对象。在探索这一现实世界的过程中，马克思主义哲学、西方哲学、中国哲学一方面展现了不同的视域，另一方面也形成了多样的思维成果。从不同哲学传统彼此交融的方式和进路看，这里同时涉及会通问题，而中国哲学、西方哲学、马克思主义哲学之间的会通则首先应该理解为一个历史过程。

一

马克思主义哲学、中国哲学、西方哲学之间的关系与互动，

[①] 本文系作者于2017年1月在北京大学未名论坛的演讲记录。

逐渐成为哲学界所关注的问题。中、西、马之间的相互沟通之成为问题，缘于20世纪50年代以来三者在学科上的分化。对这一思想现象，当然可以从不同方面加以理解。从哲学自身的发展看，值得思考的问题是，为什么经过几十年中、西、马的学科分化，现在要将它们放在对话、交融的视野中来考察？稍做考察便不难发现，这与哲学本身的性质难以分离。哲学（philosophy）一开始便与智慧结下了不解之缘，作为智慧之思，哲学不同于各种特定的知识门类。知识的特点是以分门别类的方式把握这个世界，科学（science）可以视为其典型的形态。近代以来的中国以"科学"这一汉语来翻译"science"，是非常到位的："science"作为知识最系统、最严格的形态，同时便表现为分科之学（科学），其特点在于以研究领域彼此区分的方式去理解和把握世界。不管是自然科学，抑或社会科学，不同的科学门类所指向的都是世界的某一个特定领域、某一个方面或某一对象，其趋向在于对世界分而论之。

以不同的方式去理解这个世界，目的在于把握真实的世界。然而，在人们以知识这样一种分门别类的形态对世界加以划分之前，世界本身并非以分裂的形式存在，而是呈现相互关联的整体或统一形态。这样，要把握世界的真实形态，便不能仅仅以知识的形式对世界加以划分，而需要跨越知识的界限，以整体或统一的形态来把握世界本身。智慧不同于知识的根本之处，正在于前者已跨越了后者的各种界限，从整体、统一的视域来理解世界。即使是自身研究进路有所限定的分析哲学，其中的一些人物也无法完全无视哲学的这一指向。塞拉斯（Sellars）便肯定："哲学的目标如果抽象地概括，就是理解最广意义上的事物如何在最广的意义上相互关联。"① 质言之，以有别于知识的方式来把握相互关联的世界，构成了智慧之思或哲学追问的内在旨趣，也正是在这里，展现了中国哲学、西方哲学、马克思主义哲学对话的内在意义。

具体而言，当哲学还停留在中、西、马等不同学科彼此区分的形态时，其本身便类似各自相分的特定知识门类，呈现分化的格局。事实上，在中国哲学、西方哲学、马克思主义哲学各不相属、相互分离时，它们同时也往往呈现为哲学领域某种专门的知识形态，并越来越限定于各自特定的界域之内。在相当长的时期，中、西、马往往各有自身的话语系统，彼此不相往来，其情形类似20世纪以来现象学与分析哲学的分野。不难看到，这种划分形式已渐渐远离了哲学跨越知识界限的内在旨趣，消解了哲学作为智慧之思的本来意蕴。从以上背景看，中国哲学、西方哲学、马克思主义哲学对话的实质指向，在于跨越学科界限，回到哲学作为智慧之思的原初形态。

当然，从历史角度看，中国哲学、西方哲学、马克思主义哲学在作为不同的学科分别衍化的过程中，也形成了各自丰厚的思想资源，其中既有相近或者相通之处，也存在彼此差异之点。今天重新思考哲学问题，包括马克思主义哲学本身发展的问题，充分关注哲学的不同学科在相对独立的形态下形成的多样理论资源，无疑具有重要意义。从哲学的演进看，多样的理论资源本身可以成为多样的智慧之源，中、西、马各自形成的思想资源经过会通、交融，将从思想之流的层面构成推动哲学

---

① *In the Space of Reasons: Selected Essays of Wilfrid Sellars*, edited by Kevin Scharp and Robert Brandom, Harvard University Press, 2007, p. 369.

发展的内在动力。

二

在如何通过中、西、马对话和沟通以推进哲学的发展这一问题上，当然也可以有不同的理解与不同的侧重。除了在一般的层面上对此加以探讨外，这里更实质的方面关联着基于现实世界的具体哲学问题。不难注意到，此处重要的不是空洞地呼喊"中、西、马之间应当对话和沟通"之类的口号，而是在对具体问题的思考研究中，展现中、西、马不同的理论背景，以此从更广的视域推进对相关问题的理解。

从普遍的层面看，中国哲学、西方哲学、马克思主义哲学之间的沟通也有其内在的意义。"哲学究竟是什么"与"哲学应该走向何方"是相互关联的问题，对此具有多样背景的哲学家一直从不同的方面进行着探索。从否定的方面看，20世纪以来可以看到各种形式的哲学终结论。以海德格尔而言，在其后期便一再将哲学的终结与"思"联系起来，在断言哲学终结的同时，又要求开启所谓"思"的过程。[①] 罗蒂提出后哲学或后形而上学的文化观念，这种观念意味着告别以所谓基础主义或本质主义为形式的哲学，走向文化评论。维特根斯坦关于哲学的思考始终关乎语言，其前期规定了哲学应该对不可言说者保持沉默，后期则强调从语言的形而上学运用回到其日常的意义领域。如果追溯得更早一些，则在恩格斯那里，哲学终结的问题已以更明确的形式得到了表述。其实质内涵既涉及科学的不断分化

---

① 参见海德格尔：《哲学的终结和思的任务》，《面向思的事情》，商务印书馆，1996年，第76页。

和独立，又与思辨的形而上学（凌驾于其他科学之上的哲学）走向终点相关。当然，尽管上述哲学家从不同的角度提出了哲学终结的问题，但就实质层面而言，他们认为已经终结或者应当终结的哲学，主要乃是指历史上的某种特定形态，而不是全部哲学。与之相应，在提出哲学终结的同时，他们又以不同的方式探索在已经终结或应当终结的哲学之外的哲学研究进路。

20世纪以来，哲学领域中值得注意的现象首先表现为对语言和意识的关注。对语言的关注与分析哲学相联系，对分析哲而言，哲学的工作无非是改变语言的形而上运用、回到其日常的用法。较之以语言为指向的哲学趋向，另一种哲学进路更多地与意识相关，后者以现象学为重要代表。海德格尔与胡塞尔尽管在不少问题上存在差异，但在注重意识这一点上，又呈现相通之处。他的基础本体论以"此在"为关注重心，所讨论的具体问题则关乎个体在心理层面的感受和体验，包括烦、操心、畏等等，这一类生存感受或体验直接或间接地都涉及意识之域。对不同意识现象的分析和考察固然也有助于推进对人自身存在的理解，但赋予意识以终极意义，同时也表现出思辨化、抽象化的趋向。

从以上前提考察"何为哲学"与"哲学向何处去"，同时也从更广的层面展现了中国哲学、西方哲学、马克思主义哲学沟通对话的意义。与20世纪以来语言哲学、意识哲学等趋向于特定的存在领域相对，哲学所指向的本应是现实的世界。这一现实世界既不同于本然形态的存在，也有别于哲学家思辨构造的超验对象。在探索这一现实世界的过程中，马克思主义、西方哲学、中国哲学既展现了不同的视域，也形成了多样的思维成果。

马克思主义所理解的现实世界，首先不同于"自在之物"等以往思辨哲学构造的超验存在。对马克思主义而言，人自身是在历史实践中生成的，这种历史实践的最本源形态便是劳动。劳动既创造了人，也改变了外部世界。基于人的历史实践而形成的现实世界，不同于本然意义上的存在。马克思主义的这一看法，在一定意义上也可以视为对西方哲学反思总结的结果：马克思主义哲学并不是凭空产生的，它既是哲学革命的产物，也批判地吸取了西方哲学发展的成果。另一方面，在马克思之后，西方哲学关于现实世界的思考本身也在继续，其中亦可以看到与马克思主义类似的某种探索。海德格尔关于存在的看法，便从一个侧面体现了这一点。海德格尔不满于以往的形而上学，并试图建立与之不同的所谓"基础本体论"，这种本体论以"此在"为核心。撇开其思辨的形式，所谓"此在"实质上也就是人的个体存在。基于"此在"（人的个体存在）的这种基础本体论，确乎不同于传统形而上学视域中的超验存在或本然存在。这里从一个侧面涉及马克思主义哲学与现代西方哲学的关系。一方面，两者确有一些共同之处：马克思主义基于人的存在以理解现实世界，海德格尔也未离开人自身存在来考察外部存在；在联系人的存在以理解世界这一点上，两者无疑表现出某些相通之处。但另一方面，马克思主义以历史实践为前提，更多地把人视为类的、社会性的存在，这一哲学传统所理解的世界也更多地展现了现实的内涵。与之不同，海德格尔主要关注个体生存以及个体生存过程中的内在体验和感受，如烦、操心、畏等等。这一事实表明，在关注马克思主义与海德格尔等现代西方哲学对话时，应当避免将马克思主义海德格尔化。

　　在对世界及其原理的理解上，中国哲学同样很早就形成了

"道不远人"的看法。在中国哲学看来,人所面对的世界并不是本然形态的存在,当人追问或沉思对象时,这种对象总是已与人形成了某种联系。人与道的关系是中国哲学所关注的中心问题之一,而其立论的基点则是道非超然于人:"道不远人。人之为道而远人,不可以为道。"① 这里的道,即形上视域中的存在根据和法则。对中国哲学而言,道并不是与人隔绝的存在,离开了人的为道过程,道只是抽象思辨的对象,难以呈现其真切实在性。事实上,作为存在根据和法则的道,其意义本身展现于人的形上视域。同时,中国哲学强调"赞天地之化育""制天命而用之"。所谓"赞天地之化育",并不是人帮助自然过程完成,而是指通过人的活动使对象世界(天地)由本然的存在("天之天")转化为打上了人的印记的存在("人之天"),从而合乎人的合理需要并获得价值的意义,其中蕴含着现实世界基于人的存在及其活动的观念。就其肯定人所处的世界并非本然的存在而是与人的参与息息相关而言,以上看法与马克思主义哲学也有一致之处。当然,在中国哲学中,"道不远人""赞天地之化育"的观念尚未以历史过程的具体考察为前提,其中仍包含某种思辨内容。

从哲学的层面理解人所面对的真实存在,无疑需要把目光转向人生活于其间的现实世界。在这一层面,可以看到中国哲学、马克思主义哲学、西方哲学既存在相通之处,又同中有异。深入地考察三者的具体关系,揭示其中蕴含的不同哲学智慧,无疑将推进对存在的理解。

同样,在对人的理解上,中国哲学、西方哲学、马克思主

---

① 《中庸》。

义哲学也既有交集,又存在不同进路。马克思主义更多地关注人的社会性以及人类社会演进的历史规律性;中国哲学一方面在价值观上表现出群体关切,另一方面又关注个体人格、德性、精神境界;马克思主义哲学之外的西方哲学则首先关注于个体存在、个体权利,直到现代依然可以看到此种趋向:罗尔斯的《正义论》以正义为讨论对象,而正义的核心问题便关乎个体权利。

进而言之,在人与物的关系上,不同的哲学传统都以各自的方式肯定人的内在价值,反对人的物化。马克思主义哲学反对拜物教,批评人的异化,追求人的解放,其中包含着对人的内在价值的肯定。中国哲学中,儒家注重人禽之辨,要求将人与其他存在区分开来,强调天地之中人为贵;道家则主张不以物易性,反对以外在的名利取代人的内在天性。儒道的这些看法,都从不同的方面确认了人的价值。同样,在近代以来西方哲学的演进中,康德在追问何为人的同时,又肯定人是目的,反对将人视为手段,其中所突出的也是人之为人的内在价值。

人的存在与现实的世界的生成,离不开人自身的活动。关于人的活动对人与现实世界的意义,不同的哲学传统展现了不同的侧重。马克思主义强调的是制造工具与运用工具的实践活动的本源性;西方哲学,包括其实践哲学,则主要关注政治、伦理的活动;中国哲学,特别是其中的儒学,则更为注重人的伦常活动以及与之相关的日用常行,包括洒扫应对的日常活动。人类生活和人类实践本身包含不同方面,对人的活动的这些看法可以说分别涉及其中一个方面。

在如上的不同理解中,同时可以看到对现实世界与人的真实存在的多方面探索。如果限定于其中一个侧面,无疑容易引向对世界和人的片面理解。以人的存在而言,单纯注重其中社会性的规定,可能便会导致对人的个体性,包括个体人格、个体权利的某种忽略;反过来,仅仅强调个体权利,则可能漠视人的社会性、道德上的人格境界。同样,以个体德性、精神境界为主要关注之点,忽略其后更广义上的社会性,也会引向对人的抽象理解。马克思主义、中国哲学、西方哲学作为不同的哲学传统,固然主要关注于人的存在及其活动的某些方面,但这些方面同时表现为存在的真实规定,它们综合起来,即涉及人的存在及现实世界的多方面性。可以看到,分而论之,中国哲学、马克思主义、西方哲学都各自积累了丰厚的思想资源;合而言之,这些不同的探索则趋向于真实的世界。在这一意义上,中、西、马对话并不仅仅表现为主观层面的要求,而是最终指向现实世界与人的真实存在。事实上,对以上不同哲学传统所积累的思想资源进一步加以反思和总结,确乎有助于更真切和深入地理解世界和人自身。当然,中国哲学、西方哲学、马克思主义哲学之间的沟通和对话不能停留于空泛的议论,而需要最后落实于对哲学和时代具体问题的研究。

三

从不同哲学传统彼此交融的方式和进路看,这里同时涉及会通问题。中国哲学、西方哲学、马克思主义哲学之间的会通,首先应该理解为一个历史过程。具体而言,在不同历史时期会通具有不同的内涵,思想的交融也是在不同的层面上历史地实现的。事实上,以往的历史已展示了这一点。以佛教与中国文化的关系而言,佛教本是外来宗教,传入中国后,经过了近千年的历史衍化,才逐渐实现了与中国文化的会通。这种会通的历史形式和实现方式,同时呈现多样性。在宗教的层面,经过从魏晋南北朝到隋唐的演进,最后出现了中国化的佛教——禅宗,后者既是外来佛教发展的产物,又融合了中国的思想传统。在哲学的层面,以三教合流为历史趋向,宋明理学站在儒家立场上,实现了中国传统哲学与包括外来佛教在内的其他思想的某种会通。不管是哪种形式的会通,其现实形态都是在历史过程中形成的。较之佛教,西方哲学和马克思主义哲学进入中国的历史还不算很长,中国哲学与两者的会通也将经历一个漫长的过程。

另一方面,哲学的会通不仅存在于中、西、马之间,广而言之,在任何一种哲学传统的内部,也同样存在着会通问题。就西方哲学而言,现象学与分析哲学的两极对峙便成为20世纪以来瞩目的景观,而如何扬弃两者的这种对峙、实现思想的内在交融,则构成西方哲学进一步发展所无法回避的问题。从更高的哲学视域来看,仅仅为某一种趋向辩护或拘守某种哲学系统,本身都表现为一种偏向,合理的立场在于超越和扬弃简单对峙。

就内容而言,如前所述,哲学可以视为智慧之思;从形式的层面看,哲学活动则主要表现为概念运用的过程,后者首先与逻辑分析相关。与之相联系,智慧的追求和逻辑的分析是哲学不可分离的两个方面。以中国哲学的概念来表述,这里同时涉及"道"和"技"的关系。智慧的追求近于中国哲学所注重的"道"的追问;逻辑的分析包括概念的界说和辨析、观点的论证,等等,则更多地与中国哲学所说的"技"相关联。20世纪以来西方的分析哲学和现象学,可以说各自抓住了其中一个方面。现象学比较关注"道",事实上,一些论者每每将现象学系统中的相关思想（如海德格尔的哲学）与中国的天道加以比较，也反映了现象学与"道"的追问之间的相关性。比较而言，分析哲学对逻辑分析给予了更多的关注，其中所涉及的首先是中国哲学所说的"技"。两者各有所长，也各有所偏。哲学研究应该关注宇宙人生根本性的问题，这是哲学不同于科学、艺术之处。如果哲学不追问天道、宇宙人生这样的大问题，那么，哲学之思的意义又何在？但是，另一方面，以上追问又必须建立在可靠的基础之上，这种基础既涉及现实的背景，又关乎严密的逻辑分析。用比较通俗的话来说，这里表现为大处着眼和小处入手的统一。没有"大处着眼"，"小处入手"就会流于对"技"的关注，从而失去哲学之为哲学的根本意义；未能做到"小处入手"（包括缺乏严格意义上的逻辑分析），则哲学就可能仅是一种个体的感想或体验，难以成为言之成理、持之有故的思想形态。

从世界范围看，尽管一些哲学家试图沟通现象学和分析哲学，但总体上，两者彼此隔绝的状态没有根本改变。与之类似，从中国的哲学界看，专注于现象学研究与倾心于分析哲学也构成了不同的哲学趋向。从事分析哲学研究的，往往限定于特定论题的细密分析，对哲学领域的大问题则不甚关注；从事现象学研究的，则常常沉溺于哲学思辨，而未能把概念的严密分析、观点的逻辑论证放在应有的位置之上，两者各有自身的局限。在从世界哲学的角度扬弃现象学和分析哲学对峙的同时，也需要使当代中国哲学超越道与技、思辨哲学与逻辑分析的分离。

要而言之，哲学思想的推进离不开多元的哲学智慧。在单一的传统之下，思想资源往往会受到内在的限制。当代西方哲学家大都没能超脱古希腊以来的西方哲学传统，不断地在古希腊到现代西方哲学的单一传统里兜圈子。源于现象学的海德格尔尽管对中国的道家哲学有过兴趣，但其根底仍是西方的传统，他之研究前苏格拉底的思想、考察康德和尼采哲学等，都体现了这一点；分析哲学在将古希腊以来注重逻辑分析的传统发挥到极致的同时，又陷入了思想的碎片化。不接纳其他文明的思想资源，其发展潜力无疑将受阻。分析哲学自限于"语言"的牢笼，现象学则陷入"意识"之域，近年来成为"显学"的政治哲学、伦理学则既囿于特定的社会领域，又以古希腊以来的政治伦理传统为主要思想之源，其进路相应地受到不同意义上的限制。

比较而言，近现代以来，熊十力、梁漱溟、冯友兰等中国哲学家已比较注意运用多元智慧。他们也许并不十分精通外语（如熊十力），但这并不完全妨碍其对西方哲学的了解。这里有必要对"了解"做一区分：一为专家式的了解，一为哲学家式的了解。从专家式的了解来说，熊十力关于西方哲学的了解可能没有那么细致"到位"，但是他有一种哲学家的直觉，能够从整体的方面把握西方的哲学观念，这种把握不同于细节性的表述。梁漱溟的情况也有类似之处。冯友兰则曾留学美国，对西方哲学有更细致、更深入的理解。这些哲学家既对西方哲学有不同程度的了解，又对中国自身的传统有深厚的底蕴，他们也因此能够在不同的哲学传统和多元智慧中进行创造性的哲学思考，由此形成具有独特品格的哲学系统。这些系统在哲学史中的具体创造意义，也许有待于未来的进一步验证，但其研究进路的历史意义则是显而易见的。

从中国哲学与西方哲学的关系看，中国哲学既不应妄自尊大，也无须妄自菲薄。妄自尊大，意味着不能真正深入地把握和理解西方哲学从古希腊到现代的发展历程及其思维成果；妄自菲薄，则常常引向对西方哲学亦步亦趋的迎合。从当代西方哲学的发展过程看，在罗尔斯、蒯因、诺齐克、罗蒂等哲学家谢世之后，真正能称为哲学家的，愈来愈有限。哲学领域固然有不少专家，他们在一些具体领域，如伦理学、语言哲学、科学哲学等方面，可能确实做出了非常出色的工作，然而不能将专家简单地等同于哲学家。专家既有所长，也有自身的限度；与之相联系，从事哲学研究，无须刻意地迎合当代的一些西方学者，以其研究范式或写作风格为圭臬。事实上，从"道"和"技"的关系看，现代西方哲学每每或者以"道"消解"技"，或者将"道"引向"技"，智慧的关切和逻辑的分析由此彼此相分。从中国哲学、西方哲学、马克思主义哲学的相互关联看，在注重三者互动的同时，也需要在更本源的层面超越"道"和"技"的分异。

儒学的本然形态、历史分化与未来走向[1]
——以"仁"与"礼"为中心的思考

儒学的原初形态表现为"仁"与"礼"的统一。"仁"首先关乎普遍的价值原则,并与内在的精神世界相涉。在价值原则这一层面,"仁"以肯定人之为人的存在价值为基本内涵;内在的精神世界则往往取得人格、德性、境界等形态。相对于"仁","礼"更多地表现为现实的社会规范和现实的社会体制。就社会规范来说,"礼"可以视为引导社会生活及社会行为的基本准则;作为社会体制,"礼"则具体化为各种社会的组织形式,包括政治制度。从"仁"与"礼"本身的关系看,两者之间更多地呈现相关性和互渗性,这种相关和互渗同时构成了儒学的原初取向。作为历史的产物,儒学本身经历了历史衍化的过程,儒学的这种历史衍化同时伴随着其历史的分化,后者主要体现于"仁"与"礼"的分野。从儒学的发展看,如何在更高的历史层面回到"仁"和"礼"统一的儒学原初形态,是今天所面临的问题。回归"仁"和"礼"的统一,并非简单的历史

---

[1] 本文基于 2015 年 6 月作者在举行于北京大学的"重构中的儒学"学术会议上的发言,原载《华东师范大学学报》2015 年第 5 期。

复归，它的前提之一是"仁"和"礼"本身的具体化。以"仁"与"礼"为视域，自由人格与现实规范、个体领域与公共领域、和谐与正义相互统一，并赋予"仁"和"礼"的统一以新的时代意义。对儒学的以上理解，同时体现了广义的理性精神。

一

作为包含多重方面的思想系统，儒学无疑可以从不同的角度加以理解，但从本源的层面看，其核心则可追溯到周孔之道：在人们谈孔孟之道之前，儒学更原初的形态乃是周孔之道。这里的"周""孔"分别指周公和孔子。事实上，《孟子》一书已提及"悦周公、仲尼之道"①，这至少表明，在孟子本身所处的先秦，周孔已并提。此后相当长的历史时期中，处于主导地位的儒学主要被视为周孔之道或周孔之教。至唐代，李世民仍然肯定："朕今所好者，惟在尧、舜之道，周、孔之教。"② 此处体现的是当时关于儒学的正统观念。直到近代，以上观念依然得到某种认同，梁漱溟在他的《中国文化要义》中便指出："唯中国古人之有见于理性也，以为'是天之所予我者'，人生之意义价值在焉。……自周孔以来两三千年，中国文化趋重在此，几乎集全力以倾注于一点。"③ 这里仍是周孔并提。作为儒学的历史源头之一，周公最重要的文化贡献是制礼作乐。礼的起源当然早于周公所处时代，但其原初形态更多地与"事神致福"相

---

① 《孟子·滕文公上》。
② 《贞观政要·慎所好》。
③ 梁漱溟：《中国文化要义》，《梁漱溟全集》第三卷，山东人民出版社，1990年，第137页。

涉①，周公制礼作乐的真正意义在于淡化礼的"事神致福"义，突出其在调节、制约社会人伦关系中的作用，使之成为确立尊卑、长幼、亲疏之序的普遍规范和体制。比较而言，孔子的思想内容首先与"仁"的观念相联系。尽管"仁"作为文字在孔子以前已出现，但真正赋予"仁"以深沉而丰富的价值意义者，则是孔子。

与以上历史过程相联系，周孔之道或周孔之教中的"周"更多地代表了原初儒学中"礼"的观念，"孔"则主要关乎儒学中"仁"的思想。可以说，正是"仁"和"礼"的统一构成了本然形态的儒学之核心。广而言之，"仁"和"礼"的交融不仅体现于作为整体的儒学，而且也渗入作为儒学奠基者的孔子之思想：孔子在对"仁"做创造性阐发的同时，也将"礼"提到突出地位，从而其学说也表现为"仁"和"礼"两者的统一。一方面，孔子对春秋时期礼崩乐坏的状况痛心疾首，并肯定："周监于二代，郁郁乎文哉！吾从周。"② 其中体现了对礼的注重。另一方面，孔子又肯定礼应当包含仁的内涵，所谓"礼云礼云，玉帛云乎哉""人而不仁，如礼何"③，便强调了这一点。可以看到，无论就整体而言，抑或在其奠基者那里，儒学都以"仁"和"礼"的统一为其核心。④

作为儒学核心观念，"仁"表现为普遍的价值原则，并与内

---

① 《说文解字》："礼，履也，所以事神致福也。"
② 《论语·八佾》。
③ 《论语·阳货》《论语·八佾》。
④ 牟宗三曾认为，从宋以前"周孔并称"到宋儒"孔孟并称"表明"时代前进了一步"（《中国哲学十九讲》，学生书局，1983年，第397页）。这一看法固然合乎他本人上承宋儒（理学）的立场，但却忽视了后者（"孔孟并称"）所蕴含的单一进路对儒学内核的偏离。

在的精神世界相涉。在价值原则这一层面,"仁"以肯定人之为人的存在价值为基本内涵;内在的精神世界则取得人格、德性、境界等形态。"礼"相对于"仁"而言,更多地表现为现实的社会规范和现实的社会体制。就社会规范来说,"礼"可以视为引导社会生活及社会行为的基本准则;作为社会体制,"礼"则具体化为各种社会的组织形式,包括政治制度。

从具体的文化意义来看,"仁"作为普遍的价值原则,主要侧重于把人和物区分开来。从早期的人禽之辨开始,儒学便关注于人之所以为人、人区别于其他存在的内在价值。如所周知,《论语·乡党》中有如下记载:孔子上朝归来,得知马厩失火,马上急切地问:"伤人乎?"不问马。这里明确地把马和人区别开来:问人而不问马,便表明了这一点。当然,这并不是说,马本身没有任何价值。事实上,在当时,作为代步、运输的工具,马无疑也有其价值。但对孔子而言,马的价值主要体现于手段或工具的意义之上,亦即为人所用;人则不同于单纯的手段或工具,而是有其自身的价值。不难看到,人马之别在实质的层面体现了"仁"的观念,其核心意义在于肯定人的内在价值,并以此将人与对象性的存在(物)区分开来。

较之"仁"注重于人与物之别,"礼"更多地关乎文与野之分。"文"表现为广义的文明形态,"野"则隐喻前文明的存在方式,文野之别的实质指向在于由"野"(前文明)而"文"(走向文明)。"仁"肯定人的内在价值,"礼"则涉及实现这种价值的方式,包括旨在使人有序生存与合理行动的社会体制和社会规范。

就现实的社会功能而言,"仁"和"礼"都具有两重性,后者表现为对理性秩序和情感凝聚的担保。从"礼"的方面看,其侧重之点在于通过规范和体制形成有序的社会生活。荀子曾以确定"度量分界"为礼的主要功能,"度量分界"以每一个体各自的名分为实质的内容。名分既赋予每个人以相关的权利和义务,也规定了这种义务和权利的界限。如果每一个体都在界限之内行动,社会即井然有序;一旦彼此越界,社会便会处于无序状态。同时,"礼"又具有情感凝聚的作用,所谓"礼尚往来"便表现为人与人之间合乎礼的交往,这种交往同时伴随着情感层面的沟通。礼又与乐相关,乐在更广的意义上关乎人与人之间的情感凝聚:乐的特点在于使不同的社会成员之间彼此和亲和敬。荀子曾指出这一点:"故乐在宗庙之中,君臣上下同听之,则莫不和敬;闺门之内,父子兄弟同听之,则莫不和亲;乡里族长之中,长少同听之,则莫不和顺。"① 在此,乐即呈现出情感层面的凝聚功能:所谓和亲、和敬、和顺,无非是情感凝聚的不同形式。礼乐互动,也赋予"礼"以人与人之间情感凝聚的意义。

根据现有的考证和研究,礼从本源的方面来说,既和早期巫术相联系,也与祭祀活动相关。巫术的特点是通过一定的仪式以沟通天和人,这种仪式后来逐渐被形式化、抽象化,进而获得规范、程序的意义。至于礼与祭祀的关系,王国维在《释礼》一文中曾做了解释:"古者行礼以玉,故说文曰'豊,行礼之器'。其说古矣。……盛玉以奉神人之器谓之豊,若豊,推之而奉神人之酒醴亦谓之醴,又推之而奉神人之事通谓之礼。"② "神"关乎超验的存在,"人"则涉及后人对先人的缅怀、敬仰

---

① 《荀子·乐论》。
② 王国维:《释礼》,《观堂集林》卷六。

儒学的本然形态、历史分化与未来走向

以及后人之间的相互沟通。以"奉神人之事"为指向,"礼"兼及以上两个方面。这样,在起源上,"礼"既与巫术的仪式相涉而具有形式方面的规范意义,又与祭祀活动相关而涉及人与人之间的沟通。

相对于"礼","仁"首先侧重于人与人的情感凝聚。孔子以"爱人"解释"仁",便突出了仁在人与人之间的交往、沟通过程中的意义。后来孟子从恻隐之心、不忍人之心等方面发挥"仁"的观念,也体现了仁与情感凝聚的关联。另一方面,孔子又肯定"克己复礼为仁",亦即以合乎"礼"界说"仁"。如上所述,"礼"以秩序为指向,合乎礼(复礼)意义上的"仁",也相应地关乎理性的秩序。可以看到,"仁"和"礼"都包含理性秩序和情感凝聚双重向度,但是两者的侧重又有所不同:如果说,"礼"首先指向理性的秩序,但又兼及情感的凝聚,那么,"仁"则以情感的凝聚为关注重心,但同时又涉及理性的秩序。

从仁与礼本身的关系看,两者之间更多地呈现相关性和互渗性,后者同时构成了儒学的原初取向。对原初形态或本然形态的儒学而言,首先"礼"需要得到"仁"的引导。礼具体展现为现实的社会规范、社会体制,这种规范、体制的形成和建构以实现仁道所确认的人的存在价值为指向。尽管礼在起源上关乎天人关系(沟通天人),但其现实的作用则本于人、为了人:"礼者,谨于治生死者也。生,人之始也;死,人之终也。终始俱善,人道毕矣。故君子敬始而慎终,终始如一,是君子之道,礼义之文也。"① 生死涵盖了人的整个存在过程,以此为指向,也从一个方面体现了礼的价值目标。这种价值的目标乃是由仁

---

① 《荀子·礼论》。

所规定,所谓"人而不仁,如礼何"便可视为对此的确认。

进而言之,礼应当同时取得内在的形式,礼的这种内在化同样离不开仁的制约:从个体的角度看,作为规范的礼应当内化为仁的自我意识;从普遍的社会层面看,礼则应当以仁为其价值内涵,由此超越外在化,所谓"礼云礼云,玉帛云乎哉"便表明了这一点。

以上侧重于仁对礼的制约。另一方面,在本然形态的儒学看来,"仁"本身也需要通过"礼"得到落实。仁道的价值原则乃是通过以"礼"为形式的规范和体制来影响社会生活,制约人们的具体行动。"仁"作为价值目标,唯有通过"礼"在规范层面和体制层面的担保,才能由应然走向实然。具体而言,仁道所体现的价值原则以人伦、社会关系及其调节和规范为其实现的前提,所谓"君君臣臣、父父子子"便是通过伦理关系(父子)与政治关系(君臣)的具体规定(君君臣臣、父父子子),以体现仁道所坚持的人禽之别。以"礼"为现实的形式和程序,"仁"不再仅仅停留于个体的心性之域或内在的精神世界,而实现了对世界的现实作用。

不难看到,从形成之时起,儒学便以"礼"和"仁"的统一为其题中之意。借用康德在阐述感性与知性关系时的表述,可以说,"礼"若缺乏内在之"仁",便将是盲目的(失去价值方向);"仁"如果与"礼"隔绝,则将是空洞的(抽象而难以落实)。事实上,在原初形态的儒学中,"礼"的内化与"仁"的外化构成了仁与礼相互关联的重要方面。通过这种互动,一方面,"礼"超越了其形式化、外在化趋向;另一方面,"仁"的抽象性也得到了某种扬弃。作为其核心的方面,"仁"和"礼"的相互关联同时构成了儒学本然的形态,所谓"周孔之道"也反映了儒学的这一历史形态。在考察儒学时,对"仁"和"礼"的如上统一无疑需要予以关注。

二

在儒学尔后的衍化过程中,其原初形态经历了一个分化过程。韩非所谓孔子之后"儒分为八",也涉及这一分化过程。从实质的层面看,儒学的分化主要表现为"仁"和"礼"的分离以及两者的单向展开。在先秦时期,孟子和荀子对儒学的各自阐发便已展现以上分化。

宽泛而言,孟子儒学思想的核心表现为两个方面:其一关乎仁政,其二涉及仁心。"仁政"观念一方面将"仁"引向外在的政治领域,从而表现为"仁"的外化;另一方面,则蕴含着以"仁"代替"礼"的趋向,后者同时意味着"礼"在体制层面实质上的退隐:孔子肯定"礼"在政治生活中的作用,在主张"道之以德"的同时,又要求"齐之以礼"[①];孟子则由"不忍人之心"推出"不忍人之政",并强调以仁为立国之本,所谓"三代之得天下也以仁,其失天下也以不仁。国之所以废兴存亡者亦然"[②]。在后一进路中,广义之"仁"已消融了"礼"。这一意义上的"仁政"固然展现了价值层面的正当性,但往往既缺乏社会层面的现实根据,也难以呈现对社会生活的实际规范意义和建构作用。与"仁政"相关的"仁心"则更直接地突出了"仁"作为内在心性和内在精神世界的意蕴。尽管孟子所提出的"四心"之说并非仅仅限于"仁",但作为"仁之端"的"恻隐之

---

① 《论语·为政》。
② 《孟子·离娄上》。

心"显然处于主导的地位,所谓"仁人无敌于天下"① 便在以"仁"作为完美人格(仁人)总体特征的同时,又突出"仁"所具有的优先性。就人的存在而言,孟子以恻隐之心为仁之端,由此强调成人过程的内在根据,并将人格的培养视为"求其放心"的过程,这些看法都更多地展现了"仁"及其内在化的一面。孟子诚然也提到"礼",但在总的方面,他无疑更侧重于强化"仁";相对于"仁"的这种主导性,"礼"多少处于边缘化的层面。

较之孟子,荀子更注重礼,认为:"礼者,法之大分,类之纲纪也,故学至乎礼而止矣。夫是之谓道德之极。"② 对荀子而言,"礼"规定了人与人之间的"度量分界",由此避免了社会生活中的争与乱;社会的秩序需要通过"礼"加以担保。在强调"礼"的现实规范作用的同时,荀子对"仁"所体现的内在精神世界方面则不免有所忽视。从成人过程看,孟子把仁心视为成人的内在根据;在荀子那里,成就人则主要表现为以礼为手段的外在教化过程,所谓"凡治气养心之术,莫径由礼"③,对成人的内在根据则未能给予必要的关注。离开人格培养的内在根据而强调社会对个体的塑造,每每容易把成人过程理解为外在灌输,并使之带有某种强制的性质。事实上,在荀子那里,社会对个体的塑造常常被视为"反于性而悖于情"的过程,而礼义的教化则往往与"起法正以治之,重刑罚以禁之"④ 相联系。这一进路在某种意义上表现为对仁的抽象化或虚无化。

孟荀分别从不同方面展开了原初儒学所包含的"仁"和

---

① 《孟子·尽心下》。
② 《荀子·劝学》。
③ 《荀子·修身》。
④ 《荀子·性恶》。

儒学的本然形态、历史分化与未来走向

"礼"。在宋明时期,这一分化或片面化过程得到了另一种形式的发展。理学诚然有注重心体与突出性体的分别,但从总体上看,都趋向于将"仁"学引向心性之学。以孟子为其直接的思想源头,理学往往把内在心性提到更加突出的位置,并以成就醇儒为成己的目标,而如何通过现实的规范系统和体制建构或体制变革以影响社会生活,则往往处于其视野之外。北宋时期王安石曾实施变法,这种关乎外在社会生活的新政可以视为礼的实际规范作用在这一历史时期的体现,对此理学家几乎都持否定的立场。理学固然并不否定"礼"的作用,但往往将"礼"限定于伦理等特定领域,朱熹作《家礼》在某种意义上即体现了这一趋向。可以看到,就内圣与外王的关系而言,理学突出内圣而弱化外王;从"仁"与"礼"的关系看,理学则在强化"仁"的同时,趋向于限定"礼"的作用,并相应地淡化"礼"在更广的社会实践领域中的意义。

与理学同时的事功之学,展现的是另一种思想趋向。理学以内在心性为主要的关注之点,事功之学则反对"专以心性为宗主",认为如此将导致"虚意多,实力少,测知广,凝聚狭"①。相对于理学,事功之学更注重经世致用,后者以作用于现实的社会生活为指向。在传统儒学中,"礼"与现实的社会生活具有更切近的联系,就此而言,事功之学无疑比较多地发展了儒学中"礼"的方面。如果说,理学将"仁"引向内在心性,那么,事功之学则由"礼"而引向现实社会生活。不过,由注重外在的社会作用,事功之学往往将内在人格的培养置于比较边缘的地位,其关切之点更多地放在外在之利的追求之上:"利

---

① 叶适:《习学记言序目》卷十四,中华书局,1977年,第207页。

可言乎？曰：人非利不生，曷为不可言？"① 相对于现实功用或功利，"仁"所体现的内在精神世界在事功之学中似乎没有得到合理的定位。②

近代以来，儒学的演进依然伴随着儒学的分化。以当代新儒家而言，其进路表现为上承宋明理学，给予内在心性（内圣）以优先的地位，尽管其中一些代表人物也主张由内圣开外王，并留意于政道与治道，但从总体上看，在当代新儒家之中，内在心性或内圣无疑具有更为本源的性质，而外王则最终基于内圣。在新儒家看来，"讲仁而不牵涉心是不可能的"③，在这方面，新儒家往往自觉地上承思孟及理学，或接着陆王说，或接着程朱说，荀子等所代表的儒学进路则基本上处于其视野之外。④ 另一方面，以社会的历史变革为背景，儒学与政治的关联也每每受到关注，从19世纪末的托古改制到时下各种版本的政治儒学，都体现了这一点。托古改制以"礼"在历史上的前后"损益"为近代变革的根据，而政治变革本身也与社会规范和社会体制的变迁为内容。从"仁"与"礼"的关系看，这一方面

---

① 李觏：《原文》，《李觏集》，中华书局，1981年，第326页。
② 宽泛而言，在宋明之前，汉儒在秦之后将"礼"重新引入社会政治生活，并由五常进而引出三纲；魏晋时期，玄学化的儒学在肯定"圣人之情应物而无累于物"的同时，又主张"性其情"（王弼），这里同样表现出对"礼"与"仁"的不同侧重。至唐代，韩愈在"原性"的同时又强调"博爱之谓仁"，柳宗元和刘禹锡则分别由社会之"势"论封建，由法之"行""弛"解释社会生活，以上进路在广义上也蕴含着基于"仁"与缘于"礼"的不同视域。
③ 牟宗三：《中国哲学十九讲》，第79页。
④ 牟宗三对早期儒学的理解便体现了这一趋向：在谈到早期的儒家系统时，除孔子的《论语》外，牟宗三仅提及《孟子》《中庸》《易传》《大学》，将《荀子》完全排斥在这一系统之外（参见牟宗三《中国哲学十九讲》，第69页）。

无疑更多地关乎"礼"。同样,政治儒学也首先关注于儒学的体制之维,这种体制同时被视为"礼"的具体体现。在当代新儒家与政治儒学的以上分野之后,不难看到儒学衍化中对"仁"与"礼"的不同侧重。

相应于儒学的以上演进、分化,儒学本身也形成了不同的传统。从儒学的内在逻辑看,这种不同的传统以"仁"与"礼"为各自的内在理论根据:如果说,孟与荀、理学与事功之学、心性儒学与政治儒学分别从历史形态上展现了儒学的不同传统,那么,"仁"、求其放心、心体与心体、内圣为本与"礼"、化性起伪、经世致用、走向政治则从理论形态上赋予以上传统以不同的意蕴。

三

从前面简单的概述中可以看到,儒学在形成之后,经历了绵长的历史发展过程,这一过程同时以儒学的分化为其特点。儒学分化之最实质的方面,即体现于"仁"与"礼"的不同发展方向。与之相联系,今天重新审视儒学,面对的突出问题便是如何扬弃"仁"和"礼"的分离。就儒学的衍化而言,以孔孟之道为关注之点,往往侧重于"仁"的内化(心性);注重周孔之道,则趋向于肯定"仁"与"礼"的统一。扬弃"仁"和"礼"的分化,从另一角度看,也就是由孔孟之道回到周孔之道,这一意义上的回归意味着在更高的历史层面上达到"仁"和"礼"的统一。

回归"仁"和"礼"的统一,并非简单的历史复归,它的前提之一是"仁"和"礼"本身的具体化。就"仁"而言,其本然的价值指向在于区分人与物,由此突显人之为人的存在价值。今天，社会依然面临"人""物"之辨，其具体内容表现为如何避免人的物化。在广义的形态下，人的物化表现为器物、权力、资本对人的限定。科技的发展，使当代社会面临着走向技术专制之虞：从日常生活到更广的社会领域，技术愈来愈影响、支配乃至控制人的知与行。权力的不适当膨胀，使人的自主性和人的权利在外在强制下趋于失落。资本的扩展，则使人成为金钱、商品的附庸。当权力、资本、技术相互结合时，人往往更容易趋向于广义的物化。以此为背景，"仁"在当代的具体化，首先便意味着通过抑制以上的物化趋向而避免对人的存在价值的漠视。

就人本身而言，"仁"的具体化过程需要考虑的重要方面之一，是关注德性和能力的统一。在德性与能力的关联中，德性侧重于内在的伦理意识、主体人格，这一意义上的德性关乎人成就自我与成就世界的价值导向和价值目标，并从总的价值方向上，展现了人之为人的内在规定。与德性相关的能力，则主要表现为人在成己与成物过程中的现实力量。人不同于动物的重要之点，在于能够改变世界、改变人自身，这种改变同时表现为价值创造的过程。作为人之内在规定的能力，也就是人在价值创造层面所具有的现实力量。质言之，德性规定了能力作用的价值方向，能力则赋予德性以现实力量。德性与能力的统一，表现为自由的人格。从儒学的衍化看，走向这种自由的人格，意味着通过"仁"的具体化，避免宋明以来将"仁"主要限于伦理品格（醇儒）的单向传统。

与"仁"的具体化相关的是"礼"的具体化。"礼"的本然价值取向关乎"文""野"之别，在宽泛意义上，"文"表现为文明的发展形态。与文明本身展开为一个历史衍化过程相应，文明形态在不同时期也具有不同的内涵。今天考察"礼"的文明意蕴，显然无法离开民主、平等、权利等问题，而"礼"的具体化也意味着在社会规范和社会体制的层面，体现民主、平等、权利等内涵，并使之在形式、程序方面获得切实的担保。

在形而上之维，"礼"的上述具体化表现为当然与实然的统一。"当然"关乎价值理想，就儒学的传统而言，其内容表现为肯定人之为人的内在价值，以走向合乎人性的存在为价值目标；"实然"则是不同历史时期的现实背景，包括现实的历史需要、现实的社会历史条件等。当然与实然的统一，意味着合乎人性与合乎现实的统一，这种统一应成为"礼"所体现的社会规范和社会体制的具体内容。如何把普遍的价值理想和今天的历史现实加以结合，如何达到合乎人性和合乎现实的历史统一，构成了"礼"具体化的重要方面。从当代的社会发展看，一方面追求社会的正义与和谐，另一方面则努力完善民主与法治，以上二重向度可以视为"礼"在今天走向具体化的现实内容。

从"仁"和"礼"的关系看，两者的统一首先表现为自由人格和现实规范的统一。自由人格关乎内在的精神世界，它以真善美的交融为内容，蕴含着合理的价值发展方向与实际的价值创造能力的统一。现实规范则基于当然与实然的统一，展现了对社会生活及社会行为的普遍制约作用。自由人格体现了人的价值目的和自主性，现实规范则为人的生活和行为提供了普遍的引导。走向自由人格的过程本身包含着个体与社会的互动，在这一过程中，个体并非被动地接受社会的外在塑造，而是处处表现出自主的选择、具体的变通、多样的回应等趋向，这种选择、变通、回应从不同的方面体现了成己过程的创造性。同样，以变革世界为指向的成物过程也并非完全表现为预定程序的展开,无论是化本然之物为人化的存在,抑或在社会领域中构建合乎人性的世界,都包含着人的内在创造性。然而,成己与成物的过程尽管不囿于外在的程序,但又并非不涉及任何形式的方面。以成就自我而言,其含义之一是走向理想的人格形态,这里既关乎人格发展的目标(成就什么),又涉及人格成就的方式(如何成就)。从目标的确立到实现目标的方式与途径之探索,都无法略去形式与程序的方面。较之成己,成物展开为更广意义上的实践过程,其合理性、有效性也更难以离开形式和程序的规定。就变革自然而言,从生产、劳动过程到科学研究活动都包含着技术性的规程。同样,在社会领域,政治、法律、道德等活动也需要合乎不同形式的程序。现代社会趋向于以法治扬弃人治,而法治之中便渗入程序的要求。成己与成物过程中的这种程序之维,首先与规范系统相联系:正是不同形式的规范或规则,赋予相关的知、行过程以程序性。自由人格诚然为成己与成物过程的创造性提供了内在的根据,然而作为个体的内在规定,人的能力之作用如果离开了规范的制约,往往包含着导向主观化与任意化的可能。成己与成物的过程既要求以自由人格的创造趋向扬弃形式化、程序化的限定,也要求以规范的引导克服个体自主性可能蕴含的任意性、主观性。可以看到,自由人格与现实规范的相互制约,构成了"仁"与"礼"在现代走向统一的具体表现形态之一。

"仁"关乎内在精神世界,在当代,这种精神世界主要被视为个体领域;"礼"涉及现实的社会规范与体制,这种规范为公共领域中人与人的交往提供了前提。与此相联系,"仁"与"礼"之辩同时指向个体领域与公共领域的关系。

从自我成就的层面看,个体选择与社会引导、自我努力与社会领域中人与人的相互交往和相互作用，构成了彼此关联的两个方面。在更广的层面上，社会和谐的实现、社会正义的落实，同样关乎个体领域与公共领域。按其实质的内涵，正义不仅以个体权利为关注之点，而且表现为社会领域中合理秩序的建立，从而既关联着个体领域，也无法疏离公共领域。个体的完善展开于各个方面，它一方面基于其独特的个性，另一方面又离不开现实的条件。后者包括发展资源的合理获得与占有，亦即不同社会资源的公正分配，这种公正分配同时表现为公共领域合理秩序的建立。不难看到，这里蕴含着个体之域与公共之域、成己与成物、自我实现与社会正义的交融和互动。从现实的形态看，个体之域与公共之域的统一既从一个方面体现了社会正义，又构成了正义所以可能的前提。

进而言之，个体领域同时关乎人的个体化，公共领域则与人的社会化相涉。人的个体化既在观念层面指向个体的自我认同，也涉及个体在人格等方面的自我完成；人的社会化则既以个体的社会认同为内容，又关乎个体之间的关联和互动。自我认同意味着"有我"，与之相联系的是个体的存在自觉；社会认同基于个体存在的社会前提，其中包含对个体社会性规定的确认以及个体的社会归属感。单纯的社会化容易趋向于个体存在形态的均衡化或趋同化，其结果往往导致"无我"，并使人的个体化难以真正体现。另一方面，仅仅追求个体化，又将无视人的社会品格，并进而消解人与人之间的现实关联，由此引向人的抽象化。

在当代哲学中，海德格尔、德里达等主要关注于个体领域，他们或者聚焦于个体的生存，并把这种生存理解为通过烦、畏等体验而走向本真之我的过程；或者致力于将个体从逻各斯中心或理性的主导中解脱出来，由此消解社会地建构起来的意义世界。与之相对,哈贝马斯、罗尔斯等则主要将目光投向公共领域。哈贝马斯以主体间的交往为社会生活的主要内容,由此表现出以主体间性(intersubjectivity)消解主体性(subjectivity)的趋向;罗尔斯固然关注个体自由,但同时又一方面将道德人格归属于公共领域(政治领域)之外的存在形态,另一方面又强调个体品格可以由社会政治结构来塑造,由此单向度地突出了公共之域对个体的作用。

可以看到,从区分公共领域与个体领域出发,当代哲学往往或者仅仅强调公共之域对个体的塑造而忽视了个体的内在品格、精神素质对于公共之域的作用(罗尔斯),或者在关注于个体生存的同时,将主体间的共在视为"沉沦"(海德格尔)。两者呈现为个体领域与公共领域的分离。如上所述,"仁"作为自由人格的体现,关乎个体领域,"礼"则涉及公共领域的交往。肯定两者的统一,既意味着让"仁"走出个体心性,由内在的精神世界引向更广的社会生活,也意味着通过社会秩序的建构和规范系统的确立,使"礼"同时制约和引导个体的精神生活。上述意义上"仁"与"礼"的统一,无疑将有助于扬弃当代哲学中个体领域与公共领域相互分离的趋向。

在更内在的价值层面,"仁"与"礼"的统一进一步指向社会和谐与社会正义的关系。如前所述,除了内在精神世界,"仁"同时关乎普遍的价值原则,以肯定人的存在价值为核心,后者意味着对人的普遍关切。在传统儒学中,从"仁民爱物"到"民胞物与""仁者浑然与物同体"①,仁道都以人与人之间的和谐共处为题中之义。相对于"仁","礼"在体制的层面首先

---

① 《二程集》,中华书局,1981年,第16页。

通过确立度量界限，对每一社会成员的权利与义务做具体的规定，这种规定同时构成了正义实现的前提：从最本源的层面看，正义就在于得其应得，其中包含着对权利的尊重。

以权利的关注为核心，正义固然担保了社会的公正运行，但权利蕴含界限，并以确认个体差异为前提。前者容易导向个体间的分离，后者则可能引向形式的平等、实质的不平等。如果仅仅注重权利，社会便难以避免如上发展趋向。另一方面，以社会成员的凝聚、共处为关注之点，和谐固然避免了社会的分离和冲突，但在"天下一体"的形式下，个体往往易于被消融在社会共同体之中。和谐与正义内含的如上问题，使正义优先于和谐或和谐高于正义，都难以避免各自的偏向。相对于此，"仁"与"礼"本身各自渗入个体与社会的两重向度，这种内在的两重性从本源的层面赋予个体与社会的统一以内在的可能，并进一步指向和谐与正义的统一，由此为社会生活走向健全的形态提供了历史的前提。

以"仁"与"礼"为视域，自由人格与现实规范、个体领域与公共领域、和谐与正义的统一，同时从不同方面体现了"仁"与"礼"内含的理性秩序与情感凝聚之间的交融。如果说，自由人格、个体领域、社会和谐可以视为"仁"之情感凝聚趋向在不同层面的展现，那么，现实规范、公共领域、社会正义则更多地渗入"礼"的理性秩序义。在传统儒学中，"仁"与"礼"尽管侧重不同，但本身都兼涉理性秩序与情感凝聚，这种交融也从一个方面为自由人格与现实规范、个体领域与公共领域、和谐与正义的统一提供了内在根据。

在更高历史层面上回到儒学的本然形态，以坚持理性的态度为其前提。这里所说的理性，既指合理（rational），也指合情

(reasonable)。而合情之"情",则不仅关乎情感,而且涉及实情,包括具体的背景、具体的时代境况。对于儒学,既应有同情的理解,也应有合乎理性、合乎实情的态度,后者不仅意味着避免卫道或维护道统的立场,而且也表现为扬弃对儒学的单向度理解。展开而言,一方面,应当具体地分析我们这个时代究竟呈现何种历史特点、面临何种历史需要;另一方面,也需要对儒学各个方面的内涵做具体梳理、分析,把握其中对今天的成己与成物过程具有积极意义的内容。从总的方面看,儒学的意义主要不在于从经验的层面提供操作性的规定,而是从形而上的层面提供原则性的引导。历史上,理学家曾化"仁"为内在心性,由此在个体之维追求所谓"醇儒",这种"醇儒"今天已无法塑造。在社会之维,尽管"礼"涉及外在体制,然而秦汉以后,"礼"并没有单独地成为实际的政治形态:秦汉以后二千多年的政治体制是礼与法交融的产物,所谓霸王道杂之、阳儒阴法等,都体现了这一点。儒家在以上历史时期未曾建立仅仅以"礼"为形式的政治体制,今天更难构建所谓礼制社会或儒家宪政。当代新儒家和政治儒学,在以上方面无疑表现出不同的偏向。以此为背景,回归"仁"与"礼"的统一既关乎对儒学本然形态的理解,也指向理性地把握"仁"与"礼"的历史内涵和现代意义。

要而言之,如何理解本然形态的儒学思想,并在更高的历史层面回到"仁"和"礼"统一的儒学原初形态,是今天需要思考的问题。作为儒学的本然形态,"仁"和"礼"的统一需要不断被赋予新的时代意义,这一意义上的历史回归同时表现为对当代现实处境与当代哲学问题的回应。

儒家价值观的历史内涵[①]

作为历史中的一种思想系统，儒学的核心体现于其价值观；儒学对中国文化的影响，也首先通过它的价值系统展现出来。就儒家的价值体系本身而言，其内容包含多重方面，这里主要从儒家价值系统的历史内涵与现代意义等维度，做一较为简略的考察。

一

从早期开始，儒家便以"仁"为其核心的观念，先秦时代就有"孔子贵仁"之说，事实上原始儒学即奠基于"仁"。仁以人的关切为指向，当孔子以"爱人"界说"仁"之时，便已表明了这一点。在儒学的衍化过程中，"仁"这一观念进一步展开为仁道的原则。作为独特的价值观念，仁道原则包含多方面的内容。从其最基本的内涵看，基于仁道的价值观念首先体现在对人之为人的内在价值的肯定，"仁"与"爱人"的关联也以此为前提。如所周知，儒家很早就关注于人禽之辨，这一论辩的实质意蕴便是区分人与禽兽（人之外的其他动物）。人不同于禽

[①] 本文原载 2014 年 11 月 19 日《中华读书报》。

兽（其他动物）的主要特征是什么？什么是人之为人的根本规定？这种追问所指向的，也就是何为人的问题。对儒学来说，人区别于禽兽（动物）的主要之点在于人具有价值观意义上的伦理意识。孟子曾说："人之异于禽兽者几希；庶民去之，君子存之。"① 对儒家而言，这一使人区别于禽兽的"几希"之"希"，具体即体现在人所具有的伦理观念上，而其核心则是仁道的原则。在此，仁道的原则展现了双重意义：它既包含对人区别于动物的内在本质之肯定，又构成了人区别于动物的内在规定。

以价值观念为内涵，仁道的原则包含着对人的理解。这种理解首先体现为把人本身看作目的，而不是手段。在孔子那里，这一点已得到十分自觉的表达。《论语》中便有一为人们所熟知的记载："厩焚。子退朝，曰：'伤人乎？'不问马。"② 这里可以看到人与人之外的其他对象（马）的比较。所谓"不问马"，并不是说马没有价值：马在当时那个时代当然有其在生产、生活、军事等方面的独特作用。但是，马的这种价值主要体现在工具或手段的意义上，其作用在于为人所用。相对于马，人所具有的价值则呈现不同的性质：人不能被用作达到其他目的的手段或工具，而是本身就包含内在价值。不难看到，在人马之别的背后，孔子（儒家）所突出的乃是人之为人的内在价值。

如果做一大略的比较，便可注意到，西方从古希腊开始就较为强调正义的原则。从柏拉图、亚里士多德一直到晚近的罗尔斯，都把正义作为核心的价值原则。按照亚里士多德的说法，

---

① 《孟子·离娄下》。
② 《论语·乡党》。

作为价值原则,正义的主要之点就是让每一个人得其应得:凡是一个人有资格或有权利获得者,他就可以或应该获得。换言之,应当尊重每一个人得其应得的资格和权利。从这方面看,正义原则的背后蕴含着权利意识,后来罗尔斯在讨论正义论的时候,便把分配正义作为一个重要之点来加以阐述,这一点同时从利益关系的调节方面突出了对个体权利的关注。

可以看到,从文明发展的早期开始,不同的文化传统对价值观念的理解便表现出不同的趋向:仁道原则首先关注人之为人的内在存在价值,比较而言,正义原则突出的则是人的权利。从当代社会的演进看,在建立健全的社会价值系统的过程中,对人之为人的内在价值和人的权利这两个方面都要给予关注:忽视了人的权利,则个体的存在往往容易被抽象化;悬置人的内在价值,则人的尊严以及人超越于工具或手段的规定便无法得到确认。在这一意义上,儒家的价值观念至少从一个方面为今天建立健全的价值系统提供了重要的思想资源。

进而言之,仁道的原则和正义的原则背后,同时涉及当代伦理学和政治哲学讨论的一个重要问题,即如何理解善和权利的关系。按其实质,仁道体现的主要是善的追求,正义则如前所述,以权利的确认为其核心。以当代西方伦理学与政治哲学领域的争论而言,社群主义和自由主义之争是其中的重要方面,两者的对峙同时体现于对善和权利关系的理解,这种理解在某种程度上针锋相对:自由主义主张权利高于善,社群主义则强调善的优先性。如何解决以上问题?这里首先似乎需要区分"善"的不同含义。在自由主义和社群主义的争论中,所谓"善"更多地侧重于形式层面的价值原则。从一个方面来说,"善"确实有它形式层面的意义,事实上,传统儒学中的普遍规范,如仁、义、礼、智等等，同时也表现为具有形式意义的价值原则。就此而言，儒学对善的理解，也包含在形式层面对普遍价值原则的肯定中。然而，除了形式层面的价值原则之外，儒学还注意到"善"所包含的另一个方面，即实质之维。从宽泛的层面看，"善"的实质内涵具体展现为对人在不同历史时期合理需要的关切和满足，在更广的视域中，这一意义上的"善"表现为对合乎人性的存在方式的关注。儒学对"善"的理解，已在某种意义上注意到以上方面。如所周知，孟子对善曾有如下界说："可欲之谓善。"这里的"可欲"在广义上可以理解为与人的生存发展相关的合理需要和欲求，从这方面理解，则凡是能够满足人生存、发展合理需要的，便属于善。这一意义上的"善"并不仅仅表现为形式层面的抽象原则或抽象教条：与合乎人性的发展相涉，它同时体现了实质层面的含义。儒家所展开的人禽之辨试图抓住人不同于其他存在形态、不同于动物的根本之所在，这种辨析讲到底即指向使人真正成为合乎人性的存在这一目标。要而言之，在儒家那里，仁道原则并非抽象、空洞的东西，而是包含形式层面的"善"和实质层面的"善"的统一。

以上述背景为视域考察前面提到的社群主义与自由主义之争，便可以注意到，两者所涉及的善和权利的关系，可以在对形式层面的善和实质层面的善做双重关注这一前提之下来思考。以此为出发点即可发现，善和权利这两者并非彼此对立或截然相分，也不存在一方压倒另一方的问题：两者都应该是健全的价值系统的题中应有之义。如前所述，当代自由主义视域中的善主要呈现形式层面的意义。如果仅仅从这一层面理解善，确实可能蕴含消极的后果，这种后果包括在强化某种外在原则、抽象教条的形态下，使个体的发展受到内在的限定。历史地看，在传统的权威主义价值原则之下，个人的多方面发展、其内在意愿的实现往往受到抑制。自由主义要求或提倡权利高于善，在某种意义上包含了对这种趋向的警惕。但由此，他们往往忽略了"善"同时还存在另一重意义，即在实质层面上，它可以表现为满足人的合理需要、肯定合乎人性的存在状态，所谓"可欲之谓善"便涉及这一方面。就后者而言，善与权利显然并非彼此冲突。可以看到，儒学对善的理解、对形式之善和实质之善统一的肯定，为解决当代价值观上的善与权利之争提供了某种理论的资源：儒家的仁道原则本身即体现为形式的善和实质的善之间的统一，由此出发，无疑有助于扬弃权利和善之间的冲突、消解两者之间的外在张力。在这里，不难注意到儒家的价值体系所具有的现代意义。

二

在儒家那里，仁道的原则同时包含更为宽泛的内涵。孟子曾提出"亲亲""仁民""爱物"等观念，这里可以首先关注"仁民"和"爱物"。"仁民"主要涉及仁道原则与人的关系，它意味着把这一原则运用于处理和协调人与人之间的关系；"爱物"则是将这一仁道原则进一步加以扩展、引申，运用于处理人与物的关系。这里的"爱"有珍惜、爱护之意，其中体现了对人之外的自然、外部环境的尊重和爱护。从价值观看，"爱物"的观念关乎广义上的天人关系问题，其具体内容涉及外部自然与人的发展、人的需求之间的协调；由此，它也使儒家的仁道原则获得更广的意义。在儒学的发展过程中，上述思想进一步衍化为万物一体、民胞物与的观念，后者所肯定的是天和人之间的统一、人与自然之间的和谐相处。尽管万物一体、民胞物与这种观念有形而上的思辨之维，但就天人关系而言，其内在的价值指向则在于扬弃两者的分离和对峙。

相对于仁民爱物、万物一体，权利意识所关注的首先是人自身的权利。从价值观上看，由肯定作为个体的人的权利，往往将进一步引向强调作为类的人的权利，后者意味着以人类——不同于物类的人类的视域理解自然的价值，并将占有、征服、支配、利用作为对待外部自然的方式，由此每每形成天人关系上狭隘的功利意识。不难看到，从肯定个人权利到突出人类的权利，其间存在逻辑的关联，与之相联系的则是对待自然的片面的功利意识。

儒家由仁民而爱物的观念，在一定意义上隐含着"以物观之"的视域，这一视域要求从物的角度出发来考察自然："爱物"本身即以尊重自然本身的法则为题中之义。孔子、孟子以及《礼记》都一再提到，在利用外部自然（如砍伐树木、渔猎）的过程中，必须顺乎自然本身的法则，所谓"树木以时伐"[①]，"斧斤以时入山林"[②]，便是强调伐木要根据自然季节以及树木的生长法则来进行。引申而言，也就是人应基于自然本身的法则以作用于对象和自然，这一意义上的"以物观之"不同于完全消解人的价值目的之片面的"以物观之"。在天人关系上，从人的视域考察自然这一广义的"以人观之"诚然无法避免，但不能由此无视自然本身的规定和法则，将"以人观之"片面化。单纯地从人的权利出发而追求对自然的占有、征服和支配，往往容易引向后一偏向。

---

① 《礼记·祭义》。
② 《孟子·梁惠王上》。

从现代化的历史进程看,处理人与天(自然)之间的关系,既需要扬弃片面的"以物观之",也应当超越片面的"以人观之"。一方面,对外部自然的作用是人类发展过程中不可忽略的一个方面:人类的生存、发展不可能完全不利用自然的资源,与之相关的"以人观之"也有其存在的理由。另一方面,这一过程又不能仅仅被理解为基于人自身的需要或"权利",而是应同时尊重存在自身的内在法则。片面的"以物观之"将导致忽视人的价值追求;片面的"以人观之"则将引向以人的权利压倒自然的法则,由此导致天和人之间的过度紧张。可以看到,权利意识所体现的"以人观之"与仁民爱物所蕴含的"以物观之"构成了解决天人关系的双重视域,儒家所主张的广义仁道观念也由此呈现其在协调天人关系中的现实意义。

三

在儒家那里,仁民爱物的引申和扩展进一步指向更广的价值领域,后者具体体现于《中庸》的两个重要观念,即"万物并育而不相害"与"道并行而不相悖"。"万物并育而不相害"包含多方面的意义。从本体论层面看,它意味着这个世界就是多样的事物共同存在的世界:各种对象共处于天地之中,彼此相互作用,而非相互排斥。换言之,万物可以在彼此相容的形态下共同存在。在价值观上,"万物并育而不相害"又意味着在社会领域中,不同的个体、不同的群体、不同的阶层、不同的民族、不同的国家可以彼此并存,而这种并存的前提则是每一个体、阶层、集团、民族、国家都具有自身生存、发展的基本空间。从社会的角度看,只有为每一个体、阶层、集团提供生存、发展的空间,社会中的不同对象才可能和谐共存。从国际范围来看，不同民族、不同发达程度的国家同样也应当有各自发展的基本空间，只有这样才可能达到世界范围内不同民族、不同国家之间和平相处。儒家"万物并育而不相害"的看法中，无疑蕴含如上价值观念。

与"万物并育而不相害"相关联的是"道并行而不相悖"，这里的"道"主要不是指形而上视域中的存在根据，而更多地指道德理想、价值理想或普遍的价值原则。"道并行而不相悖"意味着对不同的道德理想、价值理想或普遍的价值原则，应以宽容的态度来对待，允许不同的价值观念并存于这个世界。以人权、民主等观念而言，对人权的内涵、民主的形式可以有不同理解，无须定于一尊。广而言之，价值层面的不同理念可以在这个世界中并行而不悖，不必将某种单一的原则强加给不同的个体或不同的民族、不同的国家。体现"道并行而不相悖"这种价值观念，同时从一个方面为社会领域或世界范围中人与人之间的和谐共处提供了前提。如所周知，在社会领域以及更广意义上的国际范围之内，人与人之间不同形式的冲突既关乎现实利益的差异，也涉及价值观念的分歧。晚近有所谓文明的冲突之说，文明冲突的背后实际上就是价值观念上的冲突。如果人们能够尊重并接受"道并行而不相悖"的价值观念，那么，由于价值观念的不同而导致的各种形式的社会冲突，便可以得到某种限定。就此而言，儒家关于"道并行而不相悖"的观念对协调不同文明传统、不同文明形态的关系，也有其重要意义。

历史地看，儒家不仅提出了"道并行而不相悖"的原则，而且其思想的衍化本身也在某种意义上体现了这一原则。尽管汉代已开始倡导所谓"罢黜百家，独尊儒术"，但事实上，提出这一主张的董仲舒之思想便具有非常浑厚的包容气象。在他的思想系统中,我们可以看到先秦墨家、道家、法家、名家等各派的思想,可以说,他在相当程度上把各家思想融汇于他自己的思想体系之中。汉代在政治上建立了大一统的国家,在思想观念上也有包容、吞吐各家的气象,在董仲舒那里可以很具体地看到这一点。就现实的政治体制和治国过程而言,汉代以所谓"阳儒阴法"为特点,这里也不难注意到儒与法之间的某种交融,其中同时体现了"道并行而不悖"的原则。在文化思想、哲学观念这一层面,到宋明时期,儒、释、道之间相拒而又相融,这种现象也折射了"道并行而不相悖"的原则。要而言之,从社会领域看,"万物并育而不相害"主要涉及具体的、现实的利益关系的调节,"道并行而不相悖"则更多地关乎观念层面不同价值原则之间的协调,儒家对以上两个方面都给予相当的关注。

在历史的早期,后来成为儒家经典的《尚书》就提出"协和万邦"①的要求,这一主张意味着以和平相处、和谐交往为协调天下不同政治实体之间关系的原则。在儒学的发展中,以上思想逐渐融入儒家的价值系统。到了宋明时期,张载更进一步提出了"为万世开太平"的观念,这一观念在某种意义上表达了类似于康德所说的"永久和平"的理想。"协和万邦""为万世开太平"这种广义的"永久和平"如何可能?前面提到的"万物并育而不相害""道并行而不相悖"等儒家观念,可以进一步从这一角度加以理解。如前所述,在现实的利益关系上,按"万物并育而不相害"的原则,不仅社会领域中的个体或阶层应当有自身的存在空间,而且在更广意义上的国际范围之内,也

---

① 《尚书·尧典》。

应真正让每一个民族和国家都有生存发展的空间；在价值观上，按"道并行而不相悖"的原则，则应以宽容的态度对待不同的价值观念、不同的文明形态和不同的社会发展方式。唯有如此，世界范围之内的和平才真正可能。在这一方面，儒家的相关价值观念无疑展现了更广的历史内涵。

四

价值原则如何落实于具体的践行过程？儒家在这一方面的思考，体现于"中道"的观念。孟子便一再强调中道而立，广而言之，中庸、中道一直是儒家所肯定的。这里的"中"不仅仅是量的概念，量的意义上的"中"主要表现为直线上与两端等距离的中点。在儒家那里，"中"更实质地体现于"度"的观念。孔子说："过犹不及。"这便涉及"度"。超过（过度）和"不及"（未达到）都不符合"中"的观念。这里的实质含义，就是把握事物存在或人的实践过程中最适当的形态。具体而言，度的观念可以体现为对事物不同方面之间的协调，在保持张力的同时又注意适当的平衡关系，等等。儒家在看待和处理社会实践与社会交往过程中不同方面的关系时，处处体现这一点。不仅人与外部对象的互动涉及"中"，而且内在精神世界中的不同方面也关乎此。以精神世界中的不同情感形态而言，在儒家看来，喜与怒、悲与欢之间都应保持一定的分寸，达到适当的度。

与度的观念相联系，儒家中道观念的另一重要内涵涉及处理普遍原则与具体情境之间的关系。一方面，不管是社会生活本身的展开，还是作用于外部自然的过程，都离不开普遍原则的引导；另一方面，社会生活总是丰富、多样、复杂的，每一种实践的具体情境也千差万别。在社会生活或实践过程中，一般原则如何与具体情境加以结合？这里也有掌握"度"的问题。在这方面，儒家曾提出经和权之间关系的协调问题。经是一般的普遍原则，权是一般原则在具体情境中的变通、调节。从教育过程看，孔子便非常注重根据教育对象的具体特点，给予相应的引导。《论语·先进》记载："子路问：'闻斯行诸？'子曰：'有父兄在，如之何其闻斯行之？'冉有问：'闻斯行诸？'子曰：'闻斯行之。'公西华曰：'由也问闻斯行诸，子曰"有父兄在"；求也问闻斯行诸，子曰"闻斯行之"。赤也惑，敢问。'子曰：'求也退，故进之；由也兼人，故退之。'"这里涉及广义的知与行的关系：了解、把握某种义理，是否应该立即付诸实践？就一般的意义而言，儒家以知行统一、言行一致为原则，然而在不同的情境下，面对不同的对象，这一原则却应做适当的变通、调整。在以上例子中，对率性而行的子路，需要以"父兄在"加以约束；对性格较为谦退的冉有，则以"闻斯行诸"加以激励。从教育学的角度看，这里体现了因材施教的原则；就人的实践过程而言，这里又体现了经（一般原则）与权（具体情境）之间的交融。宋明时期，理学家进一步提出理一分殊，理一分殊既有其形而上层面的含义，也涉及实践过程和实践方式。从后一方面看，理一与分殊的关系也关联着一般原则与具体情境之间如何协调的问题，这里同样涉及对"度"的把握。

五

就价值目标而言，儒家提出成己与成物，以此为总的价值指向。"成物"更多地涉及人与外部世界的关系，并以人对外部世界的变革和作用为指向。与之相关的是"赞天地之化育"

(《中庸》)、"开物成务"(《易传》)、"制天命而用之"(《荀子》)等观念。后来王夫之进一步区分"天之天"和"人之天",所谓"天之天"也就是未经人作用的对象,而"人之天"则是通过"赞天地之化育"和"制天命而用之"而形成的世界。从"天之天"到"人之天",构成了成物过程的具体内容,其目标是使本然的世界成为人生活于其间的现实世界,后者同时又表现为一种合乎人多方面需要的存在形态。要而言之,所谓"成物"也就是让外部对象成为合乎人的价值理想的世界。

与"成物"相联系的是所谓"成己"。相对于"成物","成己"更多地关乎人自身的提升和完成。儒家提出所谓"为己之学""修己以安人"等等,都可以看作关于"成己"的具体观念和思想。儒家所理解的理想的"己"或"我"具有什么特点?从早期儒家的观念中,可以对此有一个大概的了解。孔子已提出"君子不器",君子即理想的自我或个体,"器"则是具有特定属性或功能的对象,这种属性和功能同时构成其内在的限定。所谓"君子不器",便是强调完美的人格不应当像具体器物那样,仅仅限定在某一个方面。荀子进一步从正面对此做了阐述,并以"全而粹"为完美人格的基本特点。"全而粹"意味着人不能偏于一端,而应当得到多方面的发展。在儒家那里,人的这种多方面发展集中地体现于两个方面,其一为内在的德性,其二则是现实的能力。从早期开始,儒家便提出"贤能政治",《礼记·礼运》强调"举贤与能",孟子也一再提到"贤"与"能"。这里的"贤"便指内在的德性,而"能"则更多地关乎现实的能力。后来儒家更以"内圣而外王"为其追求的理想目标,"内圣"主要与内在的德性相联系,而"外王"则涉及人变革世界的实际能力。尽管在后来儒学的发展过程中,儒家的一些人物或学派往往在强调内圣的同时，对外王有所忽视，如宋明理学中的一些人物便对内在心性给予更多的关注，人的经天纬地的现实力量则未能充分进入其视野，然而从总的进路看，儒学无疑将完美的人格理解为内在德性和外在能力的统一。

儒学所注重的"贤"或德性，其意义首先在于为人的发展提供价值的方向，并引导人走向健全的人生目标。相对于德性的内在引导作用，"能"或能力更多地表现为价值创造的现实力量。仅有德性而缺乏内在能力，成己与成物、化"天之天"为"人之天"的目标便难以实现。另一方面，如果缺乏内在德性的价值引导，能力则可能引向消极的或负面的价值目的。通过"贤"与"能"或内在德性和外在能力的统一，儒家既努力为"成己"或人自身的健全发展提供某种担保，也试图为"成物"或赞天地之化育提供内在的根据，而成己与成物本身则在总体上构成其追求的价值目标。

天人之辩的人道之维①

以中国哲学为视域,天人关系的讨论可以追溯到先秦。作为哲学论题,天人之辩既包含历史的内涵,又在思想的衍化中不断被赋予新的意义。事实上,哲学的问题总是古老而常新,对它的理解也具有历史性,在这方面,天人关系的讨论并不例外。从具体的内容看,天人之辩涉及不同方面,包括形上层面的天道观与价值层面的人道观,这里的考察主要以价值观为视域。

一

自从人走出自然,成为自然的"他者"或与自然相对的另一方之后,天与人之间就开始了漫长的互动过程,天人之辩即以这一互动过程为背景。从以上角度讨论天人之辩,"天"和"人"的含义分别涉及两个方面:其一,人自身的存在;其二,人与对象之间的关系。从人自身存在这一层面看,所谓"天"主要指人的天性,"人"则更多地与德性相关联。这里所说的天

---

① 本文系作者 2014 年 8 月在嵩山论坛的演讲记录稿,原载《华东师范大学学报》2014 年第 6 期。

性涉及人在自然意义上的相关规定。人首先呈现为有血有肉的具体形态，作为真实具体的存在，人既有生物意义上的各种自然属性，包括新陈代谢等，也有与这种规定相关联的自然意义上的精神趋向，如饥而欲食、渴而欲饮、寒而欲衣等等，这种自然趋向通常即被称为天性。与天性相对的德性不仅指狭义上的道德或伦理意义的规定，而且在更广意义上指人的文化性、社会性的品格。在人的存在这一层面，天人之辩涉及天性与广义德性之间的关系。

从人和对象世界的关系这一层面看，"天"首先指人之外的外部存在，如山川草木等自然对象，"人"则与人的人文性的活动相联系。后者既包括对自然对象的变革，也包括人在社会领域展开的多样活动，两者构成人和对象世界关系意义上天人互动的具体内容。

首先可以把关注之点放在人的存在之上。在这一层面，哲学家们对天和人的关系往往有不同的理解，这里着重以儒道两家为对象，对此做一简要的考察。就人的存在所涉及的天人之辩而言，儒家的基本观念是化天性为德性，他们强调人不能停留于自然意义的存在形态之上，而是应该提升到德性的层面。尽管儒家的不同人物对狭义上的人性有不同的理解，如孟子谈性善，荀子则论性恶，但从最后的目标指向来看，两者都要求化天性为德性。就肯定性善的孟子来说，其基本看法是，人应该从先天的善端出发，经过扩而充之的过程，逐渐形成具有现实意义的德性，这一过程即广义的化天性为德性。以性恶为出发点的荀子，则强调化性起伪，这里作为起点的"性"更多地和人的自然趋向相联系。在荀子看来，应当改变人的自然趋向，使之合乎礼义规范，这种合乎礼义规范的存在形态同样属广义上的德性。这样，在儒家这一系统中，尽管对人性的具体理解存在差异，但在以德性的形成为目标这一点上又具有相通之处。

化天性为德性这一进路背后所隐含的意义，首先在于确认人之为人的本质，突显人所具有的内在价值，把握人不同于外部自然对象的根本之点。在儒家那里，这一意义上的化天性为德性往往与人禽之辨相联系。顾名思义，人禽之辨旨在区分人和人之外的动物（禽兽），揭示人不同于禽兽的内在本质。换言之，人禽之辨所关注的实际上也就是人禽之别。在这一意义上，人禽之辨与化天性为德性，在天人之辩的论域中无疑展现了一致的取向。

当然，如果更具体地考察儒家在这一意义上对天人关系的考察，便不难发现问题的复杂性。如前所述，从总的路向来说，儒家注重化天性为德性，但这并不是说，儒家，尤其是早期儒家或原始儒家，完全拒斥、否定一切天性和自然规定。如果回溯早期儒家的思想，便不难发现，在儒学中同样也存在对自然规定的关注和肯定。儒家的基本观念之一是"仁"，而在儒家那里，仁的内在本源往往被理解为人的最自然、最原初的情感，这种情感同时表现为自然的心理趋向。这种自然情感本身源于原初意义上的人伦关系（如亲子关系），作为基本的人伦，亲子之间的关系既有社会意义，也具有自然亲缘的一面。对儒家而言，亲子之情等基本的精神趋向，即基于这种包含自然之维的人伦关系，两者从不同方面构成仁的本源和出发点。在这里，仁和自然趋向（如亲子之情）之间并非彼此相分离。另外，儒家在论证仁、孝等基本观念时，往往诉诸人的自然情感。以孝而言，孔子的门人曾对三年之孝提出质疑：为什么父母去世要守三年之丧？孔子的论证即根据人的自然心理趋向而展开。在他看来,父母去世后,子女往往饮食而不觉味美("食旨不甘"),闻乐而不觉悦耳("闻乐不乐"),这是思念父母之情感的自然流露,而三年之丧便是基于这种自然的心理情感。孝可以视为仁的具体体现,在此孔子事实上从心理情感的层面上,对仁道观念与自然观念做了沟通。以"食旨不甘""闻乐不乐"等形式表现出来的心理情感固然并不能完全与自然的本性等而同之,因为它在一定意义上已或多或少被"人化"了,然而不能否认,其中确实包含着某种出乎天性(自然)的成分。事实上,即使是情感中的人化因素,也常常以一种自然(第二自然)的方式表现出来。

对自然的关注,在"吾与点也"的表述中也得到具体的体现。按《论语·先进》的记载,孔子曾和门人子路、冉有、公西华、曾皙一起讨论有关人的志向问题,其中三位弟子,即子路、冉有、公西华所谈的都是社会、政治方面的抱负和理想,唯有曾皙与众人不同,将其志向具体概述为:"莫春者,春服既成,冠者五六人,童子六七人,浴乎沂,风乎舞雩,咏而归。"这种人生旨趣蕴含走进自然、回归自然的趋向,而孔子最后的回应是:"吾与点也。"其中包含对走向自然的赞赏。从以上方面不难看到,尽管儒家总的进路是化天性为德性,但并未由此完全拒斥自然的规定。换言之,在人与自然的关系上,儒家同时包含着肯定自然的趋向。在某种意义上也可以说,以上进路是在主张人化的前提下,追求天和人的统一。

与儒家不同,道家把人的天性本身看作完美的规定,与天性相对的各种社会规范则被视为对人性的压抑和束缚。在道家看来,如果以这种社会规范去约束人,其结果就会导致人性的扭曲。道家对社会规范主要持批评、责难的态度。与此相联系,人的理想选择不外乎两个方面：当人的天性没有受到破坏的时候，应维护天性；当人的天性发生改变、偏离原来形态时，则应当回归天性。可以说，维护和回归天性，构成了道家在人的存在这一层面上的基本取向。

当然，与儒家类似，道家的情况也有其复杂性。从总的进路来看，道家崇尚天性，把人的天性加以完美化，并以维护和回归天性为取向，但这并不意味着道家对人性完全持否定的态度。事实上，从老子到庄子，早期道家一再表现出对人性的关注。庄子即趋向于将真正意义上的人性和外在之物加以区分，并一再批评"以物易性"，亦即反对以外在之物改变人性。他所说的"物"，就是人性之外的各种名、利。按庄子的理解，名利对人来说乃是身外之物，它和真正意义上的人性无法相容，如果以追逐名利作为全部的人生目的，那么真正意义上的人性就不复存在。这里不难注意到道家对他们所理解的人性化存在的追求：在内在的意义上，道家同样也希望达到在他们看来真正合乎人性的存在。当然，对道家而言，所谓合乎人性，归根到底也就是合乎天性或合乎自然，真正完美的人性总是与自然为一。从这一意义上，也可以说，道家是在肯定天性的前提下追求天和人的合一。

关于天性和人性的讨论，有其内在的理论含义。天性作为饥而欲食、渴而欲饮的自然趋向，往往更多地体现了人和其他存在的相通性。事实上，在自然的规定这一层面，人和动物的差别是非常有限的，如果仅仅停留于此或过分强调人的天性，那就不仅无法真正把人和人之外的动物区分开来，而且可能导致人的尊严、人的内在价值的失落。与之相对，儒家之明于人禽之辨，其实质的意义即表现在对人的尊严、人的内在价值的维护。

　　另一方面，天性同时与人的内在意愿相联系，而德性首先与广义的社会规范相关联：德性本身可以被看作社会规范的内化。天性作为人的自然趋向，同时也在最原初的意义上展现了人的内在意愿，前面提到的饥而欲食、渴而欲饮、寒而欲衣都可以视为人的自然意愿。就此而言，天性和人的内在意愿存在着天然的关联。从理论层面看，在对人加以引导、约束的过程中，如果完全离开天性，就可能导致忽视人的内在意愿而仅仅强化外在的社会规范，这种强化的结果往往是社会规范的外在化、形式化甚至权威化。社会规范一旦取得形式化、外在化的形态，则遵循这种规范常常就会流于迎合外在社会规范以获得他人赞誉，与之相关的是儒家一再批评的"为人之学"。事实上，规范的外在化、形式化的结果就是由"为己之学"走向"为人之学"。"为己之学"视域中的一切努力都以人自身的完成、提升为内在目的，与"为人之学"相关的所作所为则仅仅示之于外，做给别人看。在后一情况下，德性将同时趋向异化：以"为人之学"为指向，德性实际上失去了其真正的道德内涵而呈现异化的性质。进而言之，当社会规范取得权威形式时，它往往被同时赋予某种强制的性质。在强制的形态下，个体选择合乎规范的行为往往不是出于内在意愿，而是呈现勉强或被迫的特点，这种行为不是真正意义上的自由行为。宋明时期，理学家每每把仁、礼、孝等规范看作"天之所以命我，而不能不然之事"[1]。作为天之所命，这种规范在某种意义上取得了权

---

[1] 朱熹：《论语或问》卷一，《朱子全书》第6册，上海古籍出版社、安徽教育出版社，2002年，第613页。

威化、强制化的形式，个体对其除了服从之外别无选择。

可以看到，儒道两家对天性和德性各有不同侧重，这种侧重既有其所见，也蕴含自身的问题。合理的取向在于扬弃儒道两家在天人之辩上的偏向，这种扬弃在人自身存在这一层面，具体即体现于超越天性和德性之间的对峙和分离。它的深层意义，则在于一方面确认人之为人的本质，突显人不同于动物的内在价值；另一方面又避免社会规范的形式化、外在化、权威化，克服德性的异化。

二

就人和外部对象的关系而言，在人类历史的早期，人与天之间往往处于原始或原初的统一关系之中。先民时代的采集、狩猎等生产和生活方式，诚然也展现了人与天（自然）的互动，但人的这种活动同时又参与自然自身的循环过程。与之相应，天和人之间在相当程度上处于具有本然意义的合一状态。

对于天人之间的以上合一形态，道家更多地予以肯定和赞美。在某种意义上，这种赞美也意味着将原初意义上的合一状态加以理想化。如前所述，在人的存在这一层面，道家将天性完美化；在人和对象的关系上，道家则趋向于将自然状态理想化，两者似乎相互呼应。从自然状态即理想状态这一预设出发，道家提出两个基本主张。首先是"无以人灭天"。庄子说："牛马四足，是谓天；落马首，穿牛鼻，是谓人。"[1] 牛马有四条腿，这是自然的；给牛马套上缰绳，则是人为之事。对"人"和"天"的以上界说，意味着反对用人的意图和目的去改变自然、

---

[1] 《庄子·秋水》。

破坏对象的本然状态,"无以人灭天"的基本含义也体现于此。道家的第二个主张是"道法自然"。所谓"道法自然",一方面包含着尊重自然法则的观念;另一方面又隐含着顺应自然的要求:人对自然的态度主要不是改变它,而是顺应它。在价值观上,"无以人灭天""道法自然"构成了道家所主张的自然原则的基本内涵。

道家所主张的自然原则,包含着对天人统一的某种肯定。"无以人灭天"亦即不破坏自然状态,其内在含义即是使人和自然之间保持原始意义上的合一关系,如上所述,在人类的早期,人和自然便处于这种原初意义上的统一状态中。不难注意到,天和人之间的这种合一,是在天和人之间未经分化的原始形态下的统一。道家在"无以人灭天""道法自然"的观念下,肯定天人之间的合一,或多或少趋向于维护这种未经分化的统一。庄子后来表达的理想社会形态,便是这种人和自然彼此不分的原初统一形态。庄子说:"夫至德之世,同与禽兽居,族与万物并。"[①] 至德之世也就是最完美、最理想的社会,在庄子看来,这一社会的特点就在于人和动物之间合而不分。这种"合",体现的即是天人之间未经分化的统一。

在人和外部对象关系方面,儒家的立场与道家有所不同。就这一层面的天人关系而言,儒家首先提出了"赞天地之化育""制天命而用之"的观念。"赞天地之化育"的前提是区分人之外的本然世界与人生活于其间的现实世界,其直接含义则是肯定现实世界的形成过程包含人的参与。也就是说,人生活于其间的这一世界并不是本然世界,而是人参与其形成的现实世界:

---

① 《庄子·马蹄》。

人通过作用于自然、作用于外部对象的过程，使本然的对象成为我们今天生活于其中的具体存在。"制天命而用之"更进一步肯定了人对自然的作用，即人可以基于对存在法则的把握变革世界。

另一方面，儒家又主张"仁民而爱物"①。按其内涵，"仁民而爱物"包括相互关联的两个方面。首先是以仁道的原则对待所有人类共同体中的成员，这也就是所谓"仁民"；与之相关的"爱物"则意味着赋予仁道原则以更普遍的内涵，将其进一步应用于外部自然或外部对象，由此展现对自然的爱护、珍惜。从"仁民而爱物"的观念出发，儒家确实多方面地表现出对外部对象或外部自然的保护意识。如所周知，《礼记》中已提出"树木以时伐"的观念，孟子也主张"斧斤以时入山林"，即砍伐树木要按照其自然生成的法则，而不是一味地从人的目的出发。从今天来看，这里体现的便是一种注重生态、尊重自然的意识。儒家所谓"爱物"，即内含以上观念。

从天人之辩看，"赞天地之化育""制天命而用之"与"仁民爱物"分别突出了天人关系的不同方面。所谓"赞天地之化育""制天命而用之"，体现的主要是一种天人相分的观念。人通过对自然的作用以及对外部世界的变革，以形成人生活于其间的现实世界。这种作用过程本身以肯定人与自然的区分为前提，因为唯有承认天人之分，才谈得上人对天（自然）的作用问题。同时，经过"赞天地之化育""制天命而用之"而形成的现实世界，也已不同于本然的对象。另一方面，"仁民而爱物"则确认了天人之间的相合：对人之外的对象的爱护、珍惜，从一个方面

---

① 《孟子·尽心上》。

体现了人和对象之间的相互关联、相互统一。事实上，在后来儒家关于"仁者以天地万物为一体""民胞物与"等思想中，我们确实可以看到注重人和外部世界相互融合、相互统一的一面。可以看到，就人和外部世界的关系而言，儒家的天人之辩包含以上两重性。

在肯定人和外部自然具有统一性这一方面，儒家的立场和道家有相通之处，但相通之中又包含着相异。前面提到，在道家那里，天人之间的相合是没有经过人作用于外部对象的过程而形成的原初意义上的合一。换言之，这是未经分化的合一。与之有所不同，儒家所追求的天人合一是以"赞天地之化育""制天命而用之"为前提的合一，这是某种经过分化的合一。要而言之，在相似的合一形态中，一个未经分化，一个经过分化，这是儒道两家在对待人和外部世界关系问题上的重要差异之所在。当然，儒家所肯定的人和对象之间的分化，或者说人和外部世界的互动，同时又是一种未经充分发展的分化和未经充分发展的互动：较之原始的合一，儒家诚然有见于天人之间的分化和互动，但这种分化和互动从历史的角度看，又未经充分发展。

就总体而言，儒道两家对人和外部对象关系的理解，以历史尚处于前近代或前现代为前提。相对于这种前现代意义上的天人关系，近代以来，人和对象之间的互动开始以一种不同以往的形态展开。基于近代科技、工具的不断进步和完善，人对自然的作用无论是在深度上还是在广度上都达到了前现代无法比拟的程度，与之相联系，人与自然的互动也得到空前的发展。在反省和批判现代性的过程中，往往可以看到对近代以来天人相分的责难。就其注意到近代以来对自然的片面征服、控制所带来的消极后果而言，这种责难显然不无所见，但如果由此完全否定近代以来人和自然互动的这种发展，则是非历史的。应该看到，较之前现代天人互动的未发展或未充分发展而言，人对自然作用的深化和扩展无疑是一种历史的进步，对此不能简单地加以否定。但同时，如前所述，以上发展过程中确实也形成了现代性的某种偏向，这种偏向从天人关系来看，即表现为人道原则的片面发展。在天人关系中，人道原则的片面化意味着以狭隘或极端的功利主义态度来对待自然。具体而言，也就是仅仅从人的目的、需要出发去支配、征服自然，而且这里涉及的目的和需要主要与一时一地的局部之人相关，而不是基于人类总体、人类的世代发展。仅仅从一时一地的人的需要出发对自然片面地加以征服、占有、控制，往往很难避免天人失衡。近代以来，环境的破坏、生态的恶化影响所及，从天空到大地、从河流到海洋几乎无一幸免。可以看到，由人道原则片面发展而形成的现代性的偏向，已经逐渐地威胁到人自身的生存，这种状况同时也把重新思考天人关系的问题严峻地提到了人们面前。

在重新审视人和自然的关系问题之时，人们所面对的问题具体而言就是，如何在天人互动充分发展的前提下，在更高的历史阶段重建天人之间的统一？这一意义上天人关系的重建，面临三重超越或三重扬弃。

首先，超越前现代的视域。前面已提到，在前现代的背景之下，人对自然的作用还没有得到充分的发展，这一意义上的天人相合往往是本然意义上或原初意义上的合一。与此相联系，超越这种前现代的天人合一意味着扬弃原始状态下的天人合一，也就是说，避免回到庄子所描述的"同与禽兽居，族与万物并"那种形态。仅仅以回到原初的合一为解决生态问题的出路，无疑是一种历史的倒退。值得注意的是，今天在讨论天人关系之时，人们往往忽视了这一点，这就使超越前现代的视域变得尤为重要。

其次，超越片面的现代性视域。这种超越具体而言就是避免以极端或狭隘的功利主义的态度对待自然。从天人关系看，以过强的功利主义对待自然，同时也表现为人道原则的片面发展，这种片面发展同样需要加以扬弃。在前现代视域中，天与人呈现为原始意义上的相合；在片面的现代性视域中，天与人之间的关系处于过度的分化形态，两者虽有"合"与"分"之别，但在未能达到天人之间的合理关系上又有相通之处。扬弃以上二重视域，意味着重建天人之间的统一。

相应于扬弃片面的现代性视域，与狭隘的人类中心主义观念也需要保持距离。这里特别应区分两种人类中心主义：一种是广义的人类中心主义，另一种是狭隘的人类中心主义。广义上的人类中心主义也可以理解为广义的"以人观之"，按其实质，要求解决生态问题，主张重建天人之间的统一，这些都是从人的角度考察世界：重建生态环境最终就是要给人类提供更完美的生存环境。就考察视域和目标指向而言，这种观念归根到底是广义的"以人观之"。这一意义上的"以人观之"，即使现代环境主义、生态伦理学也都无法避免。以上视域中的人类中心主义是广义上的人类中心主义，与此相对的则是狭隘的人类中心主义，后者的特点在于以局部或一时的人类利益为出发点，片面地对自然加以征服、控制、利用。广义上的人类中心主义无法超越，狭隘的人类中心主义则需要加以扬弃和拒斥。这种狭隘的人类中心主义，同时可以视为片面的现代性视域在天人关系中的具体表现形态，从而超越狭隘的人类中心主义与超越片面的现代性视域，具有内在的一致性。

再次，超越后现代主义视域。后现代主义注意到现代性中的很多问题，并且对现代性蕴含的弊端提出了种种批评，这种批评对认识现代性偏向无疑具有启发意义。然而，后现代主义由此往往走向了另一极端，即疏离理性、拒斥现代性，从反对所谓主客两分或天人相分出发，后现代主义常常拒绝人对自然的作用。这种观念似乎要求重新回到原始的天人合一形态，事实上在后现代主义那里，后现代视域和前现代视域之间往往具有某种重合性，批判现代性与赞美、缅怀前现代性也每每交错在一起，由此展现了一种独特的思想景观。在扬弃前现代性视域与片面的现代性视域的同时，对上述意义上的后现代主义同样需要加以超越。

天人关系上的以上三重超越或三重扬弃，主要侧重于否定的意义。从正面或肯定之维看，对天人关系的理解需要有一种历史主义的观念。时下人们谈到天人关系、主客关系，动辄就称西方如何趋向"分"，中国怎样注重"合"，而"合"又被无条件地视为理想、完美的形态，"分"则一再被否定、批判。这种观念可以概括为"凡合皆好，凡分皆坏"，其简单化、抽象化的性质是显而易见的。从历史主义的立场看待人和外部世界关系，首先意味着拒斥以上抽象观点。

具体而言，需要对天人合一的不同形态做一个区分。前面提到，天和人之间曾在天人互动没有充分发展的背景之下呈现"合一"的形态，这种"合一"是一种原初或原始意义上的合一。与之相异的是天人之间经过分化、天人互动经过充分发展之后重建的统一，后者乃是在更高历史阶段之下所达到的统一。在历史主义的视域下考察天人关系，首先便需要划分天人合一的以上两重形态。今天追求"天人合一",显然不能简单地回到天人之间未经分化的原始统一,而是应当在天人之间的互动经过充分发展的前提下,在更高历史阶段重建两者的统一。逻辑地看,对现代性的扬弃可以有两种可能的趋向,其一是回到原始的、未分化的统一,这种趋向走向极端便是以"同与禽兽居,族与万物并"为目标;其二是在更高的历史阶段之上重建天人之间的统一。唯有后者,才构成了天人互动的合理走向。

可以看到,天人之间的统一具有过程性,需要从动态的角度去理解。如何在历史的发展进程中、在天和人互动的过程中不断地重建天人的统一,是今天审视天人关系时无法回避的问题。把原初的合一凝固化或将一定阶段的相分绝对化,都是非历史的。天人关系上历史主义观点的实质内涵,就在于以过程或动态的观点看待天人之间的统一。

三

以上考察主要侧重于历史的过程,与历史考察相辅相成的是理论的反思。从理论层面看,天人之辩背后隐含着不同的价值观念,如前面已提及的,这种不同主要便表现为人道原则和自然原则的分野。事实上,在天人之辩上,价值取向的不同主要便体现于以上两重原则。如果说,注重天性、强调"无以人灭天"、主张"道法自然",体现的主要是自然原则,那么,注重德性、要求通过人对自然的作用来实现人的理想,则从不同角度体现了人道原则。与天人之辩本身展开于人自身的存在和人作用于外部对象这两个方面相应,自然原则和人道原则作为天人之辩所涉及的价值原则,也有不同的体现形式。

在人自身的存在这一层面,自然原则和人道原则的区分首先涉及感性和理性、个体性和社会性的关系。在这一视域中，所谓"天"内在地体现了人的感性规定，前面提到的"饥而欲食""渴而欲饮""寒而欲衣"等最原初的天性，同时便关乎人的感性规定：正是基于有血有肉的感性存在，才形成"饥而欲食""渴而欲饮"等自然趋向，可以说，这一意义上的天性和人的感性存在无法相离。与之相对，所谓"人"则更多地体现了人的理性要求：无论是德性的追求，还是对人的本质的肯定、对人的内在价值的维护，等等，都基于人的理性规定。在以上方面，天人之间的互动，与感性和理性之间的相互作用无疑具有内在关联。进一步看，这一视域中的所谓"天"同时又与人的个体性规定相涉：以天性的形式呈现出来的"人"，往往体现了人的个体性意愿、个体性要求，所谓"饥而欲食""渴而欲饮""寒而欲衣"等，可以说在最自然、最原初的意义上体现了个体的意愿。相对来说，与理性的规定相关的"人"，则比较多地表现为社会性的规范：它蕴含着社会对个体的要求。在中国哲学中，我们可以注意到，天人之辩往往和群己之辩相联系。这种关联也体现了天人关系同时涉及个体性与社会性之间的关系。

从人道原则与自然原则的关系看，前面曾提到规范的外在化、形式化、权威化以及德性本身的异化，等等，可以视为在人的存在这一层面上人道原则的片面发展。以社会规范的外在化、形式化、权威化以及德性的异化等为形式，人道原则的片面发展同时意味着过度地强化人的理性的品格和社会性的规定。另一方面，把天性加以完美化，将人的自然状态加以理想化，等等，这种观念则可以看作自然原则的片面发展：以无条件地推崇自然为形式，人的感性规定和个体性品格常常被不适当地突出。从价值观的角度看，天人关系上的以上偏向都未能合理地定位自然原则和人道原则。与之相对，在人的存在这一层面，天和人的统一具体即表现为价值观上自然原则和人道原则的统一，而这种统一同时又以感性规定和理性品格、个体性和社会性的统一为内容，其中包含着既尊重人的内在意愿，又合乎社会的普遍规范的价值取向。

进而言之，自然原则和人道原则的互融以及与之相关的感性规定和理性品格、尊重个体意愿与合乎社会普遍规范的统一，包含更为深层的意蕴。首先，从人的存在来看，以上统一意味着人自身走向真实的、具体的存在。从现实形态看，人并不是抽象的对象，而是包含多方面规定的具体存在，人所具有的感性规定和理性品格、个体性取向和社会性规定等，从不同方面体现了人的这种具体性。当我们从价值观层面肯定人道原则和自然原则统一之时，也就同时承诺了人的这种真实、具体的品格。

就人的行为过程或实践过程而言，以上统一又涉及行为过程中合乎内在意愿和合乎普遍法则的一致，后者意味着赋予人的行为以自由的性质。在仅仅本于天性之时，人的行为常常带有自发的形态，反之，如果单纯地注重外在规范的约束，则人的行为往往缺乏自愿的性质。在以上情况下，人的行为都未达到自由的层面。就人的行为而言，自然原则和人道原则的一致具体便表现为出于个体内在意愿和合乎社会普遍规范的统一，而人的行为则将由此真正获得自由的品格。

以上是在人的存在这一层面上，价值观意义上的人道原则和自然原则统一所蕴含的具体价值内涵。从对象世界这一层面来看，自然原则和人道原则的关系则涉及合目的性与合法则性的相关性。这一意义上的"天"更多地关乎自然本身的法则，而"人"则与人的目的性以及价值追求相联系。在天和人的互动过程中，一方面，人无法停留在自然状态之中：人总是不断追求自身的目的，努力实现不同的价值理想；另一方面，在实现自身目的、追求自身价值理想的过程中，人又必须尊重自然本身的法则，而不能将自然法则消解于人自身的目的性。

历史地看，在以上方面，哲学家们往往存在不同的偏向。以道家而言，在价值观上，其特点常常表现为对人的目的性的弱化甚至消解。庄子对"天"的界定之一即"无为为之"，所谓"无为为之之谓天"①。"无为为之"也就是排除任何目的性，具体而言，即"动不知所为，行不知所之"②，行动不知道目的究竟在哪里，行走不知道方向到底在何处，这就是庄子所理解的合乎自然的行为方式。在庄子看来，这种不包含目的性的活动，即属"天"。对"天"的以上理解，隐含着对目的性的消解。在人和自然或外部对象的关系上，这种消解可以视为自然原则的片面发展。与之相对，近代以来那种对待自然的狭隘功利主义的取向，则表现出另一种偏向。对待自然的狭隘的、极端的功利主义原则所突出的是人的目的，亦即前面提到的从一时一地局部的人类目的出发，片面地对自然加以征服、控制。目的性涉及的是人道的原则，但在离开自然法则的前提之下对人的目的过于强化，则表现为对人道原则的片面发展。如果说，道家在人与外部自然的关系上片面强化了自然原则，那么，极端的功利主义则表现为在人和外部自然的关系上片面地突出人道原则。克服以上两重趋向的实质意义，在于实现自然原则和人道

---

① 《庄子·天地》。
② 《庄子·庚桑楚》。

原则的统一，其具体内容则表现为合目的性与合法则性的统一。质言之，在人和外部对象的关系这一层面，人道原则和自然原则统一所指向的是合目的性与合法则性的统一，这种统一从另一方面构成天人互动的合理取向。

历史中的理想及其多重向度[①]

理想一方面尚未成为现实,另一方面又包含人们所追求和向往的目标。就理想本身而言,其形态又涉及多重方面。历史地看,对理想的多方面追求在中国历史上源远流长。早在先秦,孔子就提出"志于道"的观念。作为中国文化的重要范畴,"道"包含不同向度。从天道的层面看,"道"呈现为存在的根据和法则;就人道的层面而言,"道"则涉及普遍的理想,包括文化理想、社会理想、道德理想等等。"志于道"以后一意义的"道"为指向,其实质的意义表现为对广义理想的追求。历史中所追求的这种理想,在今天既得到某种延续,又获得了新的内涵。

一

在中国的传统文化中,理想具体地展现于不同的方面。首先是个体的层面。在这一层面,理想首先与个体自身的成长、完善以及人格的提升相联系,其具体内涵包括"仁、智、勇"等要求和目标。"仁"包含情感的内涵,早期儒家已肯定:"恻

[①] 本文系作者 2013 年 12 月在上海外国语大学的演讲记录稿。

隐之心，仁之端也。"① 恻隐之心即同情心，属情感之域，这种同情心同时被理解为仁的开端，在这一意义上，"仁"更多地与情感相联系。"智"与理性相关，所谓"是非之心，智之端也"②，是非判断属于理性的活动。"勇"则更多地与坚毅的意志相关联，所谓"三军可夺帅也，匹夫不可夺志也"③，便以意志的坚定性体现了"勇"的气概。从另一个方面看，"仁、智、勇"的交融又在人格追求上体现了"知、情、意"的统一，而在"知、情、意"统一的背后，则蕴含着对"真、善、美"的追求。

对中国人而言，个人不仅要追求自身的完善，而且同时应努力实现社会的完善和广义的群体价值。孔子曾提出"修己以安人"④，"修己"指向自我的完善，"安人"则涉及社会价值的实现。随着历史的发展，中国文化中逐渐形成了"先天下之忧而忧，后天下之乐而乐"这样一种群体的意识与胸怀，其中内在地包含对社会的关切以及对社会理想、社会价值的追求。在中国历史中，不仅存在观念层面的理想追求，而且包含政治层面的具体构想，先秦的儒家便基于仁道而提出"仁政"的政治理想。在孟子那里，"仁政"一方面要求"制民以恒产"，给每一个社会成员以一定的生产资源（如土地），使他们上足以赡养父母，下足以抚养子女；另一方面则是以德治国，由此达到人人安居乐业，彼此和谐相处。

在更广的意义上，中国人还提出了"天下"观念以及与"天下"观念相联系的"大同"思想，所谓"大道之行也，天下

---

① 《孟子·公孙丑上》。
② 《孟子·公孙丑上》。
③ 《论语·子罕》。
④ 《论语·宪问》。

为公"①。从先秦到近代,与天下相关的"大同"理想成为绵绵相续的追求目标。"天下"观念的一个重要方面是不限定于某种特定的界限之中,而是超越地域性等限定,展现更广的视野。与"天下"观念相联系的"大同"思想,也体现了这样一种宽广的视域。近代思想家康有为曾著《大同书》,他在谈到"大同"的时候,便特别提到要破除"界",包括"国界""族界"甚至"家界",其中体现的也是一种超越界限的思想。"大同"理想同时包含了多方面的具体内容,按《礼运》的描述,其中包括社会中人与人之间应当相互关心、彼此关切("不独亲其亲,不独子其子"),不同的社会成员都能各得其所,能够在社会之中找到自己合适的位置("老有所终,壮有所用,幼有所长")。所有的社会成员,包括孤独、残疾之人,都有充分的社会保障("矜寡孤独废疾者,皆有所养"),整个社会平安有序("盗窃乱贼而不作,故外户而不闭"),如此等等。这种社会图景便被视为大同社会:"是谓大同。"

以上社会理想在文学家那里得到更生动和形象的描述,如陶渊明的《桃花源记》便刻画了这样一种理想的社会图景。在他的笔下,作为理想之境的桃花源土地肥沃、环境优美:"土地平旷,屋舍俨然,有良田美池桑竹之属。"所有的居民都安居乐业。这一社会中最重要的特点是"黄发垂髫,并怡然自乐",即老少都有幸福、快乐的感受。以上图景虽然带有浪漫的、乌托邦的色彩,但是从另一个角度看,它也构成了中国人早先的生活理想,体现了他们对更好生活形态的追求。

在民族和国家的层面上,理想也有其特定的表现形式。从

---

① 《礼记·礼运》。

民族、国家自身来看，这一理想首先体现在对统一性、独立性的维护上。当统一性、独立性受到破坏之时，则以重建统一作为民族、国家的理想。北宋末期靖康之变后，宋失去了北方的大片国土，偏安于南方。此后，对南宋广大知识分子来说，恢复中原便成为他们的一种理想。诗人陆游的诗句"王师北定中原日，家祭无忘告乃翁"，即以恢复中原、重建统一为其理想，这同时也是他那一代人的共同意愿。

从国家与国家之间的关系来看，理想则体现在"协和万邦"①、"悦近来远"等方面。所谓"协和万邦""悦近来远"，意味着不同的国家之间能够和平相处、和谐交往。反之，在中国历史中，以暴力的方式来处理国与国的关系，则一再受到批评和谴责。中国人很早就区分了"王道"和"霸道"，"霸道"就是以暴力、强权为原则，并以此种方式来处理社会之中的各种关系，包括国与国之间的关系。与之相对，"王道"则要求以非暴力的、和平的方式来处理社会之中的各种关系，包括国与国之间的关系。王道在一定意义上体现了民族、国家层面的社会理想。与此相联系，中国人还提出了"得道多助，失道寡助"的观念，这里的"道"是指正义的原则。在中国人看来，能够按照正义原则去做，就会得到天下之人的拥护和拥戴，反之就会被天下之人所唾弃。这种观念的影响一直绵延至现代，毛泽东便曾以"失道寡助"批评国际关系中的霸权主义。

在国家、民族以及国家之间的关系这一层面，中国人同时还有一种更为恒久、更为宏大的追求，即所谓"为万世开太平"（张载），它所蕴含的理想追求，与近代视域中的永久和平有相

---

① 《尚书·尧典》。

通之处。德国哲学家康德曾经思考和讨论过类似问题，他的名篇《论永久和平》便指向这一论题。"为万世开太平"的观念当然是在更普遍的意义上涉及相关问题，但从"协和万邦"的角度看，其中无疑包含追求天下永久和平的理想。

从文化、思想的层面上来看，中国人很早就表现出宽广的胸怀以及兼容并包的气象。《中庸》中已提出："万物并育而不相害，道并行而不相悖。"所谓"万物并育而不相害"，是指不管在自然领域还是在社会之中，所有的事物、对象都可以并存于这一世界之中，彼此之间并不相互排斥。"道并行而不相悖"中的"道"，广而言之是指不同的理想、学说、理论。理想、学说固然可以具有多样性，这些观念、价值之间也可以有争论，但根据"道并行而不相悖"的观念，这种差异、争论并不意味着一定导向相互之间的排除、否定。历史地看，汉代思想家董仲舒曾提出"罢黜百家，独尊儒术"的著名主张。从形式上看，这似乎是把百家的思想都排除在外，仅仅尊崇儒家一派。但事实上，如果具体地考察董仲舒自己的思想，就可注意到，他对先秦诸子百家如法家、墨家、阴阳家、名家等各家的思想都做了不同的吸纳，并将其中某些思想包含在他自己的体系中。这一事实表明，即使在提出"独尊儒术"这种主张的思想家那里，也依然可以看到一种包容各家、吞吐各家的气象。这种包容性、涵盖性在文化层面上体现了中国传统文化的理想追求。

中国人对待印度佛教的态度，从另一侧面体现了同样的趋向。佛教作为从印度传过来的宗教，属外来文化。它传到中国之后，自然会与中国已有文化之间形成某种文化张力，并引发相关的文化争论。然而，这种张力和争论并没有导致对这种外来的宗教文化的绝对拒斥。相反，随着时间的推移，佛教这一外来文化逐渐融入中国已有的文化之中。更值得一提的是，经过一千多年的消化、融合过程之后，在中国形成了一种独特的佛教形态，即禅宗。禅宗是中国化的佛教宗派，从最终的思想来源上说，它当然源于印度佛教，但又非印度佛教的简单重复，而是融合了中国已有的传统文化而形成的佛教宗派。作为不同于印度佛教的本土化佛教，禅宗可以被视为文化融合的某种产物。如果说，汉代思想家对先秦思想的吸纳主要表现为中国固有思想之间的互动，那么，佛教的中国化则从不同文化形态之间的关系上，展现了中国文化的包容性。它们从不同的方面体现了"道并行而不相悖"的文化理想。

上述个人、社会、国家与民族、国家之间，以及文化思想等层面，都是与人相关的领域。除了这些方面，中国文化对理想的追求还涉及天与人之间的关系。天人关系的含义之一是人与自然的关系，中国传统哲学中的天人之辩便以讨论人与自然的关系为重要内容。一方面，人总是要求改变自然并使之满足人的需要、符合人的理想。儒家所说的"赞天地之化育"（《中庸》），便指通过人的努力，使人之外的对象逐渐变得合乎人的理想。但另一方面，人对自然的作用并不意味着仅仅将自然作为占有、征服、支配的对象，而是以天人之间（人与自然之间）建立和谐的关系为目标。儒家提出"亲亲而仁民，仁民而爱物"[①]的观念，其中"亲亲"主要涉及家庭成员之间（首先是亲子之间）的关系，对儒家而言，处理家庭成员（亲子之间）的关系主要以"亲"为原则；"仁民"是对一般社会成员的要求，亦即以仁爱之心对待他人；"爱物"主要就人与对象（首先是自

---

① 《孟子·尽心上》。

然对象）的关系而言，这里的"爱"包含爱护、珍惜等含义。"爱物"，意味着以珍惜爱护之心对待自然和人之外的对象。这种"爱物"之心的实质含义，就是肯定自然本身有它的存在价值，承认自然具有与人共同存在于这一世界的独特地位。道家从另一个角度考察人与自然的关系，并提出了相关的原则，这种原则主要体现于道家的基本观念——"道法自然"。"道法自然"的实质内涵就是尊重自然、尊重自然的法则。与之相联系，道家主张"为无为"，所谓"为无为"，并不是一无所为，而是以"无为"的方式去"为"，这是一种独特的"为"的形式。具体而言，什么是以"无为"的方式去"为"？这里重要的是尊重自然本身的内在法则，而不是单方面地从人的目标出发去利用自然、征服自然。换言之，人的行为过程应同时合乎自然法则，而不是单纯合乎人的目的。可以看到，儒家和道家从不同的方面体现了对待自然的态度：前者侧重于以人观之，从人的角度出发，以珍惜和爱护之心去对待自然；后者则要求从尊重自然、尊重自然的法则的角度去对待自然。两者从不同维度体现了人和自然之间应当建立起和谐共处的关系的理想。

二

以上简要地从历史的角度考察了传统文化在个体、社会、民族、国家和天人关系等层面所蕴含的理想，以及它们的不同内涵和形式。作为一个源远流长的过程，中国人对理想的追求在今天并没有终结。一方面，每一时代的理想具有历史的延续性，今天的追求与过去的理想之间也并非截然相分；另一方面，理想在不同的时代又具有不同的历史形态，其内容需要进行历史的转换。

与历史的延续性相联系,今天谈理想,同样也涉及前面提到的不同的层面。从个体的层面来说,今天所追求的理想首先表现为达到自由、完美的人格。具体而言,这里包括两个方面,一个是内在品格,它主要从价值取向上规定了正确的人生方向;另一个是现实的能力,亦即人认识世界、改变世界的内在力量。人并不是现成地接受对象,而是要用自己的力量、通过自己的实践过程变革对象,使之合乎人的理想与需要,这一过程乃是通过人的内在能力体现出来的。从完美的人格这一角度看,实现品格与能力之间的统一,便从内在方面构成个体的理想。从外部的角度来看,人的理想同时表现为对多样的人生目标的追求。广而言之,现代社会为不同的个体提供了多样的选择可能,人生各种选择的空间也已经大大地拓展:人们已有可能来选择自己不同的生活目标,形成经济上、政治上、文化上多样的人生理想,并在社会中找到适合自己的位置。从个体层面来说,那就是要根据个体"性之所近"以及社会所提供的各种现实可能,确立自己具体的人生目标,追求自己独特的人生理想。

从国家和民族这一层面来说,近代以来独立、富强始终是中国人追求的理想。经过一百多年的努力,独立的理想已成为现实。在实现了这一理想之后,进一步的追求便是国家的富强。事实上,今天中国人的理想往往和国家强盛的向往联系在一起:如何达到国家和民族的真正强盛,构成当下中国人在国家和民族这一层面的具体理想。

如前所述,中国人很早就有一种天下的观念。与天下观念相联系的是兼容并包的胸怀。在文化的层面,这种天下的观念在今天具体表现为世界文化的意识。在世界文化的视野之下,中华民族几千年发展过程中所积累的成果无疑是建构当代文化的重要方面；同样，中国文化之外世界其他民族所形成的优秀文化成果，也构成了发展当代文化的重要的资源。中国历史上已经有过一个接受、消化、融合外来文化的成功先例，那就是前面提到的对印度佛教文化的接纳、消化、转换。今天，在面对包括西方文化在内的外来文化之时，中国人也将表现出同样的气度。中国人消化吸收印度佛教文化差不多历时一千多年，比较而言，近代西学东渐以来，中西文化的相遇还不到二百年。较之对印度佛教文化的消化，中国文化对西方文化的理解、消化还处于比较短的时期，历史要求我们以更为宽容、宏大的胸怀来对待西方文化。以世界文化的视野和观念发展当代文化，同时也是在新的历史条件下延续和重建中华民族的文化。这种重建既要利用中国文化自身的传统资源，也需要这一传统之外的文化资源。由此进而建构既具有世界意义，又具有独特个性的当代中国文化形态，则可以视为今天中国人的文化理想。

前面已提到，与社会、文化层面相对的是天人之间的关系。如何处理天人关系，这一问题古已有之。当然，天人之辩在今天同时获得了新的内涵，那就是它与生态问题更紧密地联系在一起。一方面，在社会发展的过程中需要尊重自然，通过变革自然使本来与人并没有直接相关性的对象世界逐渐地变得合乎人的理想与需要。肯定这一过程，意味着人不能仅仅停留在本然的存在之上。另一方面，对人自身需要的满足，又不能无视自然的法则。在满足人自身需要的过程中，我们需要充分地尊重自然。在这里，传统思想中已有的观念，包括对待天人关系的不同原则、进路，在今天看来依然有其重要的意义。前面提到，儒家更多地呈现出"仁民爱物"的情怀，"爱物"意味着对自然的关切、珍视。这种关切、珍视在某种意义上可以看作人应具有的责任意识,其中包含着伦理或道德的定义。另一方面,在道家那里,对待自然的态度往往展现出审美的视野。道家很早就提到"天地有大美而不言"①,即天地(自然)本身就包含美的向度。天与人、人与自然的关系所涉及的并不仅仅是一个伦理的问题,而是同时具有审美意义。一种土地污染、河流混浊、天空雾霾笼罩的环境不仅对人的发展不具有正面的价值意义,而且也缺少内在的美感。相反,清澈的河流、蔚蓝的天空、绿荫覆盖的大地,则既是对人的生存具有正面意义的环境,也具有审美的意义。在此意义上,生态问题既与伦理相关(涉及人对自然的责任),也关乎审美的视域。从根本上说,天人关系的协调最终在于为人类的可持续发展提供前提。在人类的这种可持续的发展过程中,人自身的完美和自然的完美呈现统一的形态,这种统一的形态具体呈现为天人共美。可以说,天人共美就是今天中国人在生态领域中的理想。

---

① 《庄子·知北游》。

关学的哲学意蕴
——基于张载思想的考察①

关学可以从狭义和广义两个层面加以理解，狭义的关学主要指张载及其门人之学，广义的关学则从张载之后延续至元明清乃至近代。宽泛而言，具有地域性的学派总是既涉及空间，又关乎时间。关学作为一种学派，不管做狭义的理解还是广义的考察，同样也具有空间性和时间性。从空间上说，它与关中这一特定地域密切相关；就时间而言，则涉及历史的延续过程。从整体形态看，历史中的中国思想既包含普遍性，也具有多样的表现形式。就具体的学派而言，则其中既包含与地域性相关的特点，也体现中国思想的普遍性品格。与此相联系，对关学等学派的研究，一方面能够深化对中国思想普遍内涵的理解，另一方面则有助于把握中国思想多样的形态。

作为学派，关学奠基于张载，其基本特点与张载的思想难以分开。这里的考察，也主要指向张载的哲学。

---

① 本文系作者于 2015 年 11 月在《关学文库》首发式暨关学研讨会上的发言，根据录音记录整理。

关学的哲学意蕴

一

从形而上的层面看,张载的哲学关乎天道,其论域首先体现于气与物的关系。在张载看来,"气有阴阳、屈伸相感之无穷,故神之应也无穷。其散无数,故神之应也无数。虽无穷,其实湛然;虽无数,其实一而已。阴阳之气,散则万殊,人莫知其一也;合则混然,人不见其殊也。形聚为物,形溃反原。反原者,其游魂为变与!所谓变者,对聚散存亡为文,非如萤雀之化,指前后身而为说也"①。依此,则万物虽千差万别,但又有统一的本原。仅仅肯定气为万物之本,往往难以说明世界的多样性;单纯停留于存在的多样形态,则无法把握世界的统一本原。通过确认太虚为气之本然形态,张载同时追溯了万物存在的统一本原,所谓"虽无数,其实一而已";通过肯定气的聚散,张载又对存在的多样性做了说明,所谓"阴阳之气,散则万殊"。

就气本身而言,张载提出了"太虚即气"的命题。这里的重要之点在于将"虚"理解为气的一种本来形态,它表明"虚"并不是不存在,而是气的一种更原初的形态。这一看法肯定世界中各种事物的变化无非是气的聚和散:气聚而为物,物散而为气;万物来自气,最后又复归于气。由此,张载也从本原层面上论证了这一世界的实在性。以太虚为气的本来形态,哲学的视野和提问的方式也开始发生了变化。从太虚即气的观念看,气只有如何存在(聚或散)的问题,而无是否存在(有或无、实或空)的问题。气之聚构成物,物之散则是气回到太虚的形

---

① 《张载集》,中华书局,1978年,第66页。

态,而不是走向无。对存在方式(如何在)的关注,在此取代了对存在本身的质疑(是否在)。通过提问方式的这种改变,世界本身的实在性也得到某种本原上的肯定。冯从吾概括张载哲学的精神,认为其特点之一在于"穷神化"①,也涉及以上思想特点。在这方面,可以看到关学确实与濂、洛、闽等学派表现出不同的哲学走向,关学的独特学术品格也首先从这里得到体现。

从中国思想史的演进看,以上看法蕴含独特的理论意义。在哲学的论域中,所谓"虚"常常被理解为无、空:在道家那里"虚"意味着"无",在佛教那里"虚"则表现为"空"。从逻辑上看,由"空"和"无",每每进一步引向对世界实在性、对存在本身的消解。张载对气的如上论述,则表现为对佛教的真妄之辩和道家的有无之辩的理论回应:从太虚即气的观点看,世界既非如道家所言由无而生,也非如佛教所断定的空而不实。冯从吾认为张载关学思想的特点之一是"斥异学"②,这里的"斥异学"并不仅仅表现为维护儒学的正统地位,在更实质的意义上,其意义在于从天道观上实现哲学视野的转化:以如何存在的问题取代是否存在的问题。

天道观上哲学视域的如上转化,引向两重结果。首先是注重礼学以及经世之学。张载以及广义的关学都比较注重礼学,在儒学的系统中,礼与现实的生活和践行有着更切近的关系,由注重礼逻辑地进一步引向注重经世致用。张载已表现出注重政治实践的趋向,二程肯定其"语学而及政,论政而及礼乐兵

---

① 冯从吾:《关学编》,中华书局,1987年,第3页。
② 冯从吾:《关学编》,第3页。

刑之学"① 亦基于此。关学的后人也承继了张载的这一为学趋向，明清之际的关学传人李颙便提出："儒者之学，明体适用之学也。"②

与注重经世致用相关的是注重实证之学，后者进而导向对科学技术的关注。尽管张载尚未直接表现出对科学技术的推重，但以世界"如何在"的问题转换世界"是否在"的质疑，本身包含着对世界实在性的肯定，这种肯定同时构成实证之学的形上前提。在关学尔后的演进中，这一趋向表现得愈益明显。如明代的关学传人韩邦奇在科技方面便有突出的成就，对天文、地理、律历、数学等均有深入的研究。晚明的关学传人王徵著有《新制诸器图说》，进一步吸取西方近代科技，并在此基础上提出他自己在科技方面的一些思想。这种实证之学构成关学的重要面向，而其理论之源则关乎天道观上对世界实在性的肯定。

二

天道观与人道观彼此相关。在天道观上，张载以世界"如何在"的考察取代了世界"是否在"的质疑；在人道观上，以上进路逻辑地引向对人如何在、社会如何在的关切。冯从吾曾以"一天人"③评价张载所开创的关学，此所谓"一天人"便可以从天道和人道的相关性加以理解。

从天道观看，气的聚散并非杂而无序，其间包含内在的条理："天地之气，虽聚散攻取百涂，然其为理也，顺而不妄。"④

---

① 《二程集》，中华书局，1981年，第1196页。
② 《二曲集》，中华书局，1996年，第120页。
③ 冯从吾：《关学编》，第3页。
④ 《张载集》，第7页。

"顺而不妄"意味着有法则可循。天道之域的这种有序性,同样体现于人道之域:"生有先后,所以为天序;小大高下,相并而相形焉,是谓天秩。天之生物也有序,物之既形也有秩。知序然后经正,知秩然后礼行。"① 天序与天秩作为自然之序,关乎天道意义上的"如何在";"经"与"礼"则涉及社会之序,并与人道观意义上的"如何在"相关。在张载看来,经之正、礼之行以"知序"和"知秩"为根据,这一观点的前提便是天道(自然之序)与人道(社会之序)的联系,而天道意义上世界"如何在"则引向人道意义上社会"如何在"。肯定天道与人道的关联,这是儒学,包括宋明时期儒学的普遍观念,但以天道为人道的根据则体现了张载关学的特点。

对张载而言,人道意义上的秩序包含更具体的社会伦理内容。在著名的《西铭》中,张载便将整个世界视为一个大家庭,社会中的成员则被看作这一大家庭中的一分子,所谓"民吾同胞,物吾与也"。家庭中的亲子、兄弟等关系既基于自然的血缘,又具有伦理秩序的意义;将家庭关系推广到整个世界,意味着赋予世界以普遍的伦理之序。这一观念后来被进一步概括为"仁者以天地万物为一体"②,此所谓一体便可以视为民胞物与说的引申。从"乾称父,坤称母"到"尊高年,所以长其长;慈孤弱,所以幼其幼"③,天道与人道再一次呈现内在的连续性、统一性,而对自然层面之天秩和天序的肯定则具体地表现为对社会伦理之序的关切。

---

① 《正蒙·动物篇》,《张载集》,第19页。
② 《二程集》,第15页。
③ 《张载集》,第62页。

张载把家庭关系推广到整个世界，同时意味着赋予世界以普遍的伦理秩序。在这里，天道构成人道的根据，人道又反过来进一步辐射于天道，天道层面的自然秩序和人道层面的社会秩序呈现互动的关系。正是由此出发，张载对"斥异学"做了进一步推进：在他看来，佛、道最大的问题就是忽视社会人伦秩序，对人伦的疏离归根到底意味着对人的社会责任的消解。在此意义上，张载对天道与人道的沟通，也可以视为在更深的层面上对佛、道的回应。

三

以肯定人伦秩序为前提，张载进一步提出如下观念："为天地立心，为生民立道，为去圣继绝学，为万世开太平。"[①] 这里既体现了理想的追求，又包含内在的使命意识。

作为一种价值观念，"为天地立心"的思想渊源可以追溯到早期儒家。孔子已肯定"人能弘道"，《中庸》进一步提出人能"参天地之化育"。这些观念从人和外部世界的关系上，确认了人的内在力量。历史地看，人生活于其间的世界既非洪荒之世，也不是本然的、人尚未作用于其上的自在之物，而是通过人自身的知、行过程和创造活动而建构起来的，其中打上了人的各种印记。质言之，现实世界本身离不开人的建构活动。早期儒学的以上思想在某种意义上构成张载提出"为天地立心"的历史前提，张载由此做了进一步的阐发，肯定了人是这一世界中唯一具有创造力量的存在。人之为人的根本特点在于他具有创造力量，这种创造力量使人能够给予世界以意义。在人没有作

[①] 《张载集》，第376页。

用于其上之时，作为本然存在的洪荒之世对人并没有意义，世界对于人的意义乃是通过人自身的参与活动而呈现的。人为天地立心，实质上从价值的层面上，突显了人的创造力量以及人赋予世界以意义的能力。它既是先秦儒学相关思想的延续，也是对这一思想的进一步深化。

相对于"为天地立心"，"为生民立道"主要规定了人自身的历史走向和发展趋向。"为天地立心"以人和外部世界的关系为指向，"为生民立道"则涉及人和人自身的关系：人类的历史方向和理想之境取决于人自身。这一观念意味着人的发展方向并不是由超越的存在，如上帝、神之类所规定的；人类走向何方，取决于人自身。对历史方向的规定，以肯定人的存在和发展具有意义为前提。在此意义上，"为生民立道"表明，人的存在和发展并非如虚无主义者所认定的那样没有价值。总之，人能规定自身的发展方向，这种发展同时又内含自身的价值意义。

由宽泛意义上人类发展的价值方向，张载进一步转向人类文化及其绵延："为往圣继绝学"便关乎人类的文化历史命脉。"往圣之学"体现了社会文化在思想层面的沉积，并同时展现了文化的历史命脉；"为往圣继绝学"则在于延续这种文化的历史命脉。文化积累是人的价值创造力量更为内在的表征，对延续文化历史命脉的承诺同时也是对人的存在价值的进一步确认。

最后，"为万世开太平"所指向的是终极意义上的价值目标。这里首先关乎人类永久和平的观念，其思想的源头在一定意义上可以追溯到《尚书》的"协和万邦"以及春秋公羊学的据乱、升平、太平的三世说。在西方近代，康德曾以永久和平为人类的理想，这一观念在某些方面与张载的思想也有相通之处。不过，在张载那里，"为万世开太平"并不仅限于追求邦国之间的永久和平，其中还包含着更普遍的价值内容，后者具体表现为使人类走向真正完美的社会形态。尽管张载没有具体说明何为完美的存在形态，但"为万世开太平"确实从价值方向上肯定了人类应该走向更完美的存在形态。历史地看，在不同的时代，人的完美和社会的完美可以被赋予不同的内容。相对于这种特定的历史追求，"为万世开太平"着重展示的是终极意义上的价值理想。

综而论之，"为天地立心，为生民立道，为去圣继绝学，为万世开太平"内含理想意识与使命意识的统一，这种统一在更内在的层面上体现了普遍的社会责任：如果说，理想从"应当追求什么"等方面规定了人的责任，那么，使命则通过确认"应当做什么"而赋予人的责任以更具体的内容；两者既展现了普遍的价值追求，也体现了关学的内在精神。

值得注意的是，关学的以上精神旨趣与"太虚即气"的天道观有着理论上的关联。从天道观上说，张载肯定"太虚即气"，以此否定了以"虚"和"静"为第一原理，这一看法同时构成关学所追求的精神境界的天道观前提。与此相联系，以理想意识与使命意识的统一为具体内容的精神境界，不同于仅仅基于超验"天理"的精神形态。以实然（天道意义上世界的实在性）与当然（理想的追求）的统一为特点，张载的以上思想确乎有别于从抽象的理或心出发的"心性之学"：后一意义上的"心性之学"缺乏"太虚即气"的天道观，在其进一步的发展中，往往趋向于抽象化、玄虚化的形态。在张载那里，精神境界与天道观念相互联系，使前者（精神境界）在形上层面获得了比较切实的根据，并有助于避免其走向思辨化、玄虚化。

四

　　精神境界以人自身的成就或人的完善为指向。在如何成就人这一问题上，张载进一步提出其人性理论及"变化气质"的观念。

　　张载区分了人性的两种形态，即天地之性与气质之性："形而后有气质之性，善反之，则天地之性存焉。故气质之性，君子有弗性者焉。"① 这里的"形"即感性之身，"形而后有气质之性"表明气质之性主要与人的感性存在相联系。与之相对的天地之性，则更多地体现了人作为伦理存在的普遍本质，包括人的理性规定。在张载看来，人一旦作为现实的个体而存在（有其形），则气质之性便随之呈现。气质之性与人的这种相关性，在逻辑上也赋予体现于气质之性的感性规定以存在的理由。

　　然而，张载同时又认为，仅仅停留于气质之性，还很难视为真正意义上的人。由此，他提出了变化气质的要求，并将其与"为学"联系起来："为学大益在自求变化气质。""故学者先须变化气质，变化气质与虚心相表里。"② 所谓变化气质，也就是以普遍的伦理原则、规范对人加以改造，使其言行举止都合乎普遍规范的要求："使动作皆中礼，则气质自然全好。"③ 由此进而成为真正意义上的人。

　　以上思想的前提是人既非预定，也非既成，而是在变化气质的过程中逐渐成就的。人刚刚来到这个世界时，并没有具备

---

① 《张载集》，第23页。
② 《张载集》，第274页。
③ 《张载集》，第265页。

人之为人的根本品格,唯有通过广义的为学过程,人才成其为人。从儒学发展的角度看,早期儒学已将人理解为一个生成的过程而不是既定的存在。就先秦而言,从孔子的《学而》篇到荀子的《劝学》篇,都把为学放在至关重要的地位,并将为学与成人紧密联系在一起:成人的过程就是为学的过程。肯定学以成人,逐渐成为儒学绵延相承的传统。在张载"变化气质"的提法中,学以成人的观点被赋予更为具体的内涵,并得到进一步的发展。

注重变化气质的为学过程,蕴含着对后天工夫的肯定。从成人的过程看,儒家的奠基者孔子提出"性相近,习相远",认为人之性彼此相近,这种相近之性同时为人成就自身提供了可能。然而,人最后是否能成为真正意义上的人,则与"习"相联系。这里的"习"包括习行和习俗,习行表现为个人的知行活动,习俗则关乎广义的社会环境。在儒学尔后的发展中,孔子的以上思想被引向两个方向,首先是以孟子为代表的性善说。孔子仅仅肯定性相近,孟子则将"性相近"引申为"性本善",并把这种本善之性视为成人过程的内在根据。这种看法有见于人的成长需要从自身的可能出发,而不能仅仅归结为外在的灌输。然而,在关注成人过程内在根据的同时,孟子对与"习"相关的习行和习俗不免有所忽视。儒学的另一发展趋向体现于荀子。荀子提出性恶说,强调人之本性不能成为人自身成长的根据,相反,具有恶的倾向的人性需要通过礼义教化过程来加以改变,这一过程即所谓"化性起伪":"故圣人化性而起伪,伪起而生礼义。""凡所贵尧、禹、君子者,能化性,能起伪。"[1]

---

[1] 《荀子·性恶》。

伪即人为，指广义的后天作用，具体包括外在的影响与自身的努力。与之相应，成人主要依赖后天的习行过程。然而，在注重习行的同时，荀子对于人成就人自身的内在根据则有所忽略，而成人的过程常常被理解为"反于性而悖于情"①。可以看到，在孟荀那里，性与习或多或少处于彼此分离的形态。相形之下，张载提出的气质之性和天地之性的区分呈现了不同进路：如果说，天地之性的预设承继了孟子性善说的观念，那么，气质之性的确认则吸取了荀子的性恶说。基于天地之性，张载同时有见于人成就自我离不开自身的内在根据；气质之性的提出，则为习行过程所以必要提供了论证。从儒学的衍化来看，张载对孟子和荀子的人性理论做了双重扬弃，并由此对人之成为人的过程做出新的阐发。张载在人格成就方面的如上思想，对关学尔后的发展同样产生了重要影响。

---

① 《荀子·性恶》。

附录一

行动、实践与实践哲学
——对若干问题的回应①

在《人类行动与实践智慧》② 一书的讨论会上，与会学者对书中涉及的若干问题提出了多方面的看法，这些看法既涉及元理论层面如何理解实践哲学的问题，也关乎行动结构、实践分类、实践过程中理性与非理性的关系、实践过程中"几""势"如何把握等具体的问题。广而言之，问题也兼及更普遍意义上研究的不同进路与视域。对以上问题的回应，既指向相关问题的具体分疏，也涉及观点和看法的进一步阐发。

一

如何理解"实践哲学"？这是实践哲学研究过程中无法回避的问题，黄颂杰教授所论首先涉及这一点。以西方哲学的历史衍化为背景，黄颂杰教授提出了何谓实践哲学、实践哲学是否

---

① 2013 年 7 月 17—18 日，《哲学分析》、生活·读书·新知三联书店联合举办了第六届《哲学分析》论坛："人类行动与实践智慧"研讨会，围绕作者的《人类行动与实践智慧》一书展开讨论。本文系作者对与会学者相关问题的回应，根据录音整理和修订。
② 杨国荣：《人类行动与实践智慧》，生活·读书·新知三联书店，2013 年。

要取代思辨哲学、实践哲学有没有一般（或基本）原理三个问题，并对此做了清晰、细致的分析，其中包含不少富有启示的看法。

从理论上看，把握"实践哲学"的内涵确实十分重要，其中关乎需要辨析的不同方面。大致而言，在狭义的论域中，实践哲学表现为以行动、实践为指向的哲学形态，其中又可以区分为关于具体实践领域的研究和跨越不同实践领域的元理论形态研究。从广义上看，实践哲学的特点则在于以实践为理解、认识世界的基础，这一意义上的实践哲学有别于黄颂杰教授所说的思辨哲学。我的《人类行动与实践智慧》一书的旨趣，并非试图在实践的基础上建立整个哲学的大厦，简要地说，我无意建构广义的实践哲学。在内容上，我的讨论主要与狭义的实践哲学相联系；具体地看，其侧重之点在于从元理论的层面，对行动和实践的意义做一哲学的分疏。我所提到的实践哲学"以人的行动和实践为指向"大致也是就此而言，它在某种意义上可以视为对行动和实践本身的理论考察，从而既不同于对特定实践领域的研究，也有别于基于实践而建构整个哲学系统的进路。当然，实践哲学"以人的行动和实践为指向"这一宽泛的提法以及与之相关的解说，可能容易引发歧义，黄颂杰教授指出的这一点无疑有助于对相关问题的进一步澄明。

与以上视域相关，广义的实践哲学与理论哲学或思辨哲学之间，并不存在相互排斥或彼此取代的问题。在广义论域中，实践哲学的特点在于以实践为基础或出发点考察和理解世界。当我们以这一方式把握世界时，理论和思辨依然不可或缺：作为理解和把握世界的方式，基于实践的哲学进路并没有离开理论思维。同样，理论哲学或思辨哲学尽管以观念层面的思与辨为把握世界的主要方式,但从现实的角度看,这种理论或思辨活动无法超越活动主体(从事上述理论或思辨活动的主体)所处的不同生存境域。这种境域又由具体的生活、实践过程所构成,在此意义上,即使是思辨性的理论活动,最终也难以与实践过程相分离。从根本上说,哲学对世界的把握基于人自身的知与行,两者固然可以有不同侧重(基于实践视域的实践哲学与基于理论视域的理论哲学分别侧重于行与知),然而在把握世界的现实过程中,实践的视域与理论的视域无法截然相分。

关于实践哲学的原理,往往存在不同的理解。从哲学史看,斯宾诺莎在考察作为实践领域之一的伦理之域时,曾运用几何学的方式推演出伦理学的不同原理。康德的道德形而上学也预设了普遍性、意志自由等原理。实践领域的这种原理在形式上固然整齐统一,但同时又往往具有抽象的性质。对实践领域及其原理的理解也可以侧重于把握实践过程的现实规定和关系,由此进一步做出理论的概括,形成具体的概念系统。以行动和实践过程为对象,我所趋向的主要是后一进路。这一考察进路一方面包含元理论层面的概念性思考,从而不同于经验层面的描述;另一方面又非抽象地预设某种普遍的原理,从而有别于思辨的构造。质言之,原理应当体现内含于现实的普遍性,而非基于抽象的预设,它与我所主张的"具体形上学"具有相通性。

实践哲学也可以根据不同领域或不同对象的特点来加以划分,如将展开于主客体关系的实践活动与主要表现为主体间交往的活动加以区分。然而,我们同时需要把握"实践"之为"实践"的普遍品格,诸如"说明世界和改变世界""合目的性和合法则性"的统一等特点。不管讨论什么特定形态的实践,以上问题都将涉及，因此从这一层面讨论实践问题，应该是实践哲学的题中之意。

与会学者的相关讨论还涉及实践哲学的功能问题。对具体的实践活动来说，实践哲学的功能是什么？从宽泛的意义上说，这也关乎哲学的作用是什么（哲学何为）的问题。在我看来，哲学既有理解、说明世界的作用，也有通过规范引导实践以完善世界的意义。冯契先生所说的"化理论为方法，化理论为德性"，实际上便涉及哲学的规范意义。我们通常所说的"观念的力量""思想的力量"也体现了哲学的规范作用。

哲学以概念的形式把握世界，其作用于世界的方式与具体的科学、技术有所不同，不能要求哲学像特定技术一样以直接的、操作性的方式来干预社会生活。哲学更多地是以观念的力量引导人，这种力量凝结着人的生活经验和智慧，可以在各个领域中产生影响。虽然哲学（包括实践哲学）看上去是在做一些理论性、概念性的分析，然而这一工作所凝结起来的理论成果对人们的实践生活依然有现实的规范、引导意义。

对实践哲学的另外一种理解，就是对现实世界及社会领域中具体问题的哲学性回应，这在广义上也体现了实践哲学的品格。在社会实践（包括现代化的进程）中，往往会出现政治、经济、文化等不同层面的问题，它们对社会生活本身也会产生多方面的影响。从哲学的角度直面这些问题，分析其根源、提出多样的解决思路等，这些活动在一定意义上也可归属于广义的实践哲学。

实践哲学同时涉及"以行动本身为对象"与"以讨论行动的方式为对象"的区分，江怡教授的发言便涉及此。比较而言，分析哲学固然也涉及行动本身，但可能更侧重于考察"讨论行动的方式",这一进路在某种意义上可以视为对研究的再研究。按我的理解,广义的实践哲学与分析哲学不同,"以行动为对象"和"以讨论行动的方式为对象"两者并非互不相干,而是都包含在广义的实践哲学之中:我们既要注意讨论行动的方式,也要关注现实的活动和实践本身。在这一点上,我所理解的"行动哲学"与分析哲学的看法显然存在差异,在后者的视域中,我的这种讨论方式也许超出了语言分析之域,有某种"形上学"的趋向,从而不合其"规范"。然而,实践哲学最终旨在理解现实的实践活动,行动本身是无法回避的问题。顺便指出,分析哲学中的一些人物如后期维特根斯坦趋向于对日常语言的分析,并关注生活世界、肯定语义的理解要以生活世界为背景,等等,这些看法无疑也注意到日常生活的意义,然而其重点仍然在于如何恰当把握语言的意义这一方面,因而并没有离开广义上的语言之域。在我看来,对行动的讨论不能仅仅限于语言关切这一层面,而应指向更广的社会生活与历史过程。

二

实践哲学同时关乎如何理解行动。历史地看,王阳明在谈到知行关系时,曾以"好好色"和"见好色"的不可分,解释知与行的统一。郁振华教授在讨论中也提到这一问题。对王阳明的这一具体理解,我难以完全赞同。在我看来,"好好色"主要是情感上的认同,仍然属于观念的领域。我在《人类行动与实践智慧》中也提到,对于行动的理解需要在动态的结构上来展开,这个动态的结构包括意欲的生成、对意欲的评价、动机的确立、行动的选择与决定等一系列环节,这些环节都关乎观念。观念的如上展开对于走向行动是必要的,但尚未落实到行动之中，从而不能视为行动本身。王阳明注意到，没有以上进展，"行"是不能想象的，但他却由此把观念的环节当作"行"本身，从而趋向于王船山所批评的销行入知。即使将"行"区分为经典意义和非经典意义两种，"好好色"也仍然属于广义之"知"的范围。总之，从意欲到行动有一个很复杂的过程，在未跨入行动领域的时候，观念性活动仍然是"知"而不是"行"。当然，王阳明将"好好色"和"见好色"统一起来是有所见的。

胡军教授提到人的行动结构问题。确实，行动有其结构。从行动本身看，如前所述，"行动结构"包括意欲的生成、选择、决定等动态过程的各个方面。我在《人类行动与实践智慧》一书的第一章第三节中，以"行动的结构"为题，对此做了较为集中的考察，并概要地指出："在非单一（综合）的形态下，行动呈现结构性。行动的结构既表现为不同环节、方面之间的逻辑关联，也展开于动态的过程。从动态之维看，行动的结构不仅体现于从意欲到评价，从权衡到选择、决定的观念活动，而且渗入行动者与对象、行动者之间的关系，并以主体与对象、主体与主体（主体间）的互动与统一为形式。"从更广的意义上去理解实践过程，进而涉及行动过程的多重关系，包括私人空间与公共空间、行动的个体之维和社会之维之间的互动，这些关系的展开以及相关方面之间的互动，都包含了行动的结构。不管从微观的意义上，还是较为宽泛的意义上，行动都具有结构性。

胡军教授同时谈到"集体行动"和"个体行动"之间的关系，两者确实也是理解行动时无法回避的重要方面。

关于"集体行动"和"个体行动"的问题，可以从不同的层面加以理解。一方面，任何一种集体行动最后都落实于个体行动之中，没有抽象的、超验的集体。同时，个体行动总是内含集体性的规定，即便是日常生活中的饮食起居也涉及家庭、单位等社会性的依托。在此意义上，个体和集体很难截然相分。另一方面，个体的作用在不同的行动过程中又存在差异。在有些场合，特别是在胡军教授提及的大规模集体行动中，个体的作用似乎并不显著。然而，并不能由此完全忽视或消解个体在集体行动中的作用。在诸如建立空间站、登月这类事关林林总总、方方面面的大工程中，个体的作用看似无关全局，但其行动往往牵一发而动全身：任何一个小部件的设计、加工、制作都事关整个过程，其中每一个体的作用都不可轻视。不难看到，行动的个体之维与行动的集体之维在行动过程中所占的位置需要放在具体的历史情境中分析，既不能夸大个体作用，也不能将个体淹没于集体中。此外，"集体行动"本身是个抽象概念，集体参与的行动往往离不开具体的目标或计划：通过共同的目标或计划，不同个体被连接于一定的集体。在这一过程中，既涉及个体对集体目标的认同，也关乎个体之间的相互关联、相互作用等等。在这些不同的环节中，都可以看到个体之维的行动与集体之维的行动之间的内在互动。

刘宇博士提出实践范畴的区分问题，并以实践对象以及实践领域的分别为这种区分的根据。与之相关，刘宇博士特别强调"分"：从对象的区分到范畴的区分，都侧重于"分"。确实，无论是实践的对象，抑或实践的范畴，都存在不同的规定，并可以做出不同的分别。具体地把握实践对象与实践领域的各自特点，对于实践过程的合理展开，具有不可忽视的意义。然而，作为以人为主体的过程，实践过程本身又难以判然相分。在基于对象等差异而区分实践的不同领域、方面的同时，对实践过程作为人的活动所具有的相关性，同样需要给予充分注意。以刘宇博士所提及的实践范畴——实践与外物、实践与他人、实践与自身——之分而言，其中便似乎存在不少需要辨析的问题。首先，这里的实践内涵有待澄清：与外物、他人、自身相对的实践，究竟涉及什么？从逻辑上说，似乎关乎实践的个体，因为同时满足与外物、他人、自身相对这一条件的，只能是作为个体的实践主体。然而，从上述意义上的个体（或实践个体）这一维度去理解实践，显然与实践的现实形态存在距离。从最一般的意义上说，实践作为系统性的过程，包含对象、主体、背景、过程等方面，其中的主体既有个体之维，也有社会之维，仅仅从个体之维理解实践过程，似乎难以把握其现实或具体的品格。进而言之，即使以个体为着眼之点，也不难注意到，在其实践过程的具体展开中，外物、他人、自身也并非壁垒分明：以"外物"为对象的实践（如改变自然）总是直接或间接地涉及与他人的关系，包括协作、互动等，而在这一过程中，个体自身也将在能力、德性（包括对待劳动的态度）等方面发生某种改变；与"他人"打交道的主体间交往并非以单纯的主体性对话、讨论等方式展开，在其现实性上，它往往发生在作用于广义"外物"的过程之中，而这种交往对个体自身的精神世界同样会产生不同形式的变化；至于以个体"自身"为对象的实践，更是无法离开作用于"外物"、与"他人"交往等过程：个体的自我发展，并不是一个自我封闭的修养、静坐、反省过程，即使以个体德性为关注之点的心学，也一再强调应当在"事上磨练"，亦即有见于以上关联。从上述方面看，对实践与外物、实践与他人、实践与自身的范畴区分，以及基于这种视域的实践观念，显然需要再思考。

附录一 行动、实践与实践哲学

同时，范畴的区分应以对象本身的规定为依据并体现对象自身的这种内在规定。以刘宇博士提到的"人事"与"人伦"的区分而言，两者确乎存在差异，但刘宇博士认为两者的区分表现在"人事的特征在于以合理的手段实现既定目标，而人伦是非目的性的自然关系"，这种分别则有待分疏。"人事"以"事"为实质的内涵，"事"具体展现为人之"为"；"人伦"则以"伦"为其核心，"伦"相对于"事"，更多地表现为静态意义上人与人的关系，两者分属不同的存在形态。不难看到，在这里人事与人伦首先均与本然之物相异而与人相涉①，在这一方面两者呈现相通性。两者的不同是基于以上相通的差异，这种差异主要在于人事属人的动态活动（人之"为"），人伦则首先呈现为人的静态关系；尽管人伦关系本身也往往展现于多样的实践过程，但相对于"人事"，它更多地侧重于静态的关系。从现实的形态看，一方面，作为人与人之间的关系，人伦一开始就不同于"自然关系"，从而也难以与人事截然相分；另一方面，作为人之"为"，人事的展开又以人与人的关系为背景：从政治活动到伦理活动，从劳动过程到日常生活，人之"为"（人事）都无法隔绝于人与人的关系（人伦）。从以上方面看，仅仅偏重于人伦与人事之"分"，对两者的现实形态都无法加以具体的理解。

要而言之，理解实践过程既需要从"分"的角度把握，也离不开"合"的进路。以"分"观之与以"合"观之的视域交

---

① 顺便指出，中国哲学之沟通"物"与"事"，主要表现为在人的知行过程中考察"物"，这一视域中的"物"已不同于本然的对象，而是被理解为"事"中之物。

融，并非取决于思维的偏好，而是由对象本身的性质所规定的。如前所述，就现实的形态而言，实践过程既在对象、主体、领域等方面存在多样性和不同的区分，也内含不同层面的相关性，仅仅关注其中一个方面，便容易因其抽象化而无法把握真实、具体的实践形态。

王中江教授提出了"理性的行动可能产生不合理的后果"这一问题。理性的行动基于理性的思考和计划，然而为什么这种理性的思考和计划却可能产生与初衷相悖的结果呢？对于这个问题，也许可以从不同的角度去考察。

以上现象首先涉及行动者。作为现实的存在，行动者不仅是理性的化身，而且同时包含情意、想象等理性之外的规定。在具体的行动过程当中，由于受到理性之外多重因素的影响，行动者可能会偏离理性所计划的轨道，由此导致在事后看来不合理的结果。其次，行动总是涉及具体的情境，具体的情境本身处于变化中，理性的计划在变化的处境中可能会面临各种新的问题。当原有计划未能对其加以适当应对、调整时，这种计划本身便往往难以按原来的理性设定得到实现。此外，从理性本身的性质来看，计划的有效性、周密性等方面属于"技术理性"或者"工具理性"；与此同时，理性也有价值的向度，一种经过周密考虑的行动固然在工具理性意义上具有合理性，但在价值上却可能缺乏合理性，如法西斯主义、恐怖主义所实施的那些经过精心策划的反人类行动。后者在引申的意义上，也属于"理性的行动可能产生不合理的后果"。当然，在后一论域中，"理性"的具体内涵已有所不同。

以上问题同时涉及实践过程中理性与非理性的关系，事实上，黄颂杰教授已提出如下问题："人类实践领域中大量非理性的行动和过程怎么解释？"我在讨论实践过程中的意志软弱以及实践过程的合理性问题时，对以上问题有所涉及。确实，人类行动和实践的过程不仅关乎狭义的理性，而是处处渗入情意等因素，后者便属非理性之维。作为行动的主体，人本身既有理性的规定，也有情意的趋向。在现实的行动过程中，理性与非理性常常交互作用，当情意等方面压倒理性时，行动便往往表现出非理性的趋向：因情绪的失控、意志的冲动而引发的行动，便呈现以上特点。这里需要注意的是，一方面，情意并非单纯地表现为消极的因素，事实上如我在《人类行动与实践智慧》中所论及的，广义的合理性便包括"合理"与"合情"两重维度，其中"合理"与狭义的理性相关，"合情"则涉及非理性的规定；就此而言，非理性并不仅仅呈现负面的意义。另一方面，非理性的活动本身也非完全超出理性之域：我们不仅可以在理性层面对其加以理解，而且可以通过理性的方式抑制其可能产生的消极作用。

三

从更广的层面看，行动和实践的过程同时涉及形而上的问题，包括行动和实践的主体和对象及其相互关系、因果性、与实践背景相关的"几""势"等。在以上方面，黄颂杰教授提出了如下问题：思辨哲学的概念框架如主客体等如何适用于实践哲学？由此，他进而认为："杨国荣教授用主体-客体及主体间性说明实践活动的展开、人与世界的互动。这似乎又回到了传统思辨哲学。"以上问题无疑值得思考。

主客体及其相互关系本身有其复杂性。宽泛而言，讨论认识论、实践哲学，恐怕无法完全回避主体、客体，以及主体间性等概念。当然，以什么样的方式展开讨论，则可进一步研究。这里，问题的症结不在于能否运用主体、客体、主体间等概念，而在于如何具体理解这些概念以及这些概念之间真实的关系。时下不少学者之所以对主体、客体等概念保持相当的戒心和距离，恐怕与近代以来对这些概念的理解、运用的历史状况有关。如一般所认为的，自笛卡尔以来，西方哲学的传统可能更多地执着于主体与客体之间的相分、对峙关系，这种理解在现代一再受到批评。然而从现实的过程看，认识的发生总是涉及所知与能知，所知与能知也就是对象与主体，这在认识过程中是无法回避的。关键在于不能一开始就以分离的方式去理解两者的关系。实践过程也有类似的问题，实践总是涉及不同方面的相互作用，而不同方面的相互作用也包括实践的承担者——分析哲学中所讲的 agent。如果没有承担者，则行动便难以展开。实践同时也无法仅仅停留在观念的领域中，它总是涉及各种关系、作用。从后一意义上说，它又与对象性的方面脱不了干系。

一方面，从浑然不分的状态中形成主客之间的区分，这是人与世界关系发展的重要一步；另一方面，又不能停留于主客之分，而要不断地从不同的历史层面重建两者的统一。如果停留于原始的混沌状态，那么认识、实践过程的发展便无从实现。但同时，即使在强调相分的时候，也要注意两者互动、关联的一面。这里，关键同样不在于要不要、能不能使用主体、客体的概念，而在于如何理解、界定它们。如果完全撇开这些概念，则既无法理解认识过程，也难以把握实践过程。要而言之，对认识与实践的理解不能因噎废食：不能因为从笛卡尔以来，西方近代哲学有一种执着于主体与客体对峙、分离的趋向，并由此导致各种理论和实践上的问题，就完全摒弃这些概念。这里需要引入历史的视域,并在不同的历史层面上重建相关方面的统一。在现实的认识过程和实践过程中,能知与所知、行动的主体与行动的对象等概念是无法完全抛弃的,如果没有这些概念,认识与实践的意义将无法呈现。

从更本源或形而上的层面看,认识过程与实践过程的展开和对现实世界的理解相关联。现实世界不同于本然的世界,而是人通过自身的活动而形成并生活于其间的世界。在这一意义上,人与世界并非彼此分离,不论是认识者,还是认识对象,都是这个世界的成员,它们统一于现实的世界中。真正对人有现实意义的存在,就是人参与其形成并生活于其间的现实世界,这一世界与人具有本体论意义上的统一性。在这里,重要的前提是区分现实的世界与本然的存在:前者与人的知行过程相涉,后者则尚未进入知行之域。对人而言,具有真实意义的存在,乃是现实的世界。

要而言之,我们可以在理论上或逻辑上承认知行领域之外某种对象的存在:不能因为现在认知达到某一层面,便认为世界即止于此,而应承认未知世界的存在。但真正对人有现实意义的存在,则是人参与其形成的现实世界。在这一点上,我与西方笛卡尔以来的传统有明显的差异。但我同时又肯定,当我们具体考察认识、实践过程时,对认识主体(能知)、行动主体和认识对象(所知)、行动对象的区分仍是必要的:把握以上过程离不开这种区分。当然,如前所述,同时需要注意区分的相对性,并不断重建历史的统一。

人类的认识、实践有其普遍性。人们往往一再批评西方如何强调"分",中国如何注重"合",然而如果回到中国哲学的现实语境,则自先秦开始,儒家、道家、墨家等,不管是积极意义上对认识过程的肯定,还是消极意义上对认识过程的质疑,都承认能知和所知的区分。此外,还有关于天人关系的理解,其中既有肯定天人相合这一面,也有确认天人相分的意识,如荀子即提出"明于天人之分",这同样也是很重要的中国哲学传统。当然,中国哲学又不限于这种相分,而是同时要求在不同的历史层面上重建相关方面的统一。总之,认识和实践都是在关系中展开的,只要这种关系存在,就无法略去关系项(包括能知与所知、行动者与行动对象,以及主体与客体等)之间的关系。

颜青山教授等同仁的发言涉及因果性。因果是非常复杂的问题,这里只能简单一提。金岳霖曾有"理有固然,势无必至"的著名论点,在引申的意义上,其中关乎因果的必然性以及事物变化过程中的偶然性。"理有固然"肯定了因果之间的必然性:在 A 为 B 的原因这一条件下,A 与 B 之间的关系具有必然性,也可以说,有 A 必然有 B;"势无必至"则涉及 A 是否产生、A 以何种方式产生等问题,其中渗入偶然性:作为原因的 A 是否产生、以何种方式产生,这往往与偶然的因素相关。

与会学者还提到"主体因"和"事件因"的关系以及"势"与原因的关系。概略而言,两者在广义上都属于原因,但是其形式有所不同。同时,"主体因"最终以"人"为原因。与物理世界不同,人属于具有意识、精神的存在,"主体因"相应地包含意识、精神的作用。从实证科学的角度看,科学发展到一定的阶段,精神作用的机制也许会搞得比较清楚。至于"势",固然可以在宽泛意义上将其归于原因的序列,但它与引发性的"动因"则又有所区别。

余治平教授的发言涉及"人与世界"的关系。在他看来,

附录一 行动、实践与实践哲学

康德将世界理解为"现象的总和",由此便不宜谈"人与世界"的关系问题。然而,问题在于"世界"这个概念可以在不同的意义上去界定,康德在理念的意义上对"世界"的界定只是体现了其中一种视域,康德以外其他哲学家往往对"世界"有不同的理解,如海德格尔讲"世界与大地",这里的"世界"主要侧重于为近代技术所支配的对象,"大地"更多地表现为与人相统一的存在形态。汉语中的"世界"一词可能来自佛教,如《楞严经》卷四便云:"何名为众生世界?世为迁流,界为方位。汝今当知:东、西、南、北,东南、西南、东北、西北、上、下为界,过去、未来、现在为世。"这里的"世"与"界"分别对应"时间"和"空间","世界"则相应地表现为时间与空间的统一,近于先秦"宇宙"一词。如果将"世界"理解为现实的存在,则如前所述,人既参与世界的形成(所谓"赞天地之化育""制天命而用之"),又内在于世界之中;正如在天人关系中,人既是"天"(自然)的一部分,又与"天"相对。"人与世界的互动"正是在这一意义上讲的,其中"世界"的内涵与康德和海德格尔的理解有所不同。

余治平教授同时提及"几"("幾"),并对在实践活动的视域中讨论"几"的适宜度提出疑问。首先需要指出,中国传统哲学中的某些概念的重要性不在于可以对应于西方哲学中的某一特定概念,而在于它们常常包含了西方哲学相关概念所容纳不了的意义。但另一方面,在今天的学术语境中,为了使传统的哲学概念取得现代可以理解、可以批评、可以讨论的形式,需要对其做必要的解释。如"几",我们一方面要从现代哲学的语境中加以理解,而不是仅仅停留在某种神秘的、体悟式的层次上,这就需要借助现代学术概念;另一方面,"几"的重要特点是"将成而未成","将成"不同于纯粹的可能,因为"可能"有多重形态,但不是所有的"可能"都会成为"几","将成"意味着已经向现实迈进。与之相对的"未成"则表明它不同于"现实",尽管它有走向"现实"的趋向。如果单纯用可能与现实等范畴来解释"几",则不足以把握它的全部内涵。正是"几"的以上独特内涵,使之与人的实践过程形成内在关联,并从一个方面突显了实践过程中的形而上之维。

陈赟教授从另一个角度提及如何理解"势"的问题,包括"自然之势"(自然领域之"势")与社会领域的"势"之间的关系、在"天下无道"背景下"势"的意义等问题。这些问题都值得关注。这里仅做简单的讨论。"自然之势"的特点在于未经人的作用,社会之势(社会领域的"势")则通过人的知行活动而形成。社会领域中的"造势",即体现了人对势的作用。当然,在引申的意义上,"造势"也涉及自然对象,黑格尔所谓理性机巧便与之相关。如建水坝发电(利用水的势能),一方面经过人的"造"势过程,从而不同于水的自然流动;另一方面又主要表现为自然力的相互作用(与社会之"势"不同)。与之相关的是宇宙论视域中的"势":人与自然均属广义的宇宙,这里的"宇宙"可以视为宽泛意义上的存在,在此意义上,宇宙之势也就是存在本身的衍化、发展趋向,而人与自然两者则均受这一意义上的宇宙之势的制约。不过,从人的具体行动和实践这一层面看,社会领域的"势"又构成其现实的实践背景。

从"有道"或"无道"与实践之"势"的关系看,"有道"即积极或正面的实践背景,"无道"则表现为消极或负面的实践背景。无道背景下的"势",更多地体现了"势胜人"这一面。这时的顺势而为,主要表现为相关个体的独善其身。同时,在政治昏暗（所谓天下"无道"）的社会背景下，虽不能顺势而为，但却可以逆势而上。历史上的仁人志士，其实践活动往往便体现了以上两重特点。

四

对实践与行动的研究，总是渗入并展现了不同的进路和视域。这种进路和视域既涉及比较具体的思考路向，也关乎普遍意义上的哲学观念。在具体的讨论中，问题也与以上方面相关。

成素梅教授提出，认知科学可以从意向性这个角度去考虑。这无疑是值得关注的见解。然而从认知的角度出发包括很多层面，对若干问题也需要做必要的分疏。

首先，从神经科学、脑科学等方面出发，具体考察相关机制，包括大脑、神经系统的活动与意向性之间的关系与互动。这样的考察更多地体现出实证性的进路：联系心理、生理等实验，在具体的场景下考察行动与大脑活动的联系。其次，从人文科学（不同于实证进路）的角度看，如中国哲学所强调的，通过身心的实践，普遍的、社会化的观念逐渐内化为个体的意识，并融入自身存在，达到身心合一。由此，个体的行为逐渐进入"不思不勉"的境界，这一过程非实证化的进路所能完全把握。最后，身与心之间需要分疏：意向性在广义上仍然属于观念性的层面，这一层面的意向性与"身"不能简单等同。从分析的角度看，关于"身的意向性"的提法似乎宜慎重，因为"身"不同于意向，如果提出"身的意向性"，可能会模糊观念性的意向与感性、生物性、物理性层面的"身"之间的区分。当然，在具体的活动过程中，两者也有可能达到某种几乎不可截然相分的层面。

安维复教授提到如何理解实践推论的问题。在我看来,实践推论至少包含如下几个方面:第一,实践推论的目标主要不在于说明世界,而是沟通应当做什么和应当如何做,或者说,在目的与手段之间建立切实的联系。这里体现了实践推论与狭义逻辑推论的不同。第二,实践推论包含实质的内容,不限于形式化的程序。布兰顿曾提出"实质推论"的概念,"实质推论"与概念的实质内容相关联,而不是单纯根据形式层面的逻辑隐含关系来推论。比如,当天空出现闪电时,就可以推论:马上可以听到雷鸣。从形式层面的逻辑隐含关系看,"闪电"的概念中并没有包含"雷声",但是从概念的实质内涵(包括物理层面的内涵)来看,却实实在在有以上联系。同时,实践推论不仅限于理论的层面,而且与具体的情景相联系:欲在目的与手段之间建立联系,就离不开对具体情景的把握。当然,实践推论并不是与逻辑推论完全无关的另类,事实上,实践推论同样要运用逻辑的范畴、遵循逻辑的法则。

从讨论的方式看,这里同时关乎辩证法问题。与会学者提出,以辩证法来讨论相关的问题,会有一种混沌、模糊的感觉。这里可以提及伽达默尔的相关看法。在讨论黑格尔的辩证法思想时,伽达默尔曾指出,他自己所致力的,是赋予辩证法富有成果的不明晰性以思想明晰的生命[1]。这一看法的前提是,辩证法可以形成创造性的思想成果,但却缺乏思想的明晰性。如何将辩证法的丰富思想成果与思想的明晰性结合起来,无疑是一个需要正视的问题。在我看来,这种结合具体涉及两个方面,

---

[1] 参见 H. Gadamer, *Hegel's Dialectic: Five Hermeneutical Studies*, Yale University Press, 1976, p. 3。

一是"逻辑分析",一是"辩证综合",冯契先生已提到后者。这两者在我们认识对象和理解自身的实践活动时都不可或缺,因而也都要给予相当的关注。

"逻辑分析"注重的是对概念的辨析、界定,把握概念的界限,由此达到概念的明晰性,这是认识世界必不可少的环节。但是,我们不能仅仅停留在"分"的状态之下,而是同时需要具有"辩证综合"的视野。"辩证综合"不是我们主观地加之于对象之上的,而是对象本身的内在规定与实践活动本身的内在要求。在一定的认识阶段,可以仅仅把握认识对象的某一方面或某一层面。然而,当我们回到对象的现实形态时,便必须注意,对象本身是互相联系在一起的:在人以不同的方式对事物加以分离之前,事物本身并非以这种"分"的形态存在。这一事实表明,注重逻辑分析的同时不可忽略辩证综合,这一进路有其本体论的根据。

从哲学史上看,康德比较重视"分",他提出感性、知性和理性,现象和物自体等分疏,注重划界,都体现了这一点。相对而言,黑格尔更重视"合"。从现实的意义上看,我既主张回到康德,也主张回到黑格尔,两人都需要重视。当代的分析哲学似乎更重视康德的"分"和知性思维的一面,这一趋向显然有其片面性。

如果回到中国哲学自身的语境,则可以注意到,中国古代的哲学家已在某种意义上意识到以上关系。荀子提出"辨合","辨"侧重区分、辨析,"合"则涉及辩证综合;对荀子而言,两者都不可偏废。此外,荀子还讲"符验",亦即现实的验证,其中包含回到现实对象的取向。这些表述看似简单,但却已把握了我们认识世界、认识人自身过程中所不可忽略的方面。

"逻辑分析"与"辩证综合"更多地呈现方法论的意义,与之相关但又有不同侧重的是形而上层面的研究视域,俞宣孟教授从后一方面表达了对中西形而上学的看法。在他看来,西方与中国的形而上学不同,前者是一种用概念表达的理论,注重概念与逻辑;后者是生活的、生成的,主要目的是转化自身的生存状态。这一看法无疑值得思考。

　　首先,从形而上学本身来看,中国的形而上学同样具有西方形而上学所普遍具有的内涵。谈到"形而上学",总是包含"形而上学"之为"形而上学"的内涵,这一点从"知识"与"智慧"的区分中便不难看出。"形而上学"非限定在分门别类的特定知识限度之内,而是跨越其界限,从智慧的层面来理解世界。这种理解在中国哲学中同样可以注意到,《周易》中所谓"形而上者谓之道,形而下者谓之器",一方面提到了"形而上"与"形而下"之别,另一方面也突出了"道"与"器"的区分。"器"与技术、经验等对象相关,形而上者则属于"道"的层面,更多地与智慧的追求相关,而非限于经验性的"器"。具体来说,中国哲学表现为对"性与天道"的追问。这种追问同样跨越知识的界限,不同于对"技""器"的理解,在这个意义上,中国的形而上学与西方的形而上学显然具有相近的内容。其次,从概念的角度来看,中国哲学也运用概念、分析概念,比如"道""理""气""技""器"就是很重要的中国哲学概念。从先秦到宋明,在不同的哲学家的相互讨论中,概念的辨析构成十分重要的方面。因此,不能说中国的哲学家不使用概念。最后,中国哲学家既有对"性与天道"的实际追问,同时对此也表现出相当的理论自觉。比如,早期道家已强调"道""技"之分,儒家则注重"道""器"之别。清代的龚自珍在知识分类的基础上，将乾嘉以来的学问分为十个大类，其中九类都是技术性、知识性的。在此之外，他特别提到"性道之学"，以区别于其他九类，这也表现出对以"性道"为内容的形而上学高度的理论自觉。就此而言，不能说中国没有涉及概念分疏的形而上学。事实上，注重生存、注重自我完成与注重基于名言（概念）的理论思考，在中国哲学中并非彼此相分。

从更广的研究路向看，陈嘉明教授提出重建中国哲学的几种进路，如"以中释中""以西释中"等。在我看来，仅仅讲"以中释中""以西释中"都似乎有其问题。如果一定要借用"以……释……"的模式，则我更愿意讲"以今释古"。

"今"与"古"各有两方面的意涵，"今"一方面是指已经融入我们今天的中西思想中的内容，或者说，是在历史衍化中已凝结而成的智慧的成果；另一方面则是指今天所面临的问题：我们需要从今天的问题出发，回过头去理解过去。与之相对的"古"，一方面是指过去的思想：今天的思考不能从无开始，必须基于以往对相关问题的思考成果，这里涉及"史"与"思"的统一；另一方面，从具体的内容来看，"古"既包括中国的"古"，也包括西方的"古"，而不单单是中国自身的单一传统。顺便指出，"以今释古"的提法只是比照"以中释中""以西释中"而言，实际上，更准确的表述应该是"古今互释"。这里的"今"，已经不再是中西截然二分的形态。梁启超在评价同时代的康有为、谭嗣同以及他自己的思想时，曾认为他们的共同特点在于"不中不西，即中即西"。确实，近代以来，中国思想学术中已包含大量西方的东西，因而可以说"不中"；然而从纯粹西方的角度来看，中国近代的思想同时承继了中国自身的传统，因而可以说"不西"。另一方面，在中国近代思想中，中西总是相互交融，就此而言，又是"即中即西"。在相近的意义上也可以说，中国近代以来的思想是"不古不今，亦古亦今"。在中西思想相遇之后，这个局面便很难摆脱。梁启超所处的 19 世纪末 20 世纪初与今天的具体状况固然已发生很多变化，但中西互渗、古今交融的特点似乎并没有根本的改变，这也许是近代中国学人所共同面临的历史命运。

附录二

伦理与哲学[①]
——与李泽厚的学术交谈

一 两德论：不同的理解

杨国荣（以下简称"杨"）：您近年对伦理学特别关注，这次在华东师范大学所主持的讨论班也以伦理学问题为主题。在伦理学中，您的"两德论"尤为令人瞩目，其中包含很多洞见。按您的理解，道德可以区分为两种形态，一种是宗教性道德，一种是社会性道德。

李泽厚（以下简称"李"）：刘再复一再问，为什么是道德而不是伦理？对于基督教，或者儒家，都有他们自己的伦理，个体道德行为是其伦理的具体呈现。社会性道德实际上是现代社会的一套制度、规范的一种自觉践行。

杨：这里暂时不去涉及伦理与道德之分，下面也许会谈到。我们可以在广义的视域中理解道德，这一意义上的道德主要与

[①] 2014年5月，应作者多年前之邀，李泽厚前来华东师范大学，并主持伦理学讨论班。四次讨论结束后，李泽厚与作者就伦理学问题做了一次交谈。本文由研究生根据交谈录音整理而成，并经交谈双方的校阅，原载《社会科学》2014年第9期。

法律、政治等相对而言。您把宗教性与社会性看作道德的两个方面。在我看来，您所说的宗教性道德在某些方面有点类似于人生取向或人生选择，如宗教的信念、终极关怀等。但我以为，人生取向或人生选择与道德之间要有所区分。如从日常生活来看，有的人喜欢做工程师，有的人愿意当教师，这些都属于人生取向或人生选择，而有别于道德。

李：但我讲的人生选择是人生意义的选择。

杨：回到宗教层面。宗教信仰也属人生意义上的选择，但仅仅就个人的选择而言，它还不是道德问题。一个人皈依基督教，另一个人信奉佛教，这并不是道德问题。

李：这恰恰与道德有关。

杨：从个体之域说，个人选择什么样的信仰与个人选择何种职业有相似性。

李：我不同意，选择宗教与选择职业是完全不同的。

杨：确实，两者在价值方向、价值意义上不一样。但进一步说，如果一个人的信仰仅仅限于个人之域，不涉及他人，则这种人生意义的选择似乎不具有严格的道德意义。唯有超出个人的信念，影响到他人，这种选择才涉及道德问题，比如说宗教极端主义者，他一方面在人生取向上选择一种宗教，另一方面又对社会形成负面影响。

李：不要讲极端主义。比如说一个基督徒，他劝他人也信仰基督教，这算不算影响？

杨：这当然影响到他人。

李：那涉不涉及道德问题？

杨：如果影响了他人的生活状况，则可以说涉及道德问题。但是如果他不试图影响他人，而仅仅限于个人领域的信仰，就不涉及道德问题。如一个信基督教的人不一定会劝其同事、朋友也去信，在这种情况下，他的信仰便属于个体的人生取向或人生选择。

李：但传道恰恰是宗教信仰的一个重要方面。

杨：所以这里还是要区分。信仰者可能引导他人也要像他一样去信仰，借用孔子说的话，即已欲立而立人，已欲达而达人，由个人到他者，从而超出个人，涉及与他人的关系，这就关乎道德问题。

李：劝人向善，劝人信教，这算不算由个体影响他人？那算不算道德？

杨：这当然算。但还是要区分自我信仰与影响他人。

李：但这里还要注意，所有的宗教都希望其有普世性，因此所有的宗教都或者比较明显或者不是很明显地要求普及自己的宗教，宗教信仰本身已经蕴含了要求影响他人的内涵，这就涉及道德问题。而且就个体来说，他的信仰会影响他的情感、行为，因此这里肯定涉及道德的问题。

杨：我不完全否认这一点。确实，在一些情况下，一个有信仰的人可能不会满足于他自己信教。

李：先不说影响别人，单就个体来说，他有了信仰后，会不会影响他的行为？如果没有影响其行为，那恐怕就没什么意义了。即使不影响他的行为，也至少影响他的情感。

杨：即使将宗教视为私人领域的事情，相关信仰对其内在精神世界也会有影响。

李：影不影响情感？

杨：影响个人的观念、精神寄托，广义上也包括情感。

李：这些东西涉不涉及道德？

杨：如果只是在个体之域，没有涉及与他人的关系，则恐怕主要还是宽泛意义上的人生取向，而不是严格的道德问题。

李：但即使像修行的和尚，也总要碰到人，总要和人打交道。人是处在不同的人际关系之中的。所以，个人信仰宗教当然就会影响别人，哪怕他一句话都不说。

杨：这里仍包含两个方面，一是个人的人生信念，一是个人在行为过程中与他人的关联、对他人的影响。

李：我觉得不管个人信什么，是否会对他人产生影响，都会表现为道德。个人的信仰、追求、终极关怀体现在情感、观念、行为、语言中，这就有道德的问题。除非一个人不说话，只要说话，就会影响别人。比如我讲"我信佛"这句话，就会影响他人。你的意见是想要把道德与个人信仰分开，我认为这两者是分不开的。这是我们的分歧。

杨：我的看法是，个体性的信仰与道德并不完全重合。就宗教信仰而言，作为不影响社会和他人的个体性人生信念、人生取向，它与道德有所不同。另一方面，个体的这种信仰如果与他人发生关联、影响他人的认识和行为，则会呈现道德的意义。当然，在现实的生活中，个人的信仰作为人生取向可能会影响其行为，正如其择业观也会影响他的行为一样，但在逻辑上似乎仍可区分主要限于个体之域的人生取向与体现于社会行为的人生选择，前一意义上的人生取向或选择不能完全等同于道德。

李：好的，我们可以有各自的理解。

杨：在您的伦理学中，与宗教性道德相对的是社会性道德。社会性道德体现的是公共理性，宗教性道德则偏重于个体行为。公共理性背后涉及的是社会化的实践方式，具体体现在政治、法律等领域的活动中。与之相对的宗教性道德则侧重于个体的信念、选择等方面。按其实质的内容,这似乎关涉两个领域,而不仅仅是同一道德的两个方面。我们可以同意宗教不能等同于道德,但包含道德的维度,而社会性道德实际所涉及的主要是政治、法律等领域,道德与政治、法律在逻辑上应当加以区分,您为什么要将这两者都融合在"道德"的概念之下呢?

李:桑德尔批评罗尔斯,认为现代社会中的法律、制度等没有道德的维度。而我特别强调,遵守公共理性的规范也属道德。不闯红灯,不抢别人的座位,算不算道德?我认为这就是道德。

杨:在这个问题上,您不同意桑德尔。

李:桑德尔要把宗教性道德统一为社会性道德,我认为这是不对的。现在的问题就是想以某一种宗教或主义一统他者,这是很危险的。

杨:社会政治、法律和道德确实并不是截然分离的,前者(政治、法律)总是要受到后者(道德)的影响,但两者同时又属不同的领域。

李:这涉及道德究竟是由内向外,还是由外向内。道德是内在的,是自觉的行为,那自觉的行为是从哪里来的?即使闯红灯没被别人发现,也会觉得这是不对的,那道德是从哪里来的?

杨:也就是说,在按照社会的规范行动时,已经蕴含某种道德意识了。

李:是变为道德意识。小孩不知道抢东西是不对的,告诉他这是不对的以后,他会心里难受。下次还是这么做的时候,他就会感到某种道德上的羞愧。羞愧感就是道德,而且是现代道德最重要的方面。所以要建立这种社会性道德。

杨:社会性的法律、政治一方面要形式化,比如交通规则、法律规范都要清清楚楚。在传统社会中,这方面没有得到充分发展。

李：传统社会中，宗教性道德与社会性道德是合在一起的。

杨：就此而言，宗教性道德与社会性道德区分的背后，实际所涉及的是公共理性与个体道德之间的关系。

李：个人的情感如对终极关怀的选择，是个体道德选择。个体闯不闯红灯，也是个体选择，但并不是个体宗教性道德。公共理性不是个体情感的追求，为公共理性奋斗的人可以有情感追求，甚至可以为此献身。很多人遵守规则，却与安身立命没有关系。它与个人的情感、信仰等的追求是不同的。

杨：如果换一个角度来说，这里也涉及现代政治、法律与道德之间的互相关联、相互作用。

李：所以一定要区分两种道德，一种是与现代政治、法律直接关联的，一种是间接或没有关联的。

杨：也就是说宗教性道德是与现代政治、法律没有关联的？

李：是的。如在伊斯兰教那里的宗教性道德，女性必须将头蒙起来，把脸漏出来就是不道德的。

杨：你的这一看法与罗尔斯不同。罗尔斯要区分公共领域与私人领域，哈贝马斯亦是如此。

李：所以我在答复桑德尔的同时，也在答复罗尔斯，甚至是答复整个自由主义。

杨：在他们看来，政治、法律就是政治、法律，与道德没有关系。所以道德选择成为个人的事情。

李：他们是以个人为单位。

杨：在这个意义上，您不赞同罗尔斯。所以可以说，您是在两条战线上作战。

李：对。

杨：具体而言，一方面你不同意桑德尔，好像比较赞同罗尔斯，但骨子里可能并不完全赞成罗尔斯。

李：在某个方面我是赞成罗尔斯的，某些方面是不赞成的。如罗尔斯的两条原则究竟是哪里来的，他没说。

杨：似乎是一种理想的预设。

李：所以是一种假定，因此我肯定不同意。

杨：康德的先天预设还是比较普遍化、形式化的，罗尔斯的预设则是契约论的预设，好像和历史有关系，但实际上又和历史不怎么相干。

李：康德就是讲先验。

杨：康德是不会讲契约论的，一谈契约就涉及经验了。所以罗尔斯一方面接着康德，一方面又拖泥带水。

李：现在很多人以为康德有原子个人观，其实他并没有。

杨：康德注重的是类。这就是康德有意思的地方，表面上好像很注重个体，实际上隐含的是类的意识。

李：很多人不注意这一点。

杨：这是理解方面的方向性错误。

李：很多外国人的理解也是错的，但我们这里很多人太崇拜他们的研究。

杨：不少人往往只见树木不见森林，可能细节很清楚，但总体上却是模糊的。

李：你这个观点很好，可以好好讲讲。

杨：回到刚才的话题。从历史的角度看，从传统社会到近现代社会，往往经过一个分化过程。比如，对天人关系的理解，传统思想总体上偏重于"合"，当然同样讲天人相合，道家、儒家等的侧重可能不同。近代社会则强调"分"，即天人相分。而在反思现代性的时候，往往又重新趋向于"合"，如环境主义、反人类中心主义等。同样，在政治、法律与道德的关系上，也有类似的情况。在传统社会，伦理、道德与政治更多地处于相合的状态，所谓家国一体也折射了这种情况。近代以来，特别是现代的一些理论家像罗尔斯等，总体上倾向于分，如区分公共领域与私人领域，再进一步区分公共理性（政治、法律）与个体道德。也许在经过区分之后，我们还是要在更高的层面上注意它们的关联。事实上，在现实的过程中，政治、法律与道德并不是分得那么清楚的。传统社会没有把其中一个方面的意识充分发展起来，而是常常合而不分，这有它的问题。近代以来对其辨析、区分，无疑有其意义，但如果由区分导致分离，那就又走向另一个极端了。政治、法律与道德的关系，我们也可以这么去看。我前面之所以提到人生取向或选择与道德的区分，主要试图将人生取向的问题与道德对政治的制约问题做一分疏：人生取向的多样性与道德对政治的制约，可以互不排斥。一方面，个人的人生取向可以多样化，既不必千人一面，也不必无条件地服从某种单一的原则；另一方面，政治实践的展开又需要道德的制约：从在根本的层面将社会引向合乎人性的形态（价值方向的引导）到具体的实践主体的品格（敬业、清廉、公仆意识等），都离不开道德的引导。

李：这是我同意的。

杨：刚才您提到您与罗尔斯等人的意见不同，也就是说您认为政治、法律并不能与道德区分得那么清楚。

李：当然，政治、法律怎么能与道德完全分开呢！

杨：但的确有很多哲学家在分。

李：所以桑德尔批评罗尔斯说没有道德的政治，他就分开了，这点桑德尔是对的，是不能分开。康德就没有分开。

杨：我们可以换一个角度说。从实践主体方面看，道德行为并不是由抽象的群体承担，而是落实于具体的实践个体。从这个角度看，今天可能需要培养两种意识，一种是公共理性，或者说法理意识，另一种是良知意识。法理意识以对政治、法律规范的自觉理解为内容，以理性之思为内在机制，同时涉及意志的抉择。良知意识既包含情感认同，也涉及理性的引导。现在之所以既要注重法理意识，也要重视良知意识，主要在于一方面，缺乏公共的理性，社会的秩序便难以保证；另一方面，仅有法理意识，亦即光有对法律等规范的了解，并不一定能担保行善。良知意识具有道德直觉（自然而然、不假思为）的特点，看上去好像不甚明晰，但以恻隐之心（正面）、天理难容（反面）等观念为内容的这种意识，却可实实在在地制约着人的行动。现在比较普遍的实际状况是，不仅法理意识不足，而且良知意识淡化。所以这两个方面都要注重。

李：这里面涉及的问题很多、很复杂。

杨：确实，具体的运行机制很复杂。良知的说法也可能比较笼统、模糊。

李：遵守现代的公共规范，里面是否也有良知的问题？天理、良知到底是什么？它是人天生就有的，还是其具体内容是随着时代变化的呢？这里实际涉及伦理中一些根本性的问题。

杨：事实上，我刚才所言是一种分析的说法，就像您区分两种道德一样。但在一个现实的道德或实践主体那里，两种意识往往相互交错。

李：首先缺的是法理意识。法理意识不见得只是理性，还存在法理意识变为情感性的东西的情况，比如我去排队，这与宗教信仰毫无关系，插队的时候我就感觉不对，这里难道就没有良知意识吗？遵守社会公共规范衍变为良知。

杨：但在现实生活中，我们看到，一个人明明知道某种规范，却仍可能违反。

李："知道"和理性是两回事，这就是道德与认识的区别了。不仅知道，而且去做，才牵涉道德问题。任何道德一定牵涉行为。为什么我讲"情本体"呢？人毕竟不是机器，他有情感。所以你插队，违反公共道德，就会不安。这本身就是良知。所以不能将两者完全分开。

杨：所以我刚才说，从实际的现实形态看，两者的确难以截然相分。但从研究的层面看，我们可以从不同角度对两者加以辨析。

李：这里涉及培养羞耻感的问题，破坏公共秩序就会有羞耻。因此不能把法理意识与良知意识区分开。

杨：如果借用《大学》的观点，其中也许关乎"格物致知"与"正心诚意"的关系，格物致知更侧重于理性层面的理解、把握。

李：格物到底格什么物？

杨：不同的哲学家可以赋予其不同的含义。

李：它不是简单的认识，也不是简单的情感，所以我讲"情理结构"，既包括情感，也包括理性。这就是人的特点所在。

杨：从道德哲学或伦理学的角度看，这里在更广的意义上涉及规范与德性的关系。光停留在规范层面，则还没有化为个体自身的内在意识。

李：规范和德性的关系是很复杂的，所以我反复提及，是从内到外，还是从外到内。即德性是怎么来的，德性是天赋予的，还是后来才有的?

杨：从类的角度看，所谓规范与德性是分不开的。历史上首先有传说中的圣人，圣人就是有德性的人，圣人的品格往往被逐渐提升、抽象为一般规范。

李：关键是圣人（的德性）是哪里来的。

杨：可以再进一步说，从历史起源来看，这里不存在绝对的开端，而是展开为一个互动的过程，圣人可以视为最完美地体现一定时代的风俗、习惯、禁忌、伦理规范等的人，而圣人的品格又在历史过程中被抽象、提升为普遍的规范。这里有历史的循环过程，一定要说哪一个在先，恐怕很困难。从个体角度来看，则是从教育、学习、个人自己的体验、实践等互动过程中逐渐形成不同的德性，这些德性确实不是先天的意识。

李：从情到理，一切都是从环境中产生的，就是历史情境（situation），其中包括欲求（desire）、情感（emotion）等。

杨：从类的角度来说，无疑涉及历史情境。

李：但类又是由个体组成的，就个体的情境说，也包括个体的情与欲。

杨：中国语言中的"情"有双重含义，一是实情，一是情感。在汉语中，情感与情境往往互通。如孟子说到舜的时候，一方面似乎真像是在谈一个具体的历史人物，其所处情境十分具体；另一方面其中体现的情感（如孝），也非常真切。从情境看，即使是历史的情境，常常也体现为个体的情境；就情感言，则总是呈现为个体之情。

二 伦理与道德：内涵及意义

杨：以下也许可以转向另一个话题。您倾向于区分伦理与道德，在此视域中，伦理侧重社会规范、习俗等，与公共理性相联系，道德则侧重于心理形式。事实上，历史地看，伦理（ethics）与道德（morality）二词从古希腊语到拉丁语，并没有根本的区别。

李：中西都没有什么区别。

杨：但哲学家在运用时还是有区分的。康德侧重于道德，很少讲伦理。他虽有《伦理学讲义》（Lectures on Ethics）一书，但那主要与课堂讲学相关，其个人著作基本都关注道德。相形之下，黑格尔却注重伦理。在我看来，两者实际上分别突出了广义道德的一个方面。按照我的理解，道德至少涉及如下方面。首先是现实性与理想性的问题。当康德讲道德的时候，突出的主要是道德的理想性，即强调"当然"。当然主要指向未来，所谓应然而未然，展示的是理想之维，但尚未体现为现实。事实上，限于当然，这也是黑格尔批评康德的主要之点。黑格尔本人则将伦理放在更高的位置，伦理是法和道德的统一。这一论域中的伦理侧重于现实的关系，如家庭、市民社会、国家。不难看到，这两位哲学家分别突出了道德的现实性与理想性。在我看来，道德既有现实性，又有理想性。现实性的问题与人类生活的有序展开如何可能有关，当我们从社会角度考察道德有何意义时，便涉及这一方面。道德既有现实性，又有崇高性，历史上的不同哲学家常常侧重于其中某一个方面。其次，道德涉及个体性与社会性的关系。道德既与个体的理性、意志、情感等方面相关，也基于社会层面的普遍伦理关系。就道德义务的起源而言，康德主要从先天的角度来加以设定，但我认为义务实际上脱不开伦理关系。黄宗羲在谈到亲子等伦理关系时，曾指出："人生堕地，只有父母兄弟，此一段不可解之情与生俱来。此之谓实,于是而始有仁义之名。"① 亲子、兄弟之间固然具有以血缘为纽带的自然之维,但同时也是包含社会意义的人伦;仁义则是一种义务,其具体表现形式为孝、悌、慈等等。按黄宗羲的理解,一旦个体成为家庭人伦中的一员,那么便应当承担这种伦理关系所规定的义务,亦即履行以孝、慈等为形式的责任。在这里,现实的人伦规定了相关的义务:你身在其中,便需履行蕴含于这一关系中的责任。以上事实从一个方面体现了道德领域中社会层面与个体层面的关系。再次,道德又涉及普遍规范与个体德性的关系。普遍规范的作用离不开个体的德性:规范唯有化为个体的内在德性,才能实际地影响个体的行为。在广义的道德生活中,道德涉及以上三个方面。当哲学家们区分伦理与道德,并侧重某一方面时,常常突出了道德所内含的如上三重关系中的相关之维。如前面提到的康德注重理想性,黑格尔侧重现实性,等等。与此相联系,我的看法是,与其区分伦理与道德,不如注重道德所蕴含的上述关系。无论是以伦理为名还是用道德之名,都会涉及我上面提到的几重关系。如果没有上述几重关系的交融,也就谈不上具体的道德或伦理。

　　李:您的理解与我就有很大的差别了。在我看来,伦理与道德的区分是非常重要的。我同意您说的康德注重理想性,黑格尔注重现实性。从世界范围看,在对康德的研究中,忽视了康德所犯的一个很严重的错误,即康德把伦理与道德混在一起,因此他就没有区分一个是心理形式,一个是社会内容。所以康德三条,一条是有社会内容的,即人是目的,这是现代社会所产生的。

---

① 语出《孟子师说》。

杨：柏拉图、亚里士多德那里不会有这样的观念，一定要经过卢梭等人之后才会有。

李：这其实是理想性的。但康德把普遍立法与自由意志也说成有内容的，如不要说谎，不要自杀，这是错的。任何一个群体都需要这些东西才能维持，但这并不是适合于每个人每个情境的。所以桑德尔为康德辩护，这是不对的。因为这涉及具体内容，我觉得我讲的很重要，康德讲的恰恰是建立心理形式。所以我认为恐怖分子在这一点上是"道德"的，他有自由意志，他认为他这么做就是普遍立法，就是要摧毁"美帝国主义"。所以，就心理形式而言，恐怖分子与救火队员是一样的。一些有理想的人也可能干很坏的事，那为什么有些人还对他们佩服呢？因为他们坚守他们的信念，这个很厉害，建立了自由意志的心理形式。康德在人性与人文方面都提出了很重要的观念，但至今没有被注意。所以区分道德与伦理关键是突出这种心理形式，也就是建立人之为人的根本点，这是非常重要的。

杨：的确，您对道德心理形式给予充分的关注，在区分伦理与道德时，您一再强调道德偏重于心理形式。

李：道德心理形式表现为个体的行为，这就是个体的自由意志，不计因果，不计利害，如我明明知道我会被烧死，但我还是要去做。这就是自由意志，这个是动物所没有的。道德的特点就是要有自由意志，动物看似好像也有自由意志，但那其实是它的本能。而天地良心是意识，其中蕴含着理性，并不是本能的冲动。

杨：与康德、黑格尔一样，您也给予伦理与道德以自己的独特解释。您区分道德的心理形式与善恶观念，这自是一种卓然之见，对此我并无异议。从某种意义上说，我前面提到的个体性与社会性、德性与规范，也涉及这一方面。我的看法主要是，两者并不一定要分别归于道德和伦理：它们可以理解为道德本身的两个重要方面。伦理与道德在历史衍化中有约定俗成的理解（更多地侧重于相通），从其相通着眼，则不管是谈道德，还是说伦理，都应注重心理形式与善恶观念这两个方面。

李：从历史上看，黑格尔很重视现实层面，很少关注心理层面。后者也是黑格尔和马克思的很大的问题。

杨：黑格尔是远离心理的，禅宗和实用主义是远离逻辑的。他们都各有偏向。引申开来，哲学就是趋向于智慧的不同看法，就此而言，我们对问题有不同的理解也是很自然的。

李：是的，哲学应该是多元的，统一的哲学是很可怕的。

三　权利与善：优先或互动

杨：您曾一再肯定"权利优先于善"，我充分理解您提出这一观点的良苦用心，但对此也有一些不同的看法。权利总是与个体相联系的，具体而言，与个体的资格相关。个体有权利做，也就意味着有资格做。比较而言，"善"从总体上看就是对人的存在价值的肯定。这种肯定体现于两个层面，一是形式层面，另一则是实质层面。形式层面的"善"主要以普遍价值原则、价值观念等形态呈现，这种价值原则和观念既构成了确认"善"的准则，也为形成生活的目标和理想提供了根据；实质层面的"善"则与实现合乎人性的生活、达到人性化的生存方式，以及在不同历史时期合乎人的合理需要相联系。以普遍价值原则为形态，形式层面的"善"可以包括传统意义上的仁义礼智，也可体现为近代所谓自由、平等、博爱、民主等。从以上角度看权利与善的关系，似乎需要注意两个方面。首先是避免以普遍价值原则意义上的"善"为名义,对个人的自主性做限定,如向个体强加某种一般原则,以某种道德或宗教的价值原则作为个体选择的普遍依据,以此限制个体选择的自主性。基于以上原则,甚至可能进一步走向剥夺、扼杀个人的权利,从传统社会中的"以理杀人"到现代社会以宗教激进主义为旗帜进行恐怖袭击,都可以看到普遍价值原则对个体权利的剥夺:在宗教激进主义名义下的恐怖袭击中,如果说,自杀袭击者的生存权利被"自愿"剥夺,那么,无辜的受害平民则被以暴力方式剥夺了生存权利。这也是您很担忧的一个重要方面,即在"善"的名义下限制、损害个体的权利。但同时,如上所述,"善"还有实质性的方面,即对合乎人性的生存方式的肯定或对人在不同历史时期合理需要的满足。孟子说"可欲之谓善","可欲"可以理解为一种合理需求,满足这种需求就是"善"。从这个方面看,如果光讲权利,而不讲实质层面对人的价值的肯定,那么,这种权利可能会被抽象化。

李:"权利优先于善"是自由主义历来的观点。但是尼采以来,特别是与后现代思潮相联系,包括桑德尔、列奥·施特劳斯,都强调善优先于权利。

杨:社群主义也有此倾向。

李:国内的大量学者也跟着这一潮流走,我是反对的。人类发展到现代(这与古代不同),非常注重个人的权利。我反对个人的抽象权利,权利是有具体内容的,是由具体的历史情境所规范的权利。所以我认为,作为哲学的伦理学,要非常具体地关注现实。因此,善优先于权利会带来很大的问题。另一方面,我又讲和谐高于正义。和谐引导正义、公正,这些都是与两德论联系的。宗教性道德范导社会性道德,两者并不是分开的。

宗教性道德不是去建立社会性道德，如果是建立，那就是强制了，那就变成善优先于权利了。而宗教性道德有情感、理想的寄托，牵涉终极关怀，所以可以是范导。

杨：有点像"极高明"。

李：所以我说两德论就是要极高明而道中庸。

杨：光讲权利优先于善，可能会带来另一种偏向，即一方面过于强化个体取向，由此偏离价值的引导，使之工具化、手段化；另一方面又将权利本身空泛化：离开了我前面所说的实质意义上的"善"，权利往往会变得空洞、虚幻。以上偏向与"善"的两重含义具有一致性。因此，我倾向于认为，权利要包含善的内容。这里的"善"不仅包括形式层面的价值原则，而且指在实质层面使人的存在方式更人性化，具体而言，能够不断合乎人在不同时期的合理的历史需要。同时，"善"又要体现于个体权利。"善"如果与个体的权利相分离，就会超验化。借用康德式的表述，善离开权利将趋向于超验化；权利离开善则容易工具化、手段化和空泛化。简言之，权利以善为指向，善通过权利得到实现，两者无法分离，且相互制约。如果单纯讲谁优先于谁，可能都会导致问题。唯有相互制衡，才能保证现代社会的有序运行。

李：我们提法不同，我是强调权利优先于善，同时和谐高于正义。

杨：而我是想要在权利与善本身之间建立一种互动关系，不需要另外以"和谐高于正义"制约"权利优先于善"。

李：我之所以区分开来，是因为权利与善如果纠缠在一起，就讲不清到底是什么关系。

杨：我的意见是首先要分疏"善"。一般比较容易将"善"

理解为抽象的价值原则。

李：但善到底是什么？基督教有基督教的善，伊斯兰教有伊斯兰教的善。

杨：这些都是我所说的形式层面或观念层面的"善"。"善"还有一个实质的层面，包括对人类合理需要的满足。孟子说"可欲之谓善"，这里的"善"如果从实质层面去理解，就与宗教不相干，而与人的实际生存方式相联系了。如同你区分两种道德，我在这里趋向于区分两种"善"，即形式层面的善与实质层面的善。如果仅仅强调形式层面的"善"，则往往或者引向价值的冲突，或者将某种独断的价值原则强加于人。反之，如果忽视实质层面的"善"，则可能导致对人的存在的思辨理解，并使人的存在价值被架空。实质的"善"并非不可捉摸，它也有其相对客观的标准：在其他条件相近的条件下，社会成员丰衣足食总是比他们处于饥寒交迫之中更合乎实质的善。所谓贫穷不是社会主义，也体现了这一点。

李：但"可欲之谓善"究竟怎么理解，这是一个问题。比如，我想吃饭也是善，不杀动物也是善，"欲"究竟是什么。我想吃这块肉，你也想吃这块肉，我们是否抢吃这块肉，这也涉及"善"的这方面问题。

杨："可欲之谓善"中的"可"，就是合乎当然，它体现了合理需要。

李：问题是什么是"当然"。我们两个都有需要吃这个香蕉，那谁的"欲"是对的呢？

杨：这就是我所说不同历史时期的合理需要，可以根据一定时期的物质供应情况、人的不同具体需求等等来确定。

李：不讲普遍的，就说现在。"可欲之谓善"中的"欲"就是指欲望,欲望总是个体发生的。孟子这里的"可欲"其实并非生理欲望。

杨:确实,与"善"相涉的"可欲"不同于单纯的感性欲望。这里,我们可再具体一点。就肉而言,它既满足人的口腹之欲,还能补充营养、合乎生存需要。对特定时期的不同个体,则可以具体了解他们的生存对肉的需求量,由此大致把握其合理需要。如果这种需要得到满足,便体现了实质层面的"善"。

李:这里恰恰涉及权利,这种权利又恰恰是外在理性规定的,如怎么样分配。

杨:个人权利说到底就是资格问题,即我有资格做某事。

李:但你刚刚说历史时期不同的分配,恰恰不是个体所决定的,我讲的是个体,比如我们俩都抢这只香蕉怎么办?

杨:回到一开始的问题,即如何理解权利与善,从刚才的讨论中可以看到,这确实是一个复杂的问题。大致而言,我的意见是,两者的关系可能不仅仅是何者更为优先("善优先于权利"或"权利优先于善")。我们更应在区分不同层面的"善"这一前提下,关注两者的互动。

四 三个命题:延伸和扩展

杨:前面所谈主要关乎伦理学中比较具体的问题,下面我想提出一个更广一些的话题。我一再提到,从哲学史看,您提出的三个命题或三句箴言在理论上有重要的推进。第一句是"经验变先验"。这一命题解决的是康德的问题,即从类的层面来看,先天(先验)形式从哪里来,你给出了一个解释。从现实的实践过程看,类层面的先天形式对于个体来说是先验的。康德之所以讲先天,恐怕也与这种形式对于个体具有先验性有关:

它先于个体。但这种形式真正起作用,还是不能离开一个一个的个体。所以上次在您的讨论班上,我提到"经验变先验"还要继之以"先验返经验",即普遍的形式还是要返归于个体之中,这样才会实际地起作用。康德尽管讲自我立法、自由意志等,但从道德的领域看,先天形式如何实际地起作用,如何化为内在的道德机制,亦即类层面的先天形式如何落实到个体层面,他显然未能给予充分的关注。

李:我认为康德恰恰充分关注了经验。康德讲先验与超验有区别,先验之所以为先验,一方面先于经验,另一方面不能脱离于经验。所以在《纯粹理性批判》开头就说一切都要从经验开始,但经验并不等于知识。康德的先验范畴恰恰是要说明只有不脱离经验,才能成为科学。

杨:这里可能还要分别地看。康德在认识论上的立场与伦理学上的立场有较大的差异。就认识论而言,康德在《纯粹理性批判》中说知性离开感性是空的,感性离开知性是盲的,所以先天形式必须和经验结合起来才能构成知识,而且物自体的设定也是为了使经验获得外在之源。所有这些都说明康德在认识论上注意到经验。但在伦理学中,康德的思路有点不一样:其道德学说似乎更趋向于剔除经验的因素。即使谈到情感,康德也主要将其视为尊重普遍法则的情感,这种情感在某种意义上已被理性化。对休谟意义上经验层面的情感,康德显然是排拒的:一旦涉及经验层面的情感,他就称之为 inclination,亦即视为一种偏向。

李:康德《实践理性批判》中强调的自由意志的确是与经验无关的,因而它属本体界。"先验"一词首先出现在认识论中,而康德在道德领域说,我为什么要这么去做,这种来源并不是出自经验。所以康德反对幸福论，对他来说，在快乐、幸福中是推不出道德的。

杨：康德是讲如何配享幸福，而不是获得幸福；功利主义则注重如何获得幸福，这有很大的差别。

李：所以康德认为，我去做一件事，并不是我同情你，而是我应该这么做。

杨：甚至也不是为了心安理得。

李：所以黑格尔说他空洞。我认为康德讲的自由意志恰恰是心理形式，这个心理形式不能脱离具体内容。

杨：但康德并没有讲先天形式如何与具体情境相结合，这是他很大的不足。

李：是的，康德没有讲。

杨：所以我认为在"经验变先验"之后，还要加上"先验返经验"。

李：我讲"经验变先验"就是讲先验是哪里来的，而不是运用到哪里去。

杨：我是基于康德的偏向，在引申的意义上说的。

李：我的三句话是从最根本上来讲，因为哲学是讲一些最基本的问题的。

杨：我刚才说的这些倒也不是和最基本的问题不相干。因为这涉及具体的道德行为如何可能的问题，道德实践还是需要个体来完成，个体如何展开其行为？这就涉及普遍形式的落实问题。

李：而且我这三句话也并不是单讲道德，也讲知识形式。

杨：确实如此，但这里我们主要以伦理学为话题。从广义的认识论角度看，中国哲学中的本体与工夫也涉及这一问题。从本体出发展开工夫,工夫需要本体的引导。认识论上,康德讲知性范畴对经验层面认识过程的作用,事实上也涉及普遍的形式如何引导个体认识活动的问题。从中国哲学看,这一问题又与明代心学中本体与工夫之辩相关:本体与工夫之辩说到底也涉及以上问题。工夫即知行活动,本体则包括人的内在观念形式,本体与工夫之辩所讨论的就是这两者之间的关系。

李:本体与工夫这个问题很大,首先包括"本体"一词在中国是什么时候开始使用的。

杨:从历史层面考察"本体",可能涉及较长时期。不过,"本体"作为一个与"工夫"相关的哲学话题,则至少可追溯到王阳明与他的后学。王阳明有两个基本观点,对此可做引申性理解:其一,从工夫说本体,它侧重本体的形成——通过工夫而形成本体,"经验变先验"似乎也可从这一层面加以理解;其二,从本体说工夫,其侧重之点是本体落实于工夫,所谓"先验返经验"可能与之具有相通性。从以上前提看,"经验变先验"与"先验返经验"似乎也涉及本体与工夫的互动。不过,在王阳明那里,本体与工夫同时又与致良知相联系。

李:当然,致良知也有很多的问题。

杨:回到您的三个命题。第二句是"历史建理性",这一命题指出了理性的来源问题,揭示了它乃是在历史过程中形成的,而不是先天的。这无疑是重要的洞见。但从另外的角度来说,也许可以再加一句,即"理性渗历史"。从历史上看,理性在形成之后,往往会成为稳定的、相对确定的形式。这种确定的形式一旦加以强化,则容易同时被凝固化、独断化,如天理就可以视为被凝固化的理性。反之,如果肯定理性渗入历史过程,则意味着承认其开放性、过程性。所谓"理性渗历史",强调的便是理性的开放性和过程性，也就是说，不仅其形成是历史的，而且它的作用、功能也是在历史过程中呈现的。这种渗入历史的开放性和过程性，同时也担保了理性本身的丰富性。

李：这个我不反对，但我那句（"历史建理性"）是前提。

杨：您的命题中的第三句是"心理成本体"。这一观点同样具有重要的意义。从哲学史上看，一些哲学学派如禅宗、实用主义，往往趋向于否定或消解本体，以此为进路，人的知、行活动便缺乏内在根据。与之相对，"心理成本体"将内在本体的意义重新加以突显。当然，在这一方面，我觉得可能还有"本体存心理"的问题。所谓"本体存心理"，侧重的是本体的内在性：普遍的、获得了逻辑形式的本体，需要进一步融合到个体的心理形式之中。引申而言，从道德实践看，这里同时涉及道德行为的内在机制："本体存心理"意味着普遍的理性形式与情、意的融合，由此为道德行为提供内在的机制。

李：这也是我同意的。

杨：从总的方面看，我非常赞同您关于伦理学说到底就是哲学的观点。与这一观点相联系，我比较关注伦理学与哲学其他领域之间的不可分离性，如伦理学与本体论便难以截然相分。然而，现在的元伦理学（meta-ethics），却似乎将伦理学与哲学的其他方面区分得干干净净，具体而言，把本体论、价值论等从伦理学中加以剔除。以此为背景，便需要重新肯定：真正的伦理学一定是与哲学的根本问题相关的。

五　金冯学派与转识成智

李：以上都是您在提出问题，我也有个问题。从金岳霖、冯契一直到您，所谓金冯学派，有这么一个哲学传统。其中，冯契特别提到转识成智，这里的"智"是什么意思？牟宗三讲智的直觉是从康德那里来的。"智"当然是直觉性的，但它是一种认识还是道德，是经验形态还是非经验形态？

杨：我没有很系统地考虑过以上问题，这里只能简略地谈谈我的看法。在现代中国，如果说，新儒家等形成了某种哲学传统，那么，从金岳霖到冯契，其哲学进路也展现了独特的品格，我个人的哲学思考可以视为这一哲学进路的延续。关于"智"，大致而言，这里至少可以从两个层面去理解。一是形而上之维，在这一层面，"智"可以视为对人和世界所具有的不同于经验形态的理解。我们对世界和人自身既有经验层面的理解，如对人的人类学考察、对世界的物理学考察，也可以有形而上层面的理解。作为对世界的形而上的把握，"智"不同于经验知识的形式：经验知识限于一定界域，"智"则跨越界限，指向存在的统一。

李：把握是一种心理形态吧？

杨：不仅是心理形态，同时也是一种理论形态、概念形态。

李：概念形态是不是和语言有关系？

杨：如果我们从理论思维的把握方式看，概念形态肯定与语言有关系。

李：那么，语言是经验的，而你说的形而上层面的把握又是超语言超经验的形而上的普遍，如何处理？

杨：语言或名言本身可以有不同形态。《老子》已区分"可名"之名与"常名"，所谓"道可道，非常道；名可名，非常名"。以经验领域为对象的语言（"可名"之名）固然无法把握"常道"，但语言并不限于经验领域，它也可用于讨论形而上领域的对象。正如哲学家可以在形式的层面谈"先天""先验"一样,他们也既可用"大全""绝对"等思辨的语言讨论形而上对象,又可用"具体的存在""真实的世界"等概念讨论形而上领域的问题。事实上,概念既涉及经验层面的语言,又包含普遍的内涵,后者决定了它并不隔绝于形而上之域。由此可以转向"智"的第二层面的含义。在这一层面,"智"与人的内在境界相联系。这种境界表现为知、情、意的交融,在知情意的这种统一中,同时包含真、善、美的价值内容。谈到"智"或智慧,总是不能偏重于某一方面,而是应以精神世界的统一性为其内在特点。在此意义上,境界呈现为一种综合的精神形态。再细分的话,境界又可以视为德性与能力的统一。德性主要表现为人在价值取向层面上所具有的内在品格,它关乎人成长过程中的价值导向和价值目标,并从总的价值方向上,展现了人之为人的内在规定。与德性相关的能力,则主要表现为人在价值创造意义上的内在的力量。人不同于动物的重要之点,在于能够改变世界、改变人自身,后者同时表现为价值创造的过程,作为人的内在规定的能力,也就是人在价值创造层面所具有的现实力量。单讲德性,容易导致精神世界的玄虚化、抽象化,如宋明理学中一些流派和人物往往便偏重心性,由此悬置对世界的现实作用;单讲能力,则会导向科学主义,并使能力本身失去价值的引导。在作为智慧形态的境界中,德性与能力超越了单向度性,呈现内在的融合。总体说来,"智"既涉及世界之"在",又关乎人的存在;既体现于对世界的理解,又渗入人自身的精神之境和精神活动。在此意义上,也可以说,它兼涉中国哲学所说的"性与天道"。以上是我对转识成智之"智"的大致理解,对此您也许不一定赞同。